高等职业教育智能制造领域人才培养系列教材

U0190959

生产线数字化设计
与仿真(NX MCD)

主编　孟庆波
参编　靳国辉　胡金华　金文兵

INTELLIGENT
CONTROL
TECHNOLOGY

机械工业出版社
CHINA MACHINE PRESS

本书介绍基于西门子机电一体化概念设计（NX MCD）模块的生产线数字孪生制作与调试技术，主要内容分为两部分：第一部分（第1~6章）为机电一体化概念设计建模技术，包括简单几何体的三维建模、机电对象运动设置，以及过程控制与协同设计等技术，涵盖了基本机电对象、运动副、耦合副、传感器、运行时参数、运行时表达式、运行时行为、信号、仿真序列、代理对象和协同设计等的创建与应用；第二部分（第7、8章）为虚拟调试技术，包括硬件在环虚拟调试和软件在环虚拟调试，主要涉及虚拟调试系统软、硬件环境的搭建技术，以及通过OPC接口组件实现NX MCD虚拟设备与PLC信号连接的控制调试技术。书中的各个项目均保留了制作与调试过程的详细信息，尽可能让读者能够零基础地按步骤重复操作。

本书可作为高等职业院校智能控制技术、电气自动化技术和机电一体化技术等相关专业的教材，也可供从事工业生产数字化应用开发、调试与现场维护的工程技术人员参考。

本书为新形态一体化教材，突破了传统的教学模式，通过扫描二维码即可观看微课、动画等教学资源，随扫随学。本书配有电子课件，凡使用本书作为教材的教师可登录机械工业出版社教育服务网www.cmpedu.com注册后下载。咨询电话：010-88379375。

图书在版编目（CIP）数据

生产线数字化设计与仿真：NX MCD/ 孟庆波主编 . — 北京：机械工业出版社，2020.4（2024.8 重印）

高等职业教育智能制造领域人才培养系列教材　智能控制技术专业

ISBN 978-7-111-64791-1

Ⅰ . ①生…　Ⅱ . ①孟…　Ⅲ . ①自动生产线 – 设计 – 高等职业教育 –教材　Ⅳ . ① TP278

中国版本图书馆 CIP 数据核字（2020）第 029305 号

机械工业出版社（北京市百万庄大街 22 号　邮政编码 100037）

策划编辑：薛　礼　责任编辑：薛　礼　侯　颖
责任校对：张　征　封面设计：鞠　杨
责任印制：张　博

唐山三艺印务有限公司印刷

2024 年 8 月第 1 版第 10 次印刷

184mm×260mm · 24.75 印张 · 544 千字

标准书号：ISBN 978-7-111-64791-1

定价：69.80 元

电话服务　　　　　　　　网络服务
客服电话：010-88361066　机 工 官 网：www.cmpbook.com
　　　　　010-88379833　机 工 官 博：weibo.com/cmp1952
　　　　　010-68326294　金 书 网：www.golden-book.com
封底无防伪标均为盗版　机工教育服务网：www.cmpedu.com

序 PREFACE

"工厂能否在打桩之前就在电脑里跑起来？"答案是可能的。以互联网、物联网、云计算、大数据、增材制造、新一代机器人和人工智能等为代表的突破性技术给全球制造业带来了巨大的挑战和机遇，德国提出的"工业4.0"描绘出宏大的愿景——实现网络化、智能化、自组织、个性化生产模式，明确了新一轮工业革命的方向，但完全实现将是一个长期的过程。众多制造业企业在这一轮工业革命中，现有的成功产品、业务模式和市场地位可能无法继续，如何在个性化大生产时代成功转型，实现生存和发展？ 一个重要的举措就是打造数字化企业，建立产品、工厂、企业的数字化双胞胎，即利用广泛的连接技术，将数字化产品的使用、运行数据持续反馈到产品创新管道，驱动新的创意和提供无限的创意来源。有了伟大的产品设计，还需要高效、高质量、灵活和快速的交付。所以，必须采取一体化的整体思路，从产品创意设计、生产制造到运行使用进行全面的数字化和自动化，才能快速实现个性化创新到交付的高速迭代，持续满足客户个性化多变需求，形成强大的可持续发展的竞争力。

作为全球领先的工业技术公司和领先的自动化工业软件提供商，西门子已经为"工业4.0"的全面实现打下了坚实的基础：工业软件创新将在"工业4.0"实施中起到决定性作用，尤其是通过 Digital Twin（数字双胞胎或称数字孪生）、Digital Thread（数字神经）技术实现产品生命周期和生产生命周期的整合，实现研发和生产的全面优化，打造基于模型的数字化企业(MBE)。同时，西门子自身是一个制造业公司，在全球拥有约 300 家工厂，广泛实践产品、工厂全生命周期的精益求精，其中西门子工业自动化产品德国安贝格＋中国成都数字化工厂堪称全球样板。

"工业4.0"时代的数字化要求建立"从芯片到城市"的数字孪生，涉及的范围从产品设计到生产线设计、OEM 的机械设计、工厂的规划排产，到最后的制造执行、产品大数据等，是对工厂云和产品云的监控。为了实现"工厂在打桩之前就能在电脑里跑起来"的愿景，必须对生产系统进行多层次的建模和仿真，即构建工厂系统的数字孪生。为了应对这一革命性需求，10 年前，西门子在 NX CAD 平台的基础上，发展出机电一体化概念设计（Mechatronics Concept Designer, MCD）模块，它是进行机电联合设计的一种数字化解决方案，提供了多学科、多部门的信息互联综合技术，可以被用来模拟机电一体化系统的复杂运动，并支持实现虚拟试车。

　　浙江机电职业技术学院孟庆波博士多年来一直跟踪研究西门子 NX MCD 模块的开发和应用，并在学校里教授 Digital Twin / MCD 课程。为了方便教学，推广 MCD 技术，他主编了《生产线数字化设计与仿真（NX MCD）》一书。该书内容翔实，可操作性强，带有实际教学示例，是大家研究学习 MCD 的必备资料。

　　祝各位读者学习愉快，共同参与中国制造业由大到强的历史进程！

西门子数字化工业软件全球高级副总裁兼大中华区董事总经理

2019 年 11 月

 **PREFACE**

目前，全球工业文明正在逐步进入工业 4.0 时代，这必将引发生产模式、商业模式和供需关系的重大变革。智能化、个性化制造和基于数据的信息设计构成了未来商业模式的基础。最近几年，德国工业 4.0 的主要实践者——西门子公司的"数据驱动型商业模式"已经萌芽，工业领域中不同学科融合、协作的西门子数字孪生（Digital Twin）技术也逐渐受到重视。数字孪生的意义在于：它形成了一种闭环，在带有反馈回路的产品全生命周期中，能在现实物理系统（Physical Systems）向虚拟网络赛博空间（Cyber Space）数字化模型反馈的过程中，确保各类仿真分析、数据积累、人工智能与现实物理系统之间的适用性。它除了使工厂生产更加灵活之外，还改变了工厂的生产模式——在个性化、品种复杂的情况下，能够保证整个工艺流程数据的透明，从而在控制产品质量、满足市场需求的过程中发挥重要作用。

西门子机电一体化概念设计（NX MCD）是数字孪生技术中的一种重要的数字化工具，它可以把既有的机械、电气、液压、气动、驱动、自动化和编程等学科知识综合为具有闭环反馈的制造业知识回路，进而使人们在数字环境下进行产品的制作与验证。这将使人们在产品创造的过程中，有能力打破学科之间的藩篱，形成构建机电一体化系统的明晰视图，并以此为导向，助力整个机电产品的研发过程。因此，机电一体化概念设计可以看作是一个多学科技术融合与虚拟调试、开发的技术平台。它以一种并行的、可验证的方式，使人们在项目设计初期能够根据市场需求开展并行设计与调试工作，并且在物理设备尚未到位的情况下能够联合运用多学科知识，通过"虚—虚""虚—实"结合的虚拟调试对产品和生产工艺进行反复的修改与验证，并把结果映射到真实的物理环境中去。这有力地支持了制造业"创造"的实施，无疑是工业 4.0 背景下的现代制造需要掌握的一项关键技术。

本书是对前期教学与科研工作中有关数字孪生技术的总结。本书由孟庆波担任主编，企业人员靳国辉协助进行了书稿案例的开发与验证，胡金华与金文兵老师协助完成了书稿相关素材的整理、编辑与完善。本书在编写过程中，得到了杭州凯优科技有限公司、西门子（中国）有限公司（上海）、南京旭上数控技术有限公司等单位的大力支持与协助，以及浙江机电职业技术学院连续三届"工业机器人协会"的师生胡金华、程文锋、吕俊、秦江浩、张汉清、平凯元、杨志康、张金涛、冯裕川、胡怡人、郑钱钦、庄泽栋、曹奔、刘成锋、沈寅愉和曹杰等人对课程项目开发与素材积累的辛勤付出，在此一并致以衷心的感谢！

由于编者水平有限，书中不妥甚至错误之处在所难免，敬请广大读者批评指正。

编　者

目录 CONTENTS

绪　论

1.1　数字孪生技术概述

1.1.1　数字孪生的概念

数字孪生（Digital Twin，DT）是基于工业生产数字化的新概念，它的准确表述还在发展与演变中，但其含义已在行业内达成了基本共识，即在数字虚拟空间中，以数字化方式为物理对象创建虚拟模型，模拟物理空间中实体在现实环境中的行为特征，从而达到"虚—实"之间的精确映射，最终能够在生产实践中的开发、测试、工艺及运行维护等方面打破现实与虚拟之间的藩篱，实现产品全生命周期内的生产、管理、连接等高度数字化及模块化的新技术。数字孪生又常被称作数字双胞胎（Digital Twins）。读者可以通过西门子公司的专业人士对它的描述来感知"数字双胞胎"的内涵。

西门子数字化工业集团首席运营官 Jan Mrosik 博士在 2016 年西门子工业论坛上着重介绍：西门子产品全生命周期内的"数字双胞胎"能够完整、真实地再现整个企业，从而帮助企业在实际投入生产之前即能在虚拟环境中完成产品的优化、仿真和测试，而在生产过程中也可同步优化整个企业流程，最终打造出高效的柔性生产，实现快速创新上市，锻造企业持久竞争力。

西门子数字化工业集团工业软件全球高级副总裁兼大中华区董事总经理梁乃明先生认为：西门子的"数字双胞胎"涉及的范围从产品设计、产线设计、OEM 的机械设计、工厂的规划排产，到最后制造执行、产品大数据等，是对产品、工厂、工厂云和产品云的监控。

综上所述，数字双胞胎贯穿了整个产品和企业资产的设计、生产、运行和维护过程，它能够真实、完整地再现整个企业的生产运营。企业在实际投入生产之前即能在虚拟环境中进行产品的优化、仿真和测试，而在生产过程中也可同步优化整个企业流程，最终打造高效的柔性生产，实现产品的快速创新和面世。它是在产品生命周期中的每一个阶段都普遍存在的一种现象，大量的物理实体系统（物理孪生体）在数字孪生体的伴生下，在实与虚的两个孪生"体"之间可以实现信息的双向传输：当信息从物理孪生体传输到数字孪生体时，数据往往来源于用传感器观察到的物理孪生体；反之，当信息从数字孪生体传输到物理孪生体时，数据往往是出自科学原理、仿真和虚拟测试模型的计算，用于模拟、预测物理孪生体的某些特征和行为。

1.1.2　西门子数字双胞胎技术简介

西门子数字双胞胎包含三个部分：产品数字双胞胎、生产数字双胞胎和性能数字双胞胎。下面简要介绍一下这些数字双胞胎的代表性作用和相关内容。

1）产品数字双胞胎能帮助用户更快地驱动产品设计，以获得质量更佳、成本更低且更可靠的产品，并能更早地在整个产品生命周期中根据产品的所有关键属性精确预测其性能。

2）生产数字双胞胎能够以虚拟方式设计和评估工艺方案，从而迅速制订用于制造产品的最佳计划。生产工艺流程中的"生产与物流数字化系统"可以对各种生产系统，包括工艺路径、生产计划和管理等，通过仿真进行优化和分析，以达到优化生产布局、资源利用率、产能和效率、物流和供需链，实现大小订单与混合产品生产的目标；它可以同步产品和制造需求，管理更加全面的流程驱动型设计。

3）性能数字双胞胎为生产运营和质量管理提供了端到端的透明化，将车间的自动化设备与产品开发、生产工艺设计及生产与企业管理领域的决策者紧密连接在一起。借助生产过程的全程透明化，决策者可以很容易地发现产品设计与相关制造工艺中需要改进的地方，并进行相应的运营调整，从而使生产更顺畅、效率更高。

除此之外，工厂数字双胞胎已逐渐走向前台，它在整体上实现了虚拟世界与物理世界之间的无缝映射。工厂数字双胞胎中的虚拟信息平台能提供一种基于互联网云技术的 Web 应用，它能虚拟出真实的生产环境，在线浏览整个生产设施的 3D 状态，提供 3D 情境下的数字化制造和生产信息，并能以 3D 的形式展示生产设施及周边的地理环境，采集、汇总、查看各种信息，带来身临其境的体验。它以一种简单、熟悉的方式在生产设施中进行导航，生产管理人员可以通过虚拟信息平台远程监控工厂，使管理人员可以随时随地获取生产、质量和订单等各种信息，提高管理响应速度和透明度，促进各部门间的知识共享和协作。工厂数字双胞胎还涉及数字化服务，通过数字化服务提高设备利用率、提高设备维保质量、优化能源效率、提高信息服务的速度和质量，从数据中发现潜在价值，实现数据到服务的转变，并将数字化工厂中的大数据变成有意义的信息，从而使智能决策成为可能。

1.1.3　西门子数字双胞胎的实施工具

西门子数字双胞胎的实施需要借助一系列专业软件把相关的专业知识集成为一个数据模型。如图 1-1 所示，西门子提供的产品生命周期管理（Product Lifecycle Management，PLM）软件、制造运营管理（Manufacturing Operations Management，MOM）软件和全集成自动化（Totally Integrated Automation，TIA）软件等能够在统一的产品全生命周期管理数据平台（Teamcenter，TC）的协作下，完成不同技术的集成，以实现不同人员的协作。

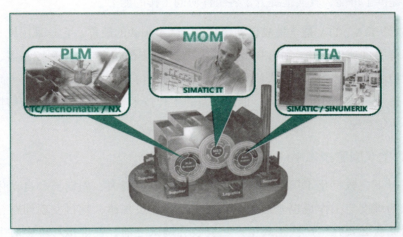

图1-1　西门子数字化生产软件

供应商也可以根据需要被纳入平台，实现价值链数据的整合。全价值链的数字化企业软件套件（包括 PLM、MES/MOM、TIA 等）可在获得实时生产信息的基础上对流程进行规划和优化，并通过产品的实时数据提高系统性能，帮助工业企业转型升级。下面简要介绍一下图 1-1 所示的几款数字化生产软件。

1）产品生命周期管理软件 PLM：产品生命周期管理软件涉及产品开发和生产的各个环节，包括从产品设计到生产规划和工程，直至实际生产和服务等。PLM 的应用范例包括 Teamcenter（TC）、NX 和 Tecnomatix。其中，TC 能在西门子与其他制造商提供的软件解决方案之间进行管理和数据交换，将分布在不同位置的开发团队、公司和供应商联结起来，从而形成统一的产品、过程、生产等数据流通渠道。NX 软件是主要的计算机辅助设计 / 制造 / 工程（CAD/CAM/CAE）等的套件，可针对产品开发提供详细的三维模型。机电一体化概念设计（Mechatronics Concept Designer，MCD）是 NX 的一个模块，它为工程师虚拟创建、模拟和测试产品与生产所需的机器设备等提供仿真支持。Tecnomatix 软件主要针对整个生产的虚拟设计和过程模拟，常用的 Process Simulate 与 Plant Designer 均是 Tecnomatix 软件包中的组件，用于流水线与工厂的设计与仿真验证，借助这种被称为数字化制造的程序，企业可在规划生产的同时进行产品的开发。

2）制造运行管理软件 MOM：制造运营管理软件不仅与控制、自动化和业务层面紧密结合，还与 PLM 相结合，真正地让自动化与制造管理、企业管理、供应链管理建立无缝连接，使供应链的变化迅速地反应在制造中心，从而为"数字工厂"理念提供了坚实的技术和产品管理基础。相应地，SIMATIC IT（西门子 MES 解决方案）包含了一系列产品，为生产运营、管理以及执行人员提供了更高的工厂信息可见性。这些产品的主要功能可描述为三个方面：提供数据集成与情景化、帮助用户利用信息做出尽可能的实时决策以及分析信息。其中，制造执行系统（Manufacturing Execution System，MES）提供了一个较高层次的环境，为制造过程和操作流程的同步和协调提供了可能，真实地提升了各组件协同工作的能力。

3）博途软件 TIA：TIA 是全集成自动化软件 TIA Portal 的简称。它是采用统一的工程组态和软件项目环境的自动化软件，可在同一环境中组态西门子的所有可编程控制器、驱动装置和人机界面。在控制器、驱动装置和人机界面之间建立通信实时共享任务，可大大降低连接和组态成本，几乎适用于所有自动化任务。借助全新的工程技术软件平台，用户能够快速、直观地开发和调试自动化系统。

1.1.4 数字双胞胎技术中的虚拟调试

在通常情况下，数字化工厂柔性自动生产线的建设投资大、周期长、自动化控制逻辑复杂，现场调试的难度与工作量也非常大。若按生产线建设规律，越早发现问题，整改的成本就会越低，因此有必要在生产线正式生产、安装和调试之前，在虚拟环境中对生产线进行模拟调试，解决生产线的规划、干涉、PLC 逻辑控制等问题。当完成上述模拟调试之后，再综合加工设备、物流设备、智能工装和控制系统等各种因素，才能全面评估建设生产线的可行性。

虚拟调试（Visual Commissioning，VC）为解决此类难题提供了方便。在设计过程中，生产周期长、更改成本高的机械结构部分可采用虚拟设备，在虚拟环境中进行展示和模拟；易于构建和修改的控制部分则用由 PLC 搭建的物理控制系统来实现，由实物 PLC 控制系统生成控制信号来控制虚拟环境中的机械对象，以模拟整个生产线的动作过程。借助该技术，用户能够及早发现机械结构和控制系统的问题，在物理样机建造前就可以解决问题，节约了时间成本与经济成本。

1.2 机电一体化概念设计概述

1.2.1 机电一体化概念设计简介

构建数字双胞胎的前提是工程的数字化，西门子 NX 全模块包是一个重要的工程数字化工具，它隶属于产品生命周期管理（PLM）。在 NX CAD 平台的基础上，机电一体化概念设计（Mechatronics Concept Designer，MCD）是进行机电联合设计的一种数字化解决方案。它提供了多学科、多部门的信息互联综合技术，可以被用来模拟机电一体化系统的复杂运动。

NX MCD 采用了一种从功能出发的设计方法，开发团队可通过 TC 采用层次化结构来分解功能部件，将它们与需求直接联系起来，以确保在整个产品开发过程中满足客户的需求。这种功能模型可节约成本、缩短研发时间、促进跨学科协同，在设计中具有明显的优势。相对而言，传统机电产品的调试过程则是要求在产品的实物做出来、控制软 / 硬件到位的情况下才能进行。以机电设备研发流程为例，如图 1-2 所示，传统调试过程经历了概念设计、机械设计、液压、气动驱动设计、电气设计和软件设计等，最后才能进行设备调试阶段。该过程涉及三维机械模型设计、电液气驱动设计、执行器与传感器的选择、电气输入 / 输出（I/O）资源配置以及 PLC 编程等。可以看出，该研发流程均属于串行流程，这不仅消耗了大量的时间，也抬高了研发的成本。并且，在实物调试阶段，如果出现变更，则会消耗更多的研发时间和费用。这会使整个产品设计具有成本高、周期长的缺点，且不能与详细设计并行工作，也不能及时修改概念设计的意图。

图1-2　传统机电设备研发流程

从功能出发进行研发设计的理念是：在需求阶段，建立需求模型；在概念设计阶段，建立机电一体化的功能模型；在详细设计阶段，根据功能模型最终形成产品的装配、软件和布局模型。其最显著的特征是：能够并行展开工程实施进程，大大地节省了时间、材料和管理上的消耗。其中，概念设计阶段包括了系统的机械零件、传感器、制动器和运动的设计，这不仅可以让工程的某些环节提前进入详细设计阶段，还提高了详细设计阶段中机械结构、气动、液压、电气和自动化工程等专业设计的准确程度；同时，也可以通过建立功能单元库，实现设计单元的重复使用。由于能够重用现有的设计知识和智力资源、所以可以使企业用更少的开发资源、以更快的速度实现比客户预期更好的结果。

1.2.2　机电一体化概念设计的特点

NX MCD 具有如下特点：

1）功能模块设计：功能模块是机电一体化设计的主要原则，这些模块构成了机电一体化系统跨学科设计的基础。以功能为驱动的设计强化了交叉学科之间的协作，也连接了实际需求和各种数据的管理，从而使设计人员能够跟踪客户需求，并把这种需求数据纳入到设计的过程中。此外，功能模块也提供了最初的概念设计结构，从而能够运作和评估可选择的设计方案。

2）逻辑模块设计与模块的重复使用：可以把功能模型分解为不同的、可在多个设计中重复使用的逻辑块，并通过设置具体的参数来实现设计过程的优化。在整个功能设计流程中，功能逻辑块的分割与设计是一项基础工作。

3）早期系统验证：在开发过程的初期，MCD 提供了基于仿真引擎的验证技术，能够帮助设计人员获取电动机、伺服等驱动动力的仿真，初步验证概念设计的有效性。

4）多学科支持：MCD 是一种为多学科并行协作而设计的开发环境，涵盖了机械、电气、伺服驱动、液压气动、传感器、自动化设计、程序编制、信息通信等诸多领域。

1.2.3　数字双胞胎与机电一体化概念设计

建立在西门子产品生命周期管理（PLM）与管理平台（TC）上的机电一体化概念设计（NX MCD）是实现数字双胞胎（DT）的一个重要的模块。NX MCD 能够使装备制造业的研发流程涵盖需求定义、功能模型布局设计、概念设计迭代、详细设计及虚拟调试等阶段，并能使工程设计从设备需求的定义开始、从功能概念出发进行机电产品的工程研发。

依托 TC 平台和 NX CAD，任何机械三维模型的建模、装配、研发、数据整理以及集成等功能均可得到有力的保障。在此基础上，设计人员借助于 NX MCD 创建机电一体化模型，对包含多体物理场以及通常存在于机电一体化产品中的自动化相关行为概念进行 3D 建模和仿真，从而实现创新性设计，体现了机械、电气、传感器、执行器以及伺服运动控制等多学科之间的协同融合。

图 1-3 展示了设计过程中通过 TC 与上下游"系统/工具"协同工作的情况。

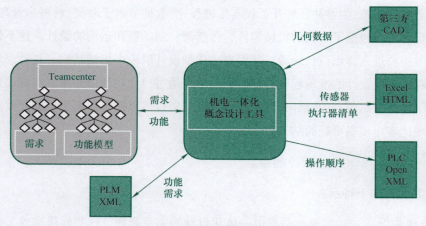

图1-3　通过TC与上下游"系统/工具"协同工作

首先，可使用 TC 对需求、功能进行分解，需求、功能、逻辑模型在 TC 中创建，并且建立相互间的 Link 关系。当在系统管理器中打开的时候，可以通过这些 Link 关系在 NX MCD 中找到需要的逻辑、功能或者需求，创建机电一体化功能模型，让它与需求建立一一对应关系。其次，在 NX MCD 中添加或者打开各功能单元模块，分解到不同的工具软件系统中（包括第三方 CAD、PLC、Excel、HTML 等）进行机械、电气、电子、自动化控制、软件编程等方面的管理与设计。当使用详细设计对概念设计进行修正时，还可以把信息反馈到功能模型中进行修正。NX MCD 的输出产品会被具体部门做深入的精加工设计，这将依靠不同部门现有加工工具的协同工作才能完成。

1.3 机电一体化概念设计的技术优势

1.建立了机电联合仿真评估的环境

通过上述介绍可知，NX MCD 以软件为总纲，实现了跨学科的融合设计与知识的重复利用，在设计流程中采用了并行与联合仿真技术，提供了一种可验证的仿真平台。

机电联合设计软件的内置仿真验证技术能帮助机械结构、控制和电子等各专业研发部门人员从方案设计阶段即拥有了系统的仿真验证评估能力，能立刻纠正设计错误，避免重大失误。仿真技术可以仿真真实的物理性能，涵盖了机械运动学、动力学和物理动态干涉等。仿真运行既可以纳入到复杂设备的简化三维模型中表达，也可以直接导入完成详细设计的三维设备装配模型中表达，通过这些方法能够进行结构运动和控制的联合仿真。在设备的生产环境仿真任务中，仿真器可以设定生产物料的实际发生情况，从而实现对传送带和工件生产过程的仿真。每个仿真对象运行时的物理属性包含了实际位置、速度、加速度、角速度及角加速度等，这些数据均可以在仿真环境中随时察看，并可以输出文件。这些特点在开发过程的前期阶段能够加快开发设计进程，影响设计人员对项目设计、费用等的合理分配，从而在开发过程的后期减少错误的发生和不必要的返工，从整体上降低开发成本。

2.支持多专业联合设计与调试

如图 1-4 所示，多学科融合涉及不同的工程设计，机电一体化概念设计通过 TC 平台，能够把多个专业技术研发部门与人员整合在统一的设计环境上，对同一设备展开联合设计研发。

图1-4　统一的设计环境

各专业部门的分工如下：

1）总体设计部门在此环境中能够对产品的总体需求、功能等进行定义和拆分。

2）机械结构工程师在此环境中能够进行三维建模及机构、结构设计。

3）电气工程师在此环境中能够进行电动机选配、传感器乃至线束、线缆布置等方面的设计。

4）自动化与控制编程工程师能够在此环境中对控制逻辑和设备动态性能进行时序、事件等的控制编程与设计。

图1-5展示了虚拟试生产与机电一体化验证过程，它可以通过MCD的"虚—实"结合技术来实现。其中，可编程逻辑控制器（PLC）、数控机床NC代码及工业机器人等自动化程序可以用于驱动数字化机构运动，传感器与执行器分别用于提供输入信息和接收输出信息。把上述各个部分连接起来进行验证、修改，最终实现设计中的虚拟调试目标。

3.实现模块化设计及工程知识重用

为了使机电联合设计的产品研发效率最大化，NX MCD具有在设备研发过程中积累模型知识和设计经验的机制。在产生的设备模型各个部件上，可以存储工程师积累的设计数据和知识，以便在进行类似设备的研发时可以重复使用。由于这种研发知识在设备研发过程中经过多次仿真认证，故在后续的设备研发中，这种储备的知识将加速研发进程，提高产品设计效率。在 NX MCD 中，可以定义功能单元（Functional Units），一个功能单元（模块）可以记录三维模型、物理特性（运动学、动力学特性）、传感器与执行器及其接口定义、功能单元的功能与凸轮曲线，以及这个功能单元的运动序列等信息。

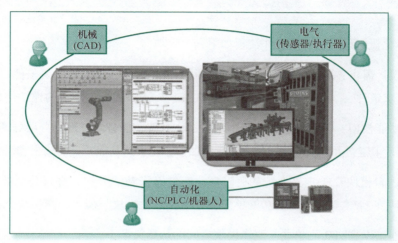

图1-5　虚拟试生产与机电一体化验证

概括而言，NX MCD 的主要优点如下：

1）采用集成的系统工程方法，提供通用的语言，从体系架构层面支持在产品开发流程的最初阶段就收集机电一体化要求的行为特性和逻辑特性，并跟踪各方面的要求。

2）提供重用功能单元库的创建、验证及维护等知识管理机制，这些单元包含多种设备的数据，如传感器、驱动装置及凸轮等。这为概念设计阶段提供了嵌入数据的既有功能单元和机电一体化对象。

3）建模功能易用性强，用户可在设计流程中随时运行仿真，并在仿真过程中交互操作。

4）作为概念设计阶段的方案，需要与上、下游"系统 / 工具"交流信息，用户需要读取和使用来自多个 CAD 系统的设计数据，在复杂的 IT 环境中协同工作。因此，NX MCD 提供了面向各学科的开放式接口。

NX MCD 可使用 PLC Open XML 文件格式，并在 XML 中使用物料清单（Bill of Materials，BOM）管理，这就保证了协同性。所以通过 NX MCD 技术可以实现产品结构、电气控制等机电一体化产品的集成设计，并能够进行调试和管理，从而节约了产品的设计和实验成本，达到缩短产品设计周期的目的。

1.4 机电一体化概念设计流程

机电一体化概念设计的典型工作流程如下：

1）定义设计需求：①搜集、构建如响应时间和消耗等项目设计的必要条件；②添加源于主条件的次要需求条件；③把各个需求条件连接在一起；④添加各个需求的详细信息。

2）创建功能模型：①定义系统的基本功能；②基于功能分解，进行分层处理；③为功能设计建立可选项；④建立可重用的功能单元；⑤添加参数化表达功能单元的输出和需求的必要条件。

3）创建逻辑模块：①定义系统的逻辑模块；②基于功能分解，进行分层处理；③为功能设计建立可选项；④建立可重用的功能单元；⑤使参数化模块与模块功能相结合。

4）创建连接以表明功能单元与逻辑模块之间的从属关系。

5）定义机电概念：①草拟机器的基本外观；②为功能单元和逻辑模块分配机械对象；③添加运动学和动力学条件。

6）添加基本的物理学约束和信号：①添加基本的物理学速度约束和位置执行器；②添加信号适配器；③为功能单元和逻辑模块分配信号适配器对象。

7）定义时间顺序执行序列：①定义执行器操作控制源；②设计基于时间的执行序列；③为相应的功能树分配执行操作；④为对应的逻辑树分配执行操作。

8）添加传感器，用于触发系统中各个带有传感对象组件的碰撞事件，或者被设定为信号适配的传感器。

9）定义基于操作的事件：①定义能够被事件触发的操作，触发条件可以是传感器或机电系统中的其他对象，如执行器是否到达了某个位置等；②为功能树中相关的功能分配操作。

10）用详细的模型替换概念模型，并且转换物理对象从粗糙几何体到详细几何体。

11）用 ECAD 分配传感器和执行器。

12）依照 PLC Open XML 格式导出顺序操作，在 STEP7 等 PLC 工程软件中实现顺序操作的编程。

13）通过 OPC 连接来测试 PLC 程序的功能。

1.5　机电一体化概念设计案例

下面列举一些机电一体化概念设计的开发案例，如图1-6~图1-11所示。

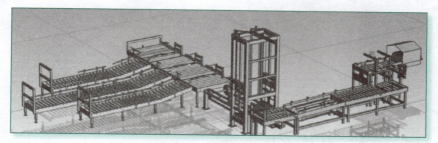

图1-6　传送与包装设备

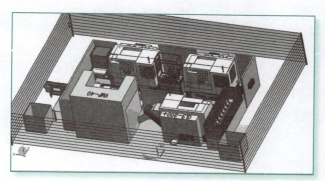

图1-7　数控机床工作单元

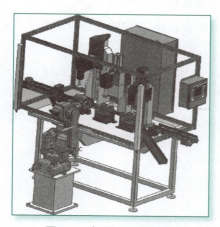

图1-8　机器人工作单元

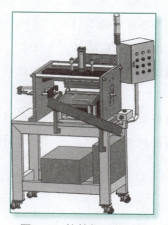

图1-9　扩管机工作单元

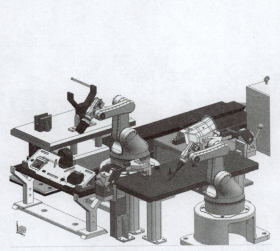

图1-10　焊接机器人工作单元

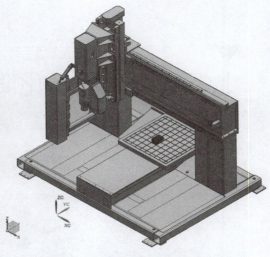

图1-11　数控系统概念设计

1.6　本章小结

　　本章主要介绍了"数字孪生"的概念，介绍了西门子数字双胞胎的实施工具，以及虚拟调试的系统组成。阐述了西门子机电一体化概念设计在数字化技术中的地位和作用，以及建立NX MCD 数字化模型的技术特点与工作流程。

习题

　　1. 简述数字孪生（数字双胞胎）的概念与内涵。

　　2. 西门子数字双胞胎主要包含哪些部分？请分别说出它们的功能和作用。

　　3. 简要总结实施西门子数字双胞胎工程所需要的主要软件，它们的功能和作用分别是什么？

　　4. 虚拟调试 VC 的作用是什么？

　　5. 简述西门子机电一体化概念设计（NX MCD）的作用。与传统机电产品设计相比，它具有哪些特点？

　　6. 简述西门子产品生命周期管理平台（Teamcenter）与机电一体化概念设计之间的协作关系。

　　7. 简述机电一体化概念设计的典型工作流程。

第2章
PROJECT 2

机电一体化概念设计软件简介

2.1 软件环境简介

2.1.1 进入机电一体化概念设计软件环境

安装 NX 之后，在桌面上生成一个快捷启动图标 。双击快捷启动图标启动 NX，正常情况下，系统将弹出如图 2-1 所示的启动界面。

软件启动后的界面如图 2-2 所示。单击菜单中的"文件→新建"命令，在弹出的"新建"窗体中选中"机电概念设计"选项卡，如图 2-3 所示。

图2-1　NX启动界面

图2-2　NX软件界面

"模板"选项区域中有两个选项："常规设置"与"空白"。其中，"空白"用于创建一个空白项目。若选中"空白"，输入文件名称后，单击"确定"按钮，进入空白机电概念设计界面，如图 2-4 所示。在该项目中，所需的一切几何体三维模型与 MCD 仿真组件均需要设计人员手动添加。

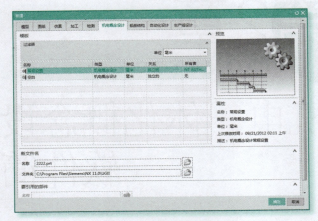

图2-3　"新建"文件

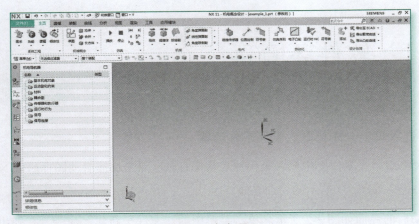

图2-4　空白项目

在图 2-3 中，若选中"常规设置"选项，输入文件名称后，单击"确定"按钮，进入如图 2-5 所示的常规设置机电概念设计界面。可以看到，系统自动生成了包含一个基本机电对象——碰撞体（Floor）的项目。

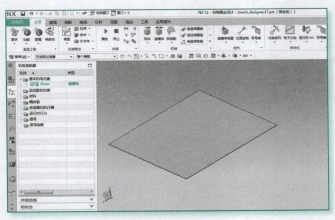

图2-5　常规设置

也可利用菜单命令，打开一个已经创建好的 MCD 项目，操作步骤为：在图 2-2 中，单击菜单中的"文件→打开"命令，弹出如图 2-6 所示的"打开"对话框，选择一个已经创建的 MCD 工程文件（这里选择的是名称为 _02_01_dotInLilne_asm.prt 的工程文件）。

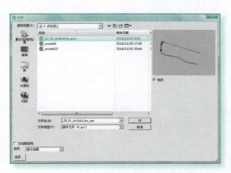

图2-6　选择工程文件

文件打开后，界面如图 2-7 所示。

图2-7　打开已创建好的MCD项目

2.1.2　主菜单命令

采用上述方法新建或者打开 NX 软件后，单击"文件"菜单，弹出如图 2-8 所示的菜单命令列表。

图2-8　"文件"菜单命令列表

该菜单的一些主要操作如下：

（1）针对文件的操作　针对文件的操作主要有▢新建、▢打开、关闭和▢导入等，分别用于创建一个新文件、打开已经创建的文件、关闭当前的文件和导入外部创建的输入文件。如图2-9所示，当创建或者打开一个NX工程文件后，在工具栏处有一个"菜单"命令。单击该"菜单"命令，就会弹出图2-9所示的子菜单，该子菜单中的"文件"中的许多操作命令与主菜单"文件"中的命令相同。

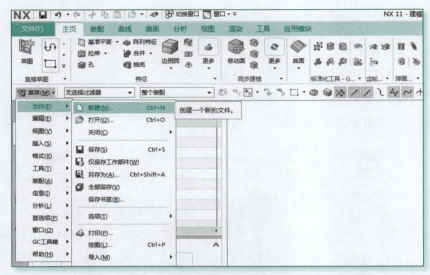

图2-9　"菜单"中的"文件"子菜单

（2）针对首选项的操作　如图2-8所示，子菜单"首选项"下的命令大多用于创建工程时的系统设置。一些主要的命令说明如下：

1）装配：用于设置装配行为，例如，是否以图形方式着重显示装配关联中的工作部件。

2）用户界面：用于设置用户界面布局、外观、角色和消息首选项，并提供操作记录录制工具、宏和用户工具。

3）可视化：用于设置图形窗口特性，如部件渲染样式，选择或取消着重颜色以及直线反锯齿等。

4）测量：用于设置"面属性""质量属性"以及"用曲线计算面积"测量命令的首选项。

5）调色板：用于设置部件颜色特性。

上述设置将对系统产生全局性影响。

若要设置机电概念设计首选项，其操作如图2-10所示：单击"菜单→首选项→ 机电概念设计"命令，打开"机电概念设计首选项"对话框。该首选项设置仅对当前启动的NX有效，重启 NX 后将恢复默认设置；客户默认设置将对之后启动的 NX 一直有效。

图2-10　对当前启动的NX进行首选项设置

（3）对客户进行默认设置　NX 系统允许用户修改系统基本参数，这里介绍机电一体化概念设计的参数修改操作。如图 2-11 所示，单击"文件→实用工具→用户默认设置"命令，弹出如图 2-12 所示的"用户默认设置"对话框。

图2-11　用户默认设置命令

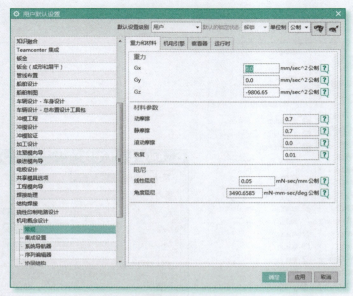

图2-12 "用户默认设置"对话框

在图 2-12 所示的对话框的左侧，选中"机电概念设计"选项，就会在对话框的右侧看到相应的设置参数。这里可以修改的用户默认设置包括重力和材料、机电引擎、察看器和运行时。

（4）不同功能模块之间的切换 通过主菜单命令"文件"可以在 NX 不同的功能模块间进行切换。例如，如果从当前的"机电概念设计"模块切换到"建模"模块，可以单击"文件→所有应用模块→设计→建模"命令，如图 2-13 所示。执行该命令后，工程功能就会由"机电概念设计"模块切换到"建模"模块，切换后的效果如图 2-14 所示。

图2-13 不同功能模块之间的切换

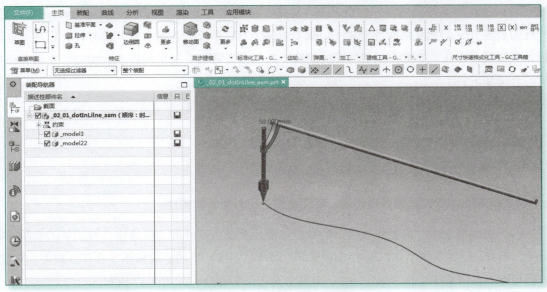

图2-14　功能模块的切换效果

2.1.3　工具栏命令

"机电概念设计"功能模块下的工具栏如图 2-15 所示,有"主页""建模""装配""曲线""分析""视图""渲染""工具"和"应用模块"九个选项卡。

图 2-15　"机电概念设计"功能模块下的工具栏

其中,"主页"工具栏命令如图 2-16 所示,分为"系统工程""机械概念""仿真""机械""电气""自动化"和"设计协同"几组。

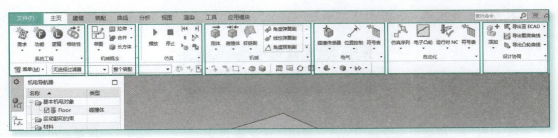

图2-16　机电概念设计模块下的"主页"工具栏命令

下面介绍上述各组命令。

（1）系统工程组　系统工程组提供了从机电一体化概念设计器到 Teamcenter 需求模型、功能模型和逻辑模型的链接。一般情况下，需求、功能和逻辑模型等需要在 Teamcenter 里创建，并且需要建立它们相互之间的链接（Link）关系。当在系统管理器中打开的时候，用户可以通过这些链接（Link）关系，找到需要的逻辑、功能或者需求。这里的需求、功能、逻辑和相依性的含义如下：

1）需求：即需要什么，用于定义需求或条件，以满足新的或者改动的产品需求。

2）功能：即需要会做什么，定义满足需求工艺的功能。

3）逻辑：即怎么去做，定义实现功能的交互。

4）相依性：即归属关系是什么，定义系统工程对象的相依性。

（2）机械概念组　机械概念组下的命令主要用于机械部件的三维建模，包括草图绘制相关命令、拉伸／旋转草图生成三维模型的命令，以及对三维特征的逻辑操作（合并、减去、相交）和创建标准几何特征（长方体、圆柱、圆锥、球等）的命令，如图 2-17 所示。

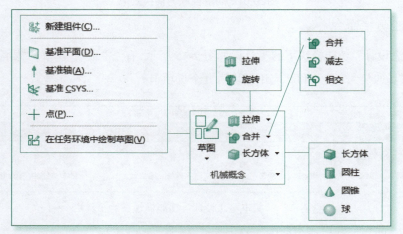

图2-17　机械概念组命令

（3）仿真组　仿真组主要包括仿真播放和停止命令。用于播放运行效果的工具条如图 2-18 所示，从左到右依次是"重新启动""播放""停止""暂停""运行时查看器"等图标。

图2-18　仿真组命令

（4）机械组　机械组命令是用于建立机电一体化概念设计的操作指令，包括基本机电对象、运动副、耦合副等的创建命令，标记表、标记表单、读写设备等过程标识命令，以及材料的转换、对象转换等转换命令，如图 2-19 所示。主要命令介绍如下：

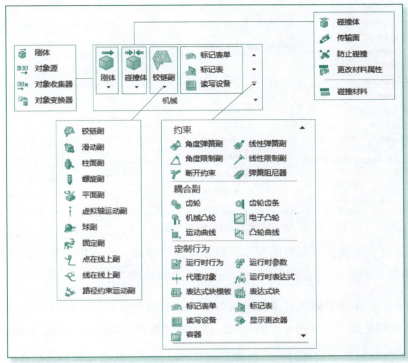

图2-19 机械组命令

1）基本机电对象：给三维几何对象赋予一定的物理属性，使几何体的仿真效果如同真实物理环境中的对象。基本机电对象包括刚体、对象源、对象收集器、对象变换器、碰撞体、传输面、防止碰撞、更改材料属性和碰撞材料等。

2）运动、运动副与约束：给三维几何对象赋予一定的运动属性，使其模拟真实环境中的运动方式，以及模拟构成机械模型组件之间的运动连接、约束关系。它包括铰链副、滑动副、柱面副、螺旋副、平面副、虚拟轴运动副、球副、固定副、点在线上副、线在线上副以及路径约束运动副等。

3）耦合副：指各个运动副之间传递运动的耦合关系，以及运动的约束关系。它包括齿轮、机械凸轮、电子凸轮、角度弹簧副、线性弹簧副、角度限制副、线性限制副、断开约束以及弹簧阻尼器等。

4）定制行为：是指在仿真过程中，配合运动行为、对象属性和参数、重用组件运动参数等，使其按照定制效果运行的一些操作。这些操作可以是对变量数值的改变，也可以是对象属性的改变，还可以是利用外部高级编程语言而定制的程序。定制行为主要包括运行时行为、运行时参数、代理对象、运行时表达式、表达式块模板、表达式块、标记表单、标记表、读写设备、显示更改器以及容器等。

（5）电气组　电气组命令主要用于创建电气信号传输与连接特性，以及对象的运动控制。如图2-20所示，电气组命令包括传感器组、控制组和符号与信号组。

图2-20　电气组命令

1）传感器组：主要用于信号的探测，包括碰撞传感器、距离传感器、位置传感器、测斜仪、速度传感器、加速计、通用传感器、限位开关和继电器等。

2）控制组：主要用于仿真对象的运动控制或者运动对象属性的设置，包括位置控制、速度控制、导出载荷曲线、导入选定的电动机、以及将传感器和执行器导出至 SIMIT。

3）符号与信号组：包括符号表、信号、信号适配器、从仿真序列创建信号等。

（6）自动化组　自动化组命令用于设置自动运行的时间序列控制、运动外部信号的连接与控制，以及运动负载的导入与导出、数控机床的运动仿真等。其主要操作主要包括仿真序列、电子凸轮、运行时 NC 和断开连接等。

这里涉及虚拟调试，即信号连接中包含了信号映射和 OPC 客户端设置等，它们用于 MCD 与 OPC 服务器的信号交互，并通过 OPC 实现真实 PLC 设备与虚拟 MCD 模型的信号连接。自动化组的命令如图 2-21 所示。

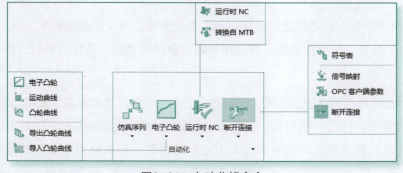

图2-21　自动化组命令

（7）设计协同组　设计协同组命令主要包括凸轮曲线和载荷曲线的导出，ECAD 的导入与导出，以及组件的移动、替换、添加、新建等。

2.1.4 "带条"工具栏命令

机电一体化概念设计"带条"工具（Mechatronics Ribbon Bar）是指图 2-22 中最左侧竖状的工具栏。"带条"工具栏中的各个选项标签把各个命令以功能组的方式分类。各组的功能如下：

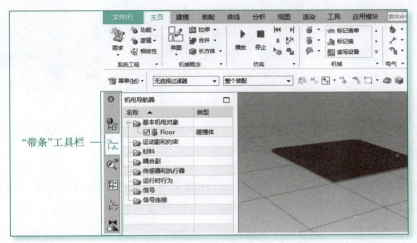

图2-22 "带条"工具栏

1）是系统导航器，如图 2-23 所示，该部分命令包括"需求""功能"和"逻辑"，这部分命令的含义与"主页"工具栏中的"系统工程"组中的同名命令含义相同。

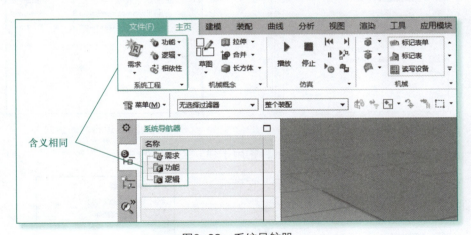

图2-23 系统导航器

2）是机电导航器，用于创建 MCD 模型，添加几何体组件的 MCD 特征，或者改变特征，设置运动副、耦合副、添加运动控制、运动约束、信号、传感器和执行器等，最终创建出可用于仿真的机电一体化概念设计 MCD 模型系统。

如图 2-24 所示，机电导航器与"主页"工具栏中的"机械""电气""自动化""设计协同"等组的同名命令含义相同。

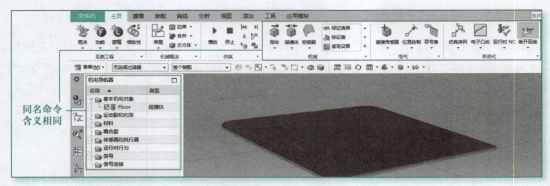

图2-24　机电导航器

3）是运行时察看器，如图 2-25 所示，用于察看仿真运行过程中 MCD 系统的某些参数或者某些特征对象的数值变化。

4）是运行时表达式，如图 2-26 所示，在这里可以添加、设置或者察看运行时表达式。所谓运行时表达式，很多时候可以理解为对象运行时所遵循的条件或者行为规则，可以是某些逻辑条件下的参数改变，其变化方式可以依赖数学表达式，也可以是某些对象属性的数据变化，相关内容将在后面的章节中详细介绍。

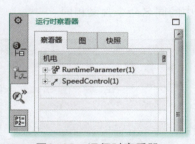

图2-25　运行时察看器

图2-26　运行时表达式

5）是装配导航器，如图 2-27 所示，它用于建立装配体的显示。

6）是约束导航器，如图 2-28 所示，它显示了某个项目中各个部件在装配时的约束关系。

图2-27　装配导航器

图2-28　约束导航器

7）是部件导航器，如图 2-29 所示，它包括模型视图、摄像机、测量和模型历史记录等。部件导航器以详细的图形树形式显示部件的各个方面。使用部件导航器可以执行的操作有：更新并了解部件的基本结构，选择和编辑各项参数，排列部件的组织方式，在树目录中显示特征、模型视图、图纸、用户表达式、引用集和未用项等。

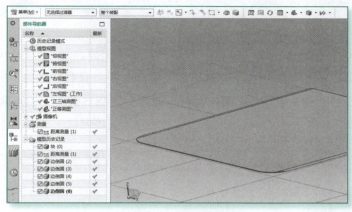

图2-29　部件导航器

8）是序列编辑器，如图 2-30 所示。使用序列编辑器可以创建基于时间或者基于事件的操作。在使用过程中，当这些操作创建完毕之后，可以使用序列编辑器来编辑这些操作执行的时间顺序，还可以利用通过一定规范建立起来的时间动作序列，通过导出 XML 格式的文件到 STEP 7 中生成 PLC 程序。

9）是重用库导航器，如图 2-31 所示。使用重用库导航器可以访问重用对象和组件。可重用组件将作为组件添加到装配中，用于建立装配模型，这类组件包括行业标准件和部件族、NX 机械部件族、产品模板工作室模板部件、管线布置组件、可变形组件以及机电概念设计组件；可重用对象将作为对象添加到模型中，这类对象包括用户定义特征、规律曲线、形状和轮廓、2D 截面和制图定制符号等。重用库导航器还支持知识型部件族和模板，将可重用对象或组件添加到模型中时，打开的对话框取决于对象或组件的类型。

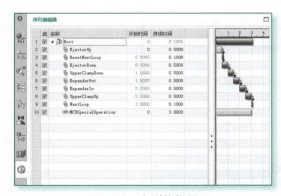

图2-30　序列编辑器

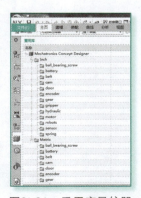

图2-31　重用库导航器

2.2 软件故障处理

当 NX 软件安装完毕后，双击桌面 NX 软件快捷启动图标，有些时候会出现不能启动的异常情况。一种常见的故障处理如图 2-32 所示，启动 lmtools，在打开的窗口中选择"Start/Stop/Reread"选项卡，选中"Force Server Shutdown"复选框，然后单击"Stop Server"按钮，当关闭成功后，再单击"Start Server"按钮，成功启动后再关闭该窗口。

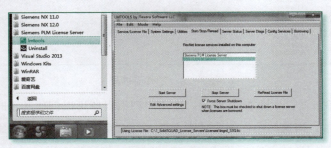

图2-32　故障处理（1）

另外一种常见的故障是由 Siemens PLM License Server 服务延迟启动造成的，将其服务的启动方式从"延迟启动"改为"自动"启动即可。具体操作如下：

1）如图 2-33 所示，单击计算机桌面左下方的"开始"按钮，在弹出的菜单列表中单击"服务"命令，进入"服务"界面，如图 2-34 所示。

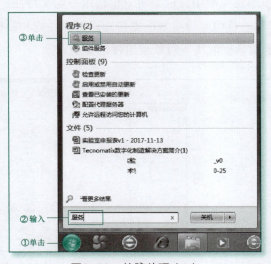

图2-33　故障处理（2）

图2-34 "服务"界面

2）查找"Siemens PLM License Server"选项并双击，弹出其属性对话框，如图 2-35 所示。

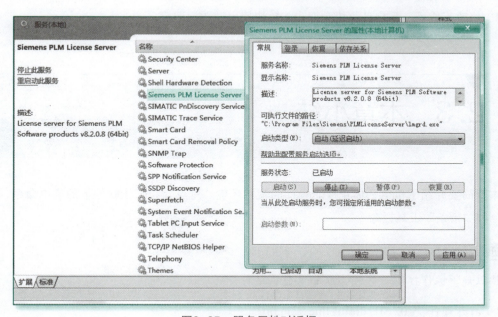

图2-35 服务属性对话框

3）如图 2-36 所示，修改其"启动类型"为"自动"。

图2-36　修改启动类型

4）修改完成后，重启计算机，双击 NX 快捷启动图标即可。

2.3　本章小结

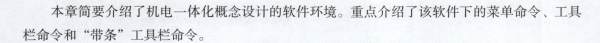

本章简要介绍了机电一体化概念设计的软件环境。重点介绍了该软件下的菜单命令、工具栏命令和"带条"工具栏命令。

习题

按照如下操作打开一个 NX MCD 文件，运行并观察。

1）打开部件"_02_01_dotInLilne_asm.prt"。

2）练习模块切换操作：机电概念设计→建模、建模→机电概念设计。

3）在"机电概念设计"模块中查看菜单、工具栏和"带条"工具栏中各个命令组中的内容。

4）单击播放按钮，查看运行结果（见图 2-37）。

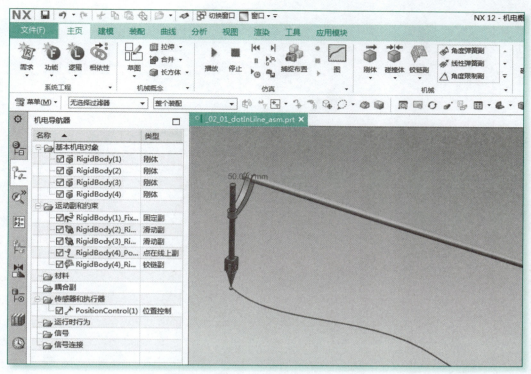

图2-37　课后练习

第3章
PROJECT 3

基本机电对象与执行器

3.1 基本机电对象与执行器概述

机电一体化概念设计中的基本机电对象（Basic Physics）包括刚体（Rigid Body）、碰撞体（Collision Body）、对象源（Object Source）、对象收集器（Object Sink）、对象变换器（Object Transformer）和代理对象（Proxy Object）等。考虑到基本机电对象知识点的关联与衔接性，本书把代理对象放到以后的章节中介绍。一般而言，创建基本机电对象的操作过程为：①建立几何对象的三维模型；②在 NX MCD 中设定这些几何体模型为基本机电对象。在几何体三维模型没有被赋予机电对象属性之前，它并不具备重力、碰撞等物理属性，只有赋予几何体三维模型的基本机电对象特征之后，才能够进行物理属性的运动仿真。

机电一体化概念设计中的运动仿真包含执行器（Actuator）和运动副（Joint）。其中，执行器（Actuator）包含了传输面（Transport Surface）、速度控制（Speed Control）、位置控制（Position Control）、液压缸（Hydraulic Cylinder）、液压阀（Hydraulic Valve）、气缸（Pneumatic Cylinder）、气阀（Pneumatic Valve）以及力/力矩控制（Force/Torque Control）等。本章主要介绍传输面、速度控制和位置控制。由于需要相关的运动仿真知识作铺垫，故其他内容的介绍在以后章节中渐次展开。运动副（Joint）将在第 4 章介绍。

3.2 创建机电一体化概念设计训练平台

本章主要介绍机电一体化概念设计常用特征对象的创建和使用方法。为了方便展开教学，需要建立一个简单的机电一体化概念设计训练平台。

3.2.1　创建步骤

机电一体化概念设计训练平台的具体创建步骤如下：

1）双击桌面 NX 快捷启动图标，进入如图 3-1 所示的软件系统中。

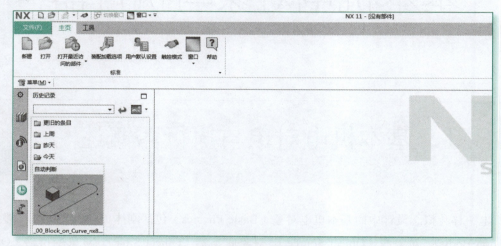

图3-1　打开NX 软件

2）单击工具栏中的"新建"按钮，弹出如图 3-2 所示的"新建"对话框。选中"机电概念设计"选项卡，再选中"常规设置"选项，然后输入文件名，单击"确定"按钮。

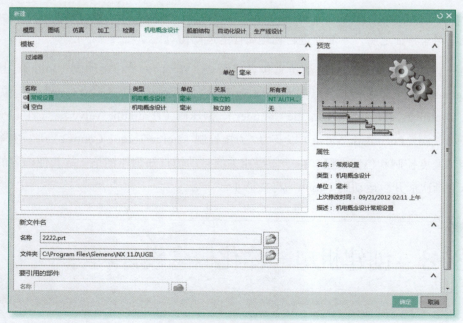

图3-2　打开"新建"对话框

以上操作完成后，就建立了一个简单的 NX MCD 训练环境，软件自动生成一个碰撞体，名称为 Floor，如图 3-3 所示。

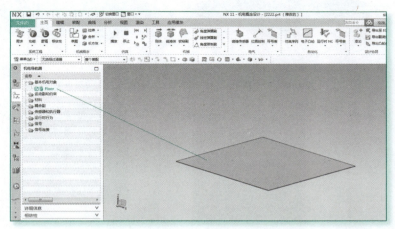

图3-3　NX MCD训练环境

至此，一个简单的 NX MCD 训练环境搭建完毕，后面将在这个环境下测试刚体、碰撞体等基本机电对象的特性。

3.2.2　视图操作

为了在 NX MCD 设计过程中方便从不同角度观察所创建的机电对象，这里简要介绍一下 NX MCD 的视图操作命令（更详细的介绍请查阅 NX 相关资料）。

如图 3-4 所示，选中"视图"选项卡，在"方位"命令组中，主要有两组操作：第一组是不同方位的视图操作，第二组是视图的缩放和移动操作。

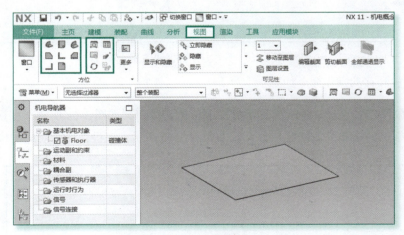

图3-4　视图操作

其中，不同方位的视图操作命令分别为：正三轴测视图、正等测视图、俯视图、仰视图、左视图、右视图、前视图和后视图等。不同方位的视图效果如图 3-5 所示。

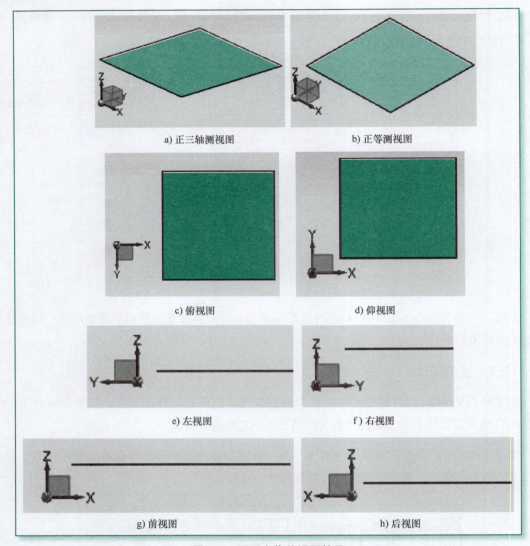

a) 正三轴测视图   b) 正等测视图

c) 俯视图   d) 仰视图

e) 左视图   f) 右视图

g) 前视图   h) 后视图

图3-5　不同方位的视图效果

视图的缩放和移动操作命令如下：

1）🔍缩放操作：在图 3-4 所示的工具栏上单击该按钮，如图 3-6a 所示，在视窗中按下鼠标左键并拖动框选的需要缩放的区域，其效果如图 3-6b 所示。该操作命令对应的按键是【F6】。

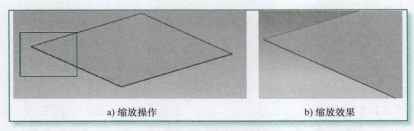

a) 缩放操作   b) 缩放效果

图3-6　缩放操作与效果

2）⊞适合窗口操作：在图 3-4 所示的工具栏上单击该按钮，软件就会调整工作视图的中心和比例，以显示所有的几何对象。该操作命令对应的按键是【Ctrl+F】。

3）▨视图窗口的平移操作：在图 3-4 所示的工具栏上单击该按钮，然后在视图窗口中按下鼠标左键并拖动，就能够平移整个视图窗口。执行平移命令之后，再单击该按钮，就会取消平移状态。

该操作命令所对应的鼠标和按键操作为：同时按下鼠标滚轮和鼠标右键并拖动，或者同时按下【Shift】键和鼠标滚轮。

4）⟲窗口视图的旋转操作：在图 3-4 所示的工具栏上单击该按钮，然后在视图窗口中按下鼠标左键并拖动，就能够旋转整个视图窗口。执行旋转命令之后，再单击该按钮，就会取消旋转命令状态。

该操作命令所对应的鼠标操作是：按下鼠标的滚轮并拖动。

在菜单中，也可以找到上述的视图操作，例如，进行适合窗口操作可单击"菜单→视图→操作→适合窗口"命令即可，如图 3-7 所示。

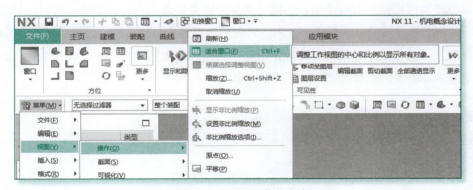

图 3–7　"视图"菜单命令

在 NX 中，使用快捷键能够快速切换视图的方位。表 3-1 列出了几组快捷键的使用方法。

表 3-1　改变视图方位的快捷键

序号	快捷键	功能
1	Home	改变当前视图到正三轴测视图
2	End	改变当前视图到正等测视图
3	Ctrl+Alt+T	改变当前视图到俯视图
4	Ctrl+Alt+F	改变当前视图到前视图
5	Ctrl+Alt+R	改变当前视图到右视图
6	Ctrl+Alt+L	改变当前视图到左视图
7	F8	改变当前视图到选择的平面、基准平面或与当前视图方位最接近的平面视图（俯视图、前视图、右视图、后视图、仰视图、左视图）

3.3 基本机电对象

3.3.1 刚体

1.刚体的概念

刚体（Rigid Body）通常是指在运动中或受力作用后，形状和大小不变，而且内部各点的相对位置不变的物体。

实际上，绝对的刚体是不存在的，这是因为任何物体在力的作用下，都会或多或少地发生形变。如果一个物体的形变程度相对于问题研究而言是极微小的，可以忽略不计，那么就可以把该物体视为刚体。在机电一体化概念设计中，一旦一个几何体被定义为刚体，该几何体就会具备质量特性，可接受外力与扭矩，并能受到重力或者其他作用力的影响，同时也具备物理系统控制下的所有运动属性。一般而言，刚体具有的物理属性包括质量、惯性、平动和转动速度、质心位置以及方位（由所选几何对象决定）等。在创建刚体的时候，一个或多个几何体上只能添加一个刚体，也就是说刚体之间不可产生交集。

2.项目案例——创建刚体

创建一个刚体实例分如下两个步骤：

1）创建一个几何体的三维模型。

2）创建刚体，给该几何体赋予刚体属性。

【例 3-1】为一个方块几何体创建刚体，让它具有物理重力特性，实现重力作用下的自由落体运动。

在上一节创建的简单机电一体化概念设计训练平台上进行创建，步骤如下：

（1）创建几何体三维模型

1）如图 3-8 所示，单击选中主菜单上的"建模"选项卡。

2）如图 3-9 所示，单击"菜单→插入→设计特征→长方体"命令；或者如图 3-10 所示，单击工具栏中的"更多→长方体"命令。

图3-8 创建几何体（1）

图3-9 创建几何体（2）

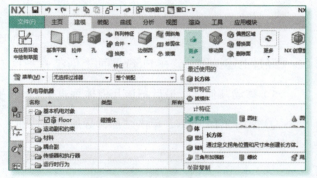

图3-10 创建几何体（3）

3）在弹出的"长方体"对话框中指定几何体的原点。如图 3-11 所示，在"指定点"行的右端，单击 按钮，在弹出的如图 3-12 所示的"点"对话框中输入原点的位置。

图3-11 创建几何体（4）

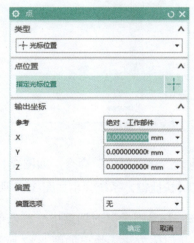

图3-12 创建几何体（5）

4）单击"确定"按钮，返回"长方体"对话框，再单击"确定"按钮，就完成了几何体的创建，如图 3-13 所示。

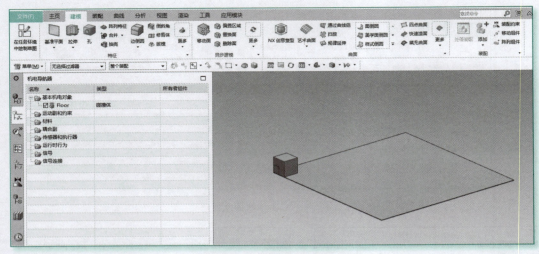

图3-13 创建几何体（6）

经过上述操作，就在 Floor 平面上创建了一个方块几何体。

5）移动几何体。最后把该几何体垂直于 Floor 平面移动到上方的某个位置，具体操作如下：

① 如图 3-14 所示，单击"部件导航器"按钮。

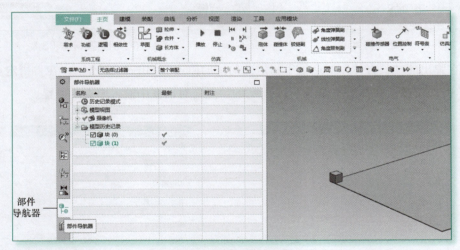

图3-14 创建几何体（7）

② 执行"移动对象"命令。如图 3-15 所示，单击"菜单→编辑→移动对象"命令，或者按【Ctrl+T】快捷键，系统弹出如图 3-16 所示的"移动对象"对话框。

③ 在"移动对象"对话框中，首先单击"选择对象"选项，然后再选中长方体，即在视图中右击几何体方块，弹出如图 3-17 所示的菜单，在该菜单中选中"从列表中选择"命令，弹出如图 3-18 所示的"快速拾取"对话框，选中"实体/块（1）"选项，完成"选择对象"的设置，如图 3-19 所示。

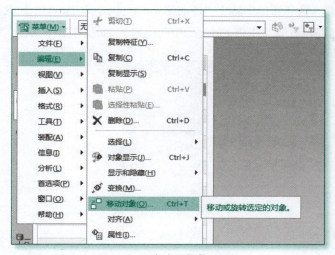

图3-15 移动几何体（1）

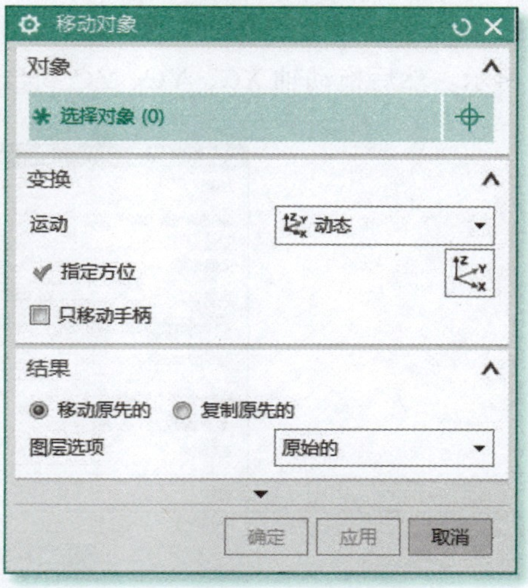

图3-16 移动几何体（2）

图3-17 移动几何体（3）

图3-18 移动几何体（4）

该步骤也可以直接单击图 3-14 中"部件导航器"中的"块（1）"项来完成"选择对象"的设置。

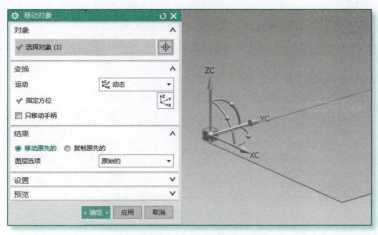

图3-19 移动几何体（5）

④ 在"移动对象"对话框中的"结果"选项区域中选中"移动原先的"单选按钮，如图 3-19 所示。然后拖动轴 XC、YC、ZC 到合适的位置（这里指 Floor 的中间位置），如图 3-20 所示。

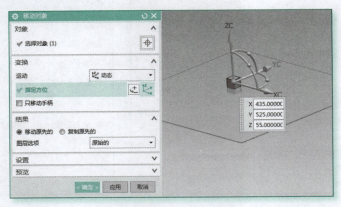

图3-20　移动几何体（6）

⑤ 单击"确定"按钮，最终的移动效果如图 3-21 所示。

（2）创建刚体　创建刚体有以下 3 种方法：

1）方法 1：如图 3-22 所示，在机电概念设计的"主页"选项卡下，单击"菜单→插入→基本机电对象→刚体"命令。

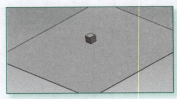

图3-21　移动几何体（7）

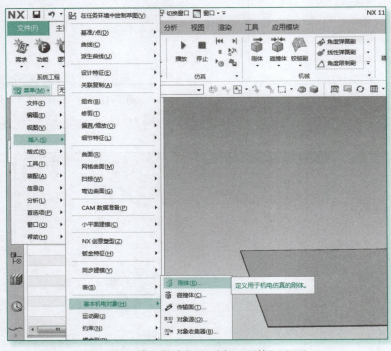

图3-22　建立基本机电对象"刚体"（1）

2）方法 2：如图 3-23 所示，单击工具栏中的"刚体→刚体"命令。

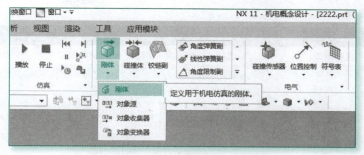

图3-23 建立基本机电对象"刚体"（2）

3）方法 3：如图 3-24 所示，首先单击"带条"工具栏中的"机电导航器"按钮，然后右击"基本机电对象"选项，在弹出的菜单中单击"创建机电→刚体"命令。

按照上述方法执行创建"刚体"命令之后，系统弹出如图 3-25 所示的"刚体"对话框。在该对话框中，单击"选择对象"选项，然后在视图环境中单击方块选中该几何对象，把方块设定为"刚体"，之后在对话框的最下方"名称"文本框中输入刚体的名称，这里采用默认名称"RigidBody（1）"。最后单击"确定"按钮，就创建好了一个刚体。

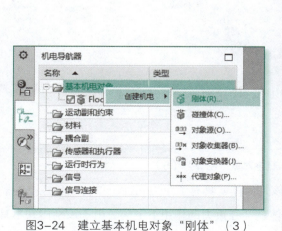

图3-24 建立基本机电对象"刚体"（3）

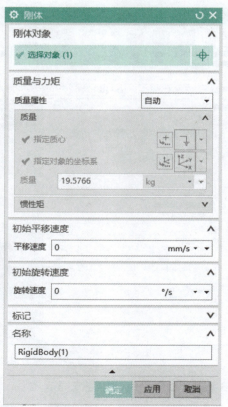

图3-25 建立基本机电对象"刚体"（4）

在图 3-25 中，刚体相关属性的含义见表 3-2。

表 3-2　刚体相关属性

序号	选项	描述
1	选择对象	可选择一个或者多个对象，所选对象将会生成一个刚体
2	质量属性	一般尽可能设置为"自动"。设置为"自动"后，NX MCD 将会根据几何信息和用户设定的值自动计算质量 "用户自定义"需要用户按照需要手工输入相应的参数
3	指定质心	选择一个点作为刚体的质心
4	指定对象的坐标系	定义坐标系，此坐标系将作为计算惯性矩的依据
5	质量	作用在"质心"的质量
6	惯性矩	定义惯性矩阵 $\begin{pmatrix} I_{xx} & I_{xy} & I_{xz} \\ I_{yx} & I_{yy} & I_{yz} \\ I_{zx} & I_{zy} & I_{zz} \end{pmatrix}$
7	初始平移速度	定义刚体初始平移速度
8	初始旋转速度	定义刚体初始旋转速度
9	名称	定义刚体的名称

创建的刚体如图 3-26 所示。

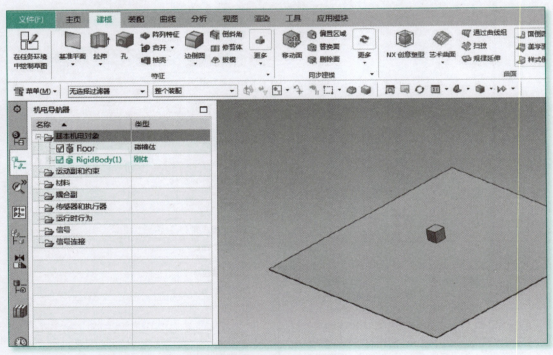

图3-26　建立基本机电对象"刚体"（5）

（3）仿真运行　当刚体建立完成之后，该几何体就具有了重力属性，单击工具栏上的播放按钮▶（停止播放时单击停止按钮■），该刚体就会在重力的作用下下落。由于该刚体并不具有碰撞属性，故它会穿透 Floor 垂直下落。

3.3.2 碰撞体

1.碰撞体（Collision Body）的概念

碰撞体是能够产生碰撞的物理组件。

在 NX MCD 中，碰撞体需要与刚体一起添加到几何对象上才能触发碰撞。如果两个刚体相互撞在一起，只要两个对象都定义有碰撞体属性，物理引擎才会计算碰撞；否则，若刚体没有添加碰撞体属性，在物理模拟中，它们将会彼此相互穿过。在例 3-1 中，刚体方块没有停留在地板 Floor 上就是这个原因。

NX MCD 提供了多种碰撞模型，见表 3-3。

表 3-3　碰撞模型

形状	图片示例	几何精度	可靠性	仿真效果
方块		低	高	高
球体		低	高	高
胶囊		低	高	高
圆柱		低	高	高
凸面体		中	高	中
多凸面体		中	高	中
网格面		高	低	低

系统利用简化的碰撞形状来高效计算碰撞关系。在 NX MCD 中，计算性能从高到低依次是：方块 ≈ 球体 ≈ 胶囊 > 凸面体 > 多凸面体 > 网格面。

2.创建碰撞体

创建碰撞体的方法如下：

方法1：单击"菜单→插入→基本机电对象→碰撞体"命令，如图3-27所示。

方法2：单击工具栏中的"碰撞体→碰撞体"命令，如图3-28所示。

方法3：如图3-29所示，在"机电导航器"中右击"基本机电对象"，在弹出的菜单中单击"创建机电→碰撞体"命令。

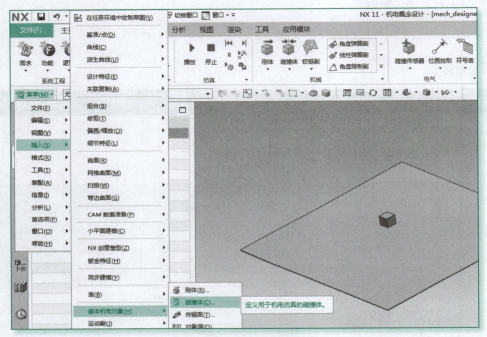

图3-27　创建碰撞体方法1

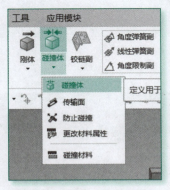

图3-28　创建碰撞体方法2

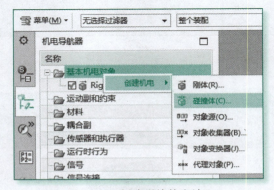

图3-29　创建碰撞体方法3

1）选择任一方法创建碰撞体之后，弹出如图3-30所示的"碰撞体"对话框，选择一个刚体对象，把该刚体对象设置为"碰撞体"。图3-30中各个选项的含义见表3-4。

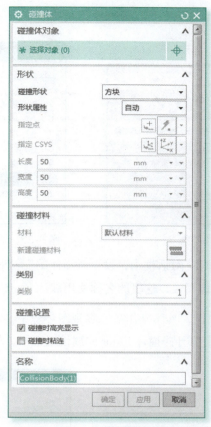

图3-30　"碰撞体"对话框

表 3-4　碰撞体属性

序号	选项	描述
1	选择对象	选择一个或者多个对象，根据所选对象计算出碰撞范围的形状
2	碰撞形状	碰撞形状可选项包括方块、球体、胶囊、凸面体、多凸面体和网格面
3	形状属性	有"自动"与"用户自定义"两个选项："自动"默认形状属性，自动计算碰撞形状；"用户自定义"要求用户输入自定义的参数
4	指定点	指定碰撞形状的几何中心点
5	指定 CSYS	为当前的碰撞形状指定参考坐标 CSYS
6	碰撞材料	选择构建碰撞体的材料，以下属性参数取决于材料：静摩擦力、动摩擦力和恢复
7	类别	碰撞体之间是否发生碰撞取决于类别的设定：只有定义了同样类别的两个或多个几何体才会发生碰撞（0 代表与所有类别的碰撞体都会发生碰撞）。在一个场景中有很多个几何体，利用类别将会减少计算几何体是否会发生碰撞的时间
8	碰撞设置	碰撞后的状态有"碰撞时高亮显示"和"碰撞时粘连"两个可选项
9	名称	定义碰撞体的名称

如果选择方块作为碰撞体，其操作方法如图 3-31 所示。右击方块，在弹出的菜单中单击"从列表中选择"命令。系统弹出如图 3-32 所示的"快速拾取"对话框，选中"实体 / 块（1）"

选项，从而完成碰撞体对象的选择，打开"碰撞体"对话框。

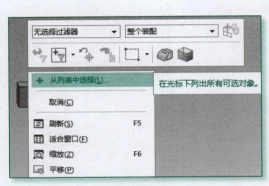

图3-31　选择碰撞体对象（1）

图3-32　选择碰撞体对象（2）

2）在图3-33所示的"碰撞体"对话框中，设置碰撞体的"类别"为1，然后单击"确定"按钮，这样就为该方块创建好了碰撞体属性，这里的名称使用默认名"CollisionBody（1）"。

3）查看碰撞体Floor的属性，具体操作是：在视图环境中，单击"机电导航器→基本机电对象"选项，双击Floor选项，打开碰撞体Floor的属性对话框，如图3-34所示。

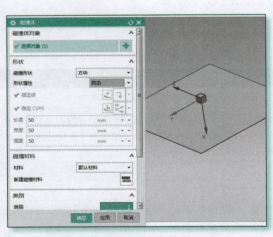

图3-33　选择碰撞体对象（3）

图3-34　碰撞体Floor的类别

可以看到图3-34中的Floor类别为0。这里需要说明一下，类别0代表该碰撞体可以与任何其他类别的碰撞体发生碰撞，碰撞体Floor类别为0，说明它能够与任何其他类别的碰撞体碰撞，包括本例中的碰撞体方块（类别为1）。

4）如图3-35所示，单击机电导航器中"RigidBody（1）"前的"+"号将其展开，可以看到刚刚创建好的碰撞体"CollisionBody（1）"。

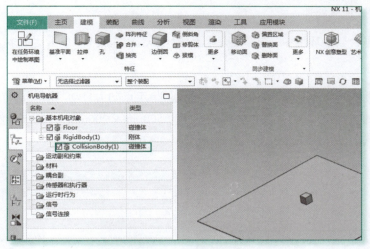

图3-35　创建碰撞体

5）仿真运行。设置完毕后，单击工具栏上的播放按钮▶，可以观察到方块在重力的作用下垂直下落，当遇到 Floor 时，两个碰撞体碰在一起，方块不再穿透 Floor 继续下落，而是如图 3-36 所示停留在 Floor 上静止不动。若停止播放，单击工具栏上的停止按钮■即可。

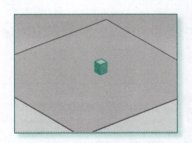

图3-36　两个碰撞体的运行播放效果

3.项目案例——创建碰撞体

【例 3-2】如图 3-37 所示，创建刚体和碰撞体。

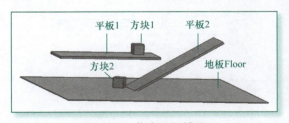

图3-37　仿真运行结果

要求仿真运行结果为：图中的方块 1 停留在平板 1 上，方块 2 沿着平板 2 的斜面在重力的作用下下滑到地板 Floor 上。

操作步骤如下：

（1）创建长方体几何体

1）在训练平台软件环境中，选择主菜单上的"建模"选项卡，单击"更多→长方体"命令，如图 3-38 所示。

在图 3-39 所示的"长方体"对话框中，设置"指定点"为自动判断 $\nwarrow$，在空间中任意选取一点作为该几何体的中心，输入该几何体的尺寸为 500mm×200mm×10mm，然后单击"确定"按钮，即在 NX MCD 环境中增添了一个几何体——平板。

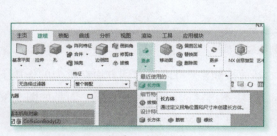

图3-38　创建一个长方体（1）

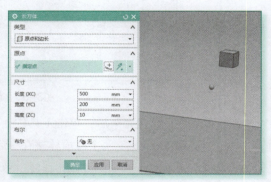

图3-39　创建一个长方体（2）

2）如图 3-40 所示，在视图环境中的任意位置单击鼠标右键，在弹出的快捷菜单中单击"定向视图→前视图"命令。

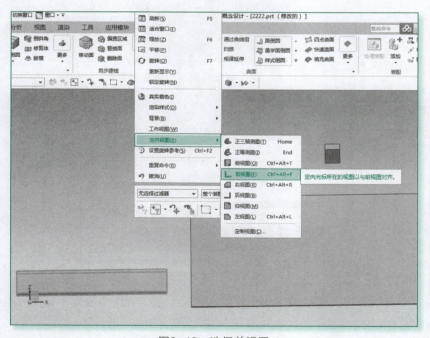

图3-40　选择前视图

执行完该命令后，当前视图转换为前视图，如图 3-41 所示。

图3-41　前视图画面

3）移动并复制几何体。在图 3-41 中，移动新创建的几何体，使用菜单命令"菜单→编辑→移动对象"，或者使用快捷键【Ctrl+T】，系统弹出如图 3-42 所示的"移动对象"对话框。

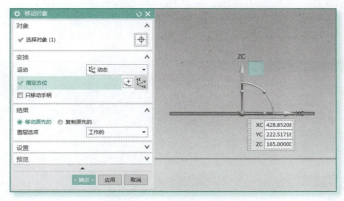

图3-42　移动几何体（1）

在"选择对象"处选择该视图中的几何体——平板，在"结果"选项区域中选中"移动原先的"单选按钮，即可进行几何体的移动操作。

如图 3-43 所示，转换视图为俯视图，分别沿着图示的坐标轴 XC 方向，拖动几何体到期望的位置，再沿着 YC 轴方向调整几何体的位置，最终把该平板移动到小方块的正下方。

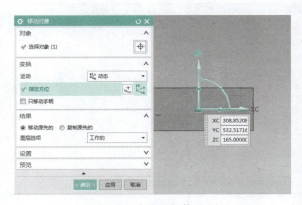

图3-43　移动几何体（2）

最后，单击"确定"按钮，完成几何体的移动。按住鼠标中间的滚轮并拖动旋转视图，可以看到的布局结果如图 3-44 所示，几何体的移动操作完成。

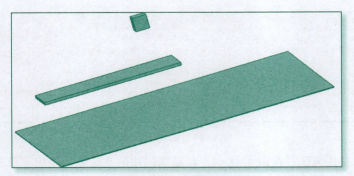

图3-44　布局结果

在图 3-44 的基础上，按照上述方法，再次执行移动操作。

首先，在图 3-45 所示的位置选择"复制原先的"方式移动小方块。

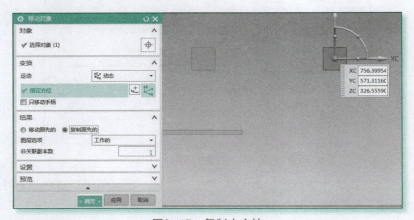

图3-45　复制小方块

然后，在如图 3-46 所示的位置选择移动复制长方体。

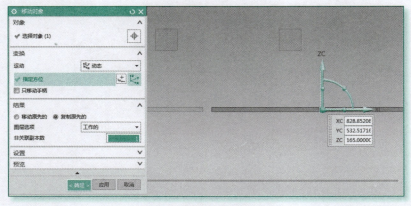

图3-46　复制长方体（1）

移动方法为：如图 3-47 所示，选择各个轴的旋转控制点，拖动旋转，使长方体形成一个斜面，再单击"确定"按钮，就完成了长方体的复制。

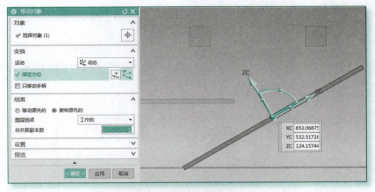

图3-47　复制长方体（2）

按住鼠标的滚轮移动，转换视图角度，最终布局结果如图 3-48 所示。

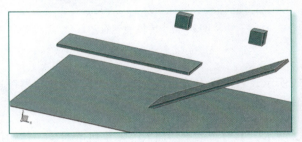

图3-48　最终布局结果

（2）建立几何体的基本机电对象

1）如图 3-49 所示，分别设置刚体与碰撞体，完成各个几何体的基本机电对象设置。

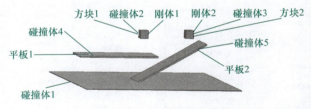

图3-49　设置刚体与碰撞体

2）运行查看仿真结果。可以看到方块 1 与平板 1 发生碰撞，停留在平板 1 上，方块 2 落到斜面平板 2 上，并沿着平板 2 下滑到地板上。

3.3.3　传输面

传输面（Transport Surface）属于执行器的内容，但为了方便介绍基本机电对象——对象源、对象收集器，故把传输面放在这里介绍。

1.传输面的概念

传输面是具有将所选的平面转化为"传送带"的一种机电"执行器"特征。一旦有其他物体放置在传输面上，此物体将会按照传输面指定的速度和方向被运输到其他位置。传输面的运动可以是直线，也可以是圆，具体通过用户的设置而定。

需要注意的是：传输面必须是一个平面和碰撞体，即它与碰撞体相配合使用，并且一一对应。图3-50所示为一个传输面的示意图。

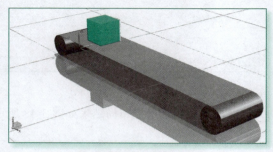

图3-50　传输面示意图

2.创建传输面

方法1：如图3-51所示，右击机电导航器中的"传感器和执行器"选项，在弹出的菜单中单击"创建机电→传输面"命令，弹出"传输面"对话框。

方法2：如图3-52所示，单击"菜单→插入→基本机电对象→传输面"命令，弹出"传输面"对话框。

图3-51　创建传输面方法1

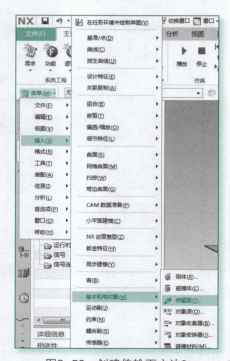

图3-52　创建传输面方法2

方法3：如图3-53所示，单击工具栏中的"碰撞体→传输面"命令即可。

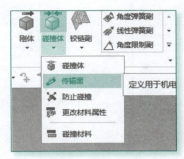

图3-53　创建传输面方法3

1）任选以上一种创建方法，打开"传输面"对话框，如图3-54所示。在该对话框中选择"选择面"选项，通过单击项目环境中某一平面特征对象来设置一个"传输面"，再设置运动类型为"直线"或者"圆弧"。

如图3-54所示，当运动类型设置为"圆弧"后，对话框中各个选项的含义见表3-5。

表3-5　传输面的选项（圆弧）

序号	选项	描述
1	选择面	选择一个平面作为传输面
2	运动类型	这里选择为"圆弧"
3	中心点	选择一个点作为"圆弧"运动的圆心
4	中间半径	圆弧运动中间半径
5	中间速度	圆弧运动中间速度
6	起始位置	圆弧运动起始位置的数据
7	名称	定义传输面的名称

如图3-55所示，当运动类型设置为"直线"后，对话框中各个选项的含义见表3-6。

表3-6　传输面的选项（直线）

序号	选项	描述
1	选择面	选择一个平面作为传输面
2	运动类型	这里选择为"直线"
3	指定矢量	指定传输面的传输方向
4	反向	改变向量的方向
5	平行	指定在传输方向上的速度大小
6	垂直	指定在垂直于传输方向上的速度大小
7	名称	定义传输面的名称

在"指定矢量"处设置传输面的运动方向，然后设置其速度和起始位置。其中，速度分为平行于"指定矢量"方向和垂直于"指定矢量"方向两种选择。

图3-54　创建传输面对话框（1）　　　　图3-55　创建传输面对话框（2）

2）设置该传输面的名称，完成传输面的创建工作。

3.项目案例——创建传输面

【例3-3】在图3-49中，假设把"碰撞体4（平板1）"创建为一个传输面，沿着XC轴的负方向（-XC）运动，试说明其创建过程。

1）在图3-49所示的NX MCD环境中，按照前述方法创建传输面。如图3-56所示，在弹出的"传输面"对话框中选择"碰撞体4"作为"选择面"，运动类型设为"直线"，矢量方向为XC的负方向（-XC），速度设为平行"50mm/sec"，名称默认即可。

图3-56　创建传输面

2）仿真运行。单击"播放"按钮，即可看到小长方块在重力的作用下落到传输面上，然后在传输面上沿着XC负方向（-XC）运动的情形，如图3-57所示。

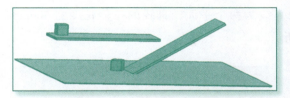

图3-57　传输面运行结果

3.3.4　对象源

1.对象源的概念

所谓对象源（Object Source），就是在特定时间间隔创建多个外表、属性相同的对象。这种特点特别适用于物料流案例，可以模拟不断产生相同物件的情况。

2.创建对象源

下面这个例子展示了如何创建对象源，以及对象源是如何工作的。

【例3-4】如图3-58所示，建立一个NX MCD项目。当定义方块为对象源时，仿真效果是在设定时间间隔内源源不断地产生尺寸、外观完全相同的新方块，在传输面的带动下方块沿着传输方向运动，就会出现图中均匀排列的情况。

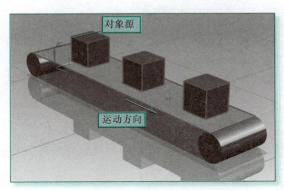

图3-58　对象源示意图

（1）创建NX MCD三维模型　具体操作步骤如下：

1）在空白项目中添加圆柱（直径为250mm，长度为500mm），并复制移动圆柱，两个圆柱的位置平行于X-Y平面，且两个圆柱之间的距离为2000mm，画出两条直线与圆柱边缘相切，效果如图3-59所示。

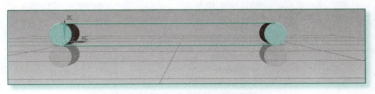

图3-59　创建NX MCD三维模型（1）

2）分别拉伸两条直线为两个平面，直线的拉伸长度为500mm。再加厚平面，厚度为1mm，效果如图3-60所示。

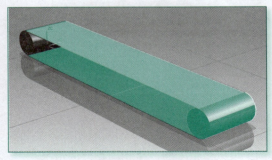

图3-60　创建NX MCD三维模型（2）

3）在上平面上放置一个方块，尺寸为250mm×250mm×250mm，效果如图3-61所示。

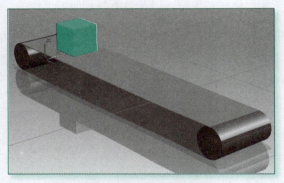

图3-61　创建NX MCD三维模型（3）

（2）创建对象源

1）与创建刚体、碰撞体和传输面类似，创建对象源的方法有如下三种：

方法1：在"机电导航器"中右击"基本机电对象"选项，在弹出的菜单中单击"创建对象→对象源"命令。

方法2：单击"菜单→插入→基本机电对象→对象源"命令。

方法3：如图3-62所示，单击工具栏中的"刚体→对象源"命令。

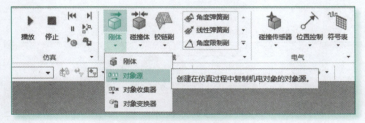

图3-62　创建对象源的方法

选择以上任意一种命令，系统弹出如图 3-63 所示的"对象源"对话框。

图3-63 "对象源"对话框

图 3-63 中各个选项的含义见表 3-7。

表 3-7 对象源的选项

序号	选项	描述
1	选择对象	选择要复制的对象
2	触发	1）基于时间：在指定的时间间隔复制一次 2）每次激活时一次
3	时间间隔	设置时间间隔
4	起始偏置	设置多少秒之后开始复制对象
5	名称	定义对象源的名称

2）如图 3-63 所示，在"对象源"对话框中设置"选择对象"。"选择对象"为图 3-64 中的方块，名称为默认；"触发"选择"基于时间"，时间间隔为 5s，单击"确定"按钮，即可在"机电导航器"中生成一个对象源 ObjectSource（1），如图 3-65 所示。

图3-64 创建对象源（1）

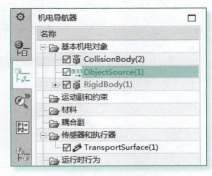

图3-65 创建对象源（2）

3）如图 3-66 所示，右击对象源"ObjectSource（1）"，在弹出的菜单中单击"添加到察看器"命令。

这时可以在"运行时察看器"中看到该对象源，如图3-67所示。从图中可以看出该对象源 ObjectSource（1）的属性为active。

图3-66　添加对象源到察看器

图3-67　察看器中的对象源

在运行的过程中，如果在图3-63所示的"对象源"对话框中将"触发"设置为"基于时间"，那么此处active的数值就一直为true；如果设置为"每次激活时一次"，那么当对象源的属性 active为true时，代表对象源激活一次，就会重新生成方块，此属性会在下一个分步自动变为 false。

（3）仿真运行　上述设置完毕后，进行仿真运行，当上表面为传输面时，物料源就会间隔 5s生成一个新的方块，同时，所生成的方块在传输面的拖动下向右运动，运行效果如图3-58所示。

3.项目案例——建立对象源

【例3-5】在例3-3的基础上，将图3-49中的"刚体1"与"刚体2"设置成对象源，要求每隔3s产生一个新的对象，使方块分别沿着平板1传输面移动和平板2向下滑动（依靠重力）。

具体操作步骤如下：

1）如图3-68所示，在例3-3的基础上，打开"对象源"对话框，设置"选择对象"为"刚体1"，"触发"为"基于时间"，输入时间间隔为3s，单击"确定"按钮即可。

图3-68　设置对象源

2）同样，设置"刚体2"为另外一个对象源。设置完成之后，单击播放按钮▶，运行效果如图3-69所示。

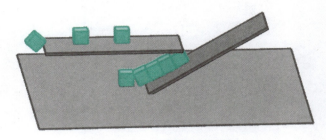

图3-69　对象源运行效果

3.3.5　碰撞传感器

碰撞传感器属于传感器的内容，为了方便介绍基本机电对象——对象收集器，故把传感器放在对象收集器前面介绍。

1.碰撞传感器（Collision Sensor）的概念

碰撞传感器是指当碰撞发生的时候可以被激活输出信号的机电特征对象，可以利用碰撞传感器来收集碰撞事件。碰撞事件可以被用来停止或者触发某些操作，或停止或者触发执行机构的某些动作。

碰撞传感器有如下两个属性：

1）triggered：表示碰撞事件的触发状态，true表示发生碰撞，false表示没有发生碰撞。

2）active：表示对象是否激活的状态，true表示已经激活，false表示未激活。

2.创建碰撞传感器

1）与创建刚体、碰撞体、传输面和对象源等类似，创建碰撞传感器的方法有如下三种：

方法1：在"机电导航器"中，右击"传感器和执行器"选项，在弹出的菜单中单击"创建机电→碰撞"命令。

方法2：单击"菜单→插入→传感器→碰撞"命令。

方法3：如图3-70所示，单击工具栏中的"碰撞传感器→碰撞传感器"命令。

采用上述任意一种操作，系统会弹出"碰撞传感器"对话框，如图3-71所示。

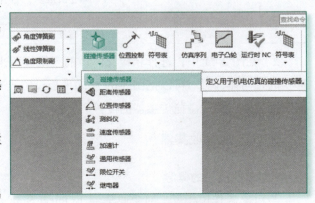

图3-70　建立碰撞传感器

图3-71　"碰撞传感器"对话框

图 3-71 中各个选项的含义见表 3-8。

表 3-8　碰撞传感器的选项

序号	选项	描述
1	选择对象	选择碰撞传感器的几何对象
2	碰撞形状	选择碰撞范围的形状：方块、球体或直线
3	形状属性	1）"自动"：默认形状属性，自动计算碰撞形状 2）"用户自定义"：要求用户输入自定义的参数
4	指定点	碰撞形状的几何中心点
5	指定坐标系	为当前的碰撞形状指定坐标系
6	类别	碰撞体之间是否发生碰撞取决于类别的设定：只有定义了同样类别的两个或多个几何体才会发生碰撞。注意：0代表与所有类别的碰撞体都会发生碰撞 在一个场景中有很多个几何体时，利用类别将会减少计算几何体是否会发生碰撞的时间
7	名称	定义碰撞传感器的名称

2）在图 3-71 中，选择相应几何体的三维模型来设置碰撞体对象（该三维模型可以是任何形状的几何体，例如，可以把图 3-69 中的地板设置成一个碰撞传感器），当设置完毕之后，单击"确定"按钮即可完成碰撞传感器的设置。

3.3.6　对象收集器

1.对象收集器的概念

与对象源作用相反，对象收集器（Object Sink）能够使对象源生成的对象消失。当对象源生成的对象与对象收集器发生碰撞时，就会消除这个对象。

如图 3-69 所示，可以在斜面与地面相接的地方设置一个对象收集器，那么，当方块从斜面上滑落到地面，与对象收集器发生碰撞的时候，让方块自动消失，就不会在斜面的下端堆积许多方块了。

2.创建对象收集器

1）使用 NX 的建模功能为对象收集器建立三维模型。

2）创建对象收集器。与创建刚体、碰撞体、传输面和对象源等类似，创建对象收集器的方法也有如下三种：

方法 1：在"机电导航器"中右击"基本机电对象"选项，在弹出的菜单中单击"创建对象→对象收集器"命令。

方法 2：单击"菜单→插入→基本机电对象→对象收集器"命令。

方法 3：如图 3-72 所示，单击工具栏中的"刚体→对象收集器"命令。

采用上述其中任意一种操作，系统会弹出如图 3-73 所示的"对象收集器"对话框。

图3-72　创建对象收集器

图3-73　"对象收集器"对话框

图 3-73 中各个选项的含义见表 3-9。

表 3-9　对象收集器的选项

序号	选项	描述
1	选择碰撞传感器	选择一个碰撞传感器，当检测到碰撞发生时，开始收集对象源，使它消失
2	收集源	有"任意"和"仅选定的"两个选项： 1）任意：收集任何对象源生成的对象 2）仅选定的：只收集指定的对象源生成的对象 在该选项区域中还有"选择对象源"选项，其含义是：只有选定对象源生成的对象才可以被这个对象收集器删除
3	名称	定义对象收集器的名称

在图 3-73 的"选择碰撞传感器"中，单击创建好的收集器三维模型即可，然后单击"确定"按钮，完成对象收集器的创建。

3.项目案例——创建对象收集器

【例 3-6】在例 3-5 的基础上，在图 3-69 中斜面的下端放置一个对象收集器，要求当方块滑落与它发生碰撞的时候，方块自动消失。

具体操作步骤如下：

（1）创建对象收集器　创建一个棒形的三维几何体作为对象收集器的外形，当方块滑落与它发生碰撞的时候，让方块消失。

1）如图 3-74 所示，选中"建模"选项卡，把"更多库→设计特征库→圆柱"选入到"更多"菜单下。

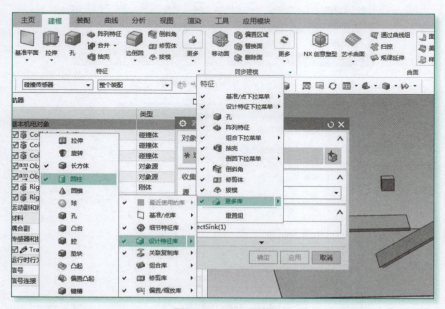

图3-74　选入圆柱

2）如图 3-75 所示，单击"更多→圆柱"命令。

3）如图 3-76 所示，在弹出的对话框中设置该圆柱体的参数。在本例中，指定矢量为 YC，指定点为 Floor 面与斜面连接处的某一个点，直径为 10mm、高度为 100mm，单击"确定"按钮即可。

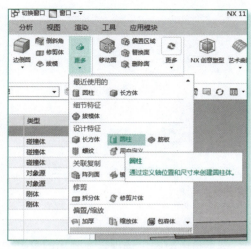

图3-75 建立圆柱体三维模型

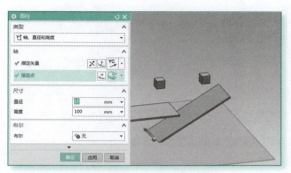

图3-76 设置圆柱体的参数

（2）建立一个碰撞传感器

1）如图 3-77 所示，建立一个碰撞体传感器，右击"传感器和执行器"选项，在弹出的菜单中单击"创建机电→碰撞"命令，然后系统弹出"碰撞体传感器"对话框。

图3-77 建立碰撞传感器

2）如图 3-78 所示，切换到"部件导航器"，碰撞传感器对象选择"圆柱"，名称采用默认的"Collision Sensor（1）"，单击"确定"按钮即可。

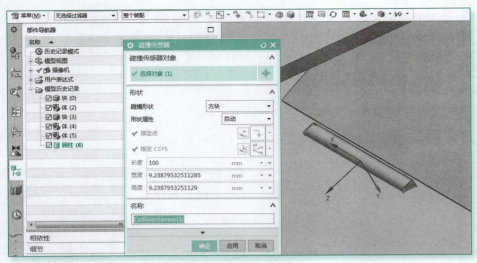

图3-78　设置碰撞传感器

（3）设置对象收集器

1）如图 3-79 所示，切换到"机电导航器"，右击"基本机电对象"选项，在弹出的菜单中单击"创建机电→对象收集器"命令，系统弹出如图 3-80 所示的"对象收集器"对话框。

图3-79　创建对象收集器

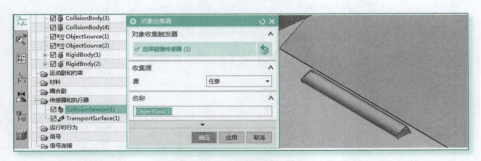

图3-80　设置对象收集器

2）在"对象收集器"对话框中，设置"选择碰撞传感器"为"CollisionSensor（1）"，其他使用默认值，然后单击"确定"按钮即可。

3）这时，就出现了一个对象收集器 ObjectSink（1），如图 3-81 所示。

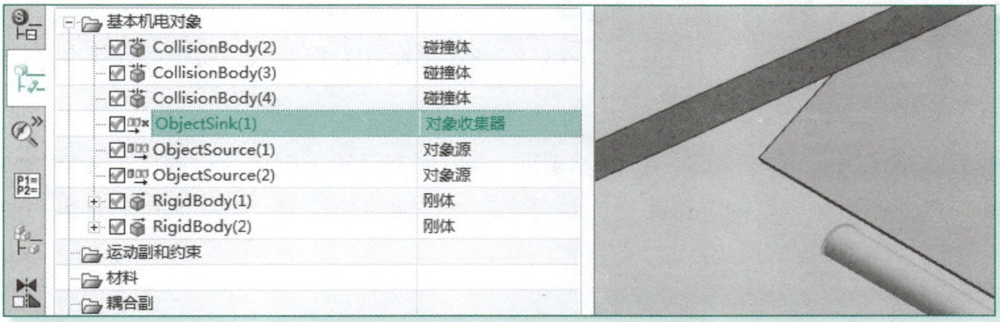

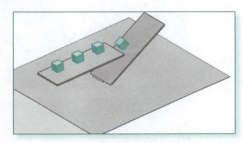

图3-81 查看对象收集器

4）运行结果如图 3-82 所示。可以看到，当方块滑落到斜面的底端时会自动消失，达到了收集物件的效果。

3.3.7 对象变换器

对象变换器（Object Transformer）的作用是模拟 NX MCD 中运动对象外观的改变，如模拟待加工物料与加工成品之间的外形变化。

图3-82 运行结果

在使用的过程中，需要建立两个三维模型，分别用于表示触发变换之前的物料模型和变换之后的物料模型；另外，还需要设置对象变换的触发事件，例如，设置一个碰撞传感器，当传感器检测到碰撞发生时，就触发对象变换，使物料外形发生改变。下面举例说明。

【例3-7】如图 3-83 所示，方块代表物料源，倒斜角方块代表转换之后的物料，细棒代表碰撞传感器。仿真要求：物料沿着传输面由左向右运动，当物料与碰撞传感器发生碰撞时，就启动转换过程，使物料从方块转换为倒斜角方块。

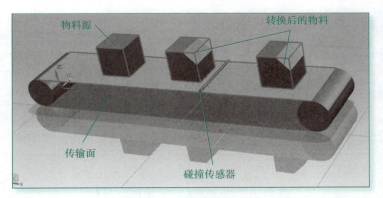

图3-83 对象变换器示例

具体操作步骤如下：

1）在创建对象变换器之前，分别创建好物料变换之前和变换之后的两个三维模型。如图3-83所示，方块作为变换之前的形态，并且把该方块设置为物料源；将倒斜角方块作为转换之后的形态。

在 NX MCD 中，把转换前、后的这两个三维模型都设置为刚体与碰撞体；然后，再创建一个细棒作为碰撞传感器的三维模型，安装在贴近传输面的位置。创建之后的效果如图3-84所示。

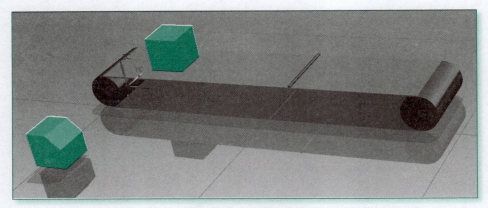

图3-84　创建转换前后和碰撞传感器三维模型

2）完成以上设置后，才能开始创建对象变换器。创建对象变换器的方法有如下三种：

方法1：如图3-85所示，在"机电导航器"中，右击"基本机电对象"选项，在弹出的菜单中单击"创建机电→对象变换器"命令。

方法2：如图3-86所示，单击工具栏中的"刚体→对象变换器"命令。

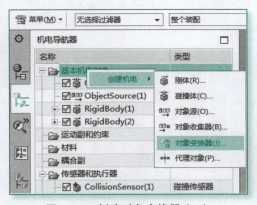

图3-85　创建对象变换器（1）

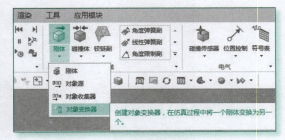

图3-86　创建对象变换器（2）

方法3：如图3-87所示，单击"菜单→插入→基本机电对象→对象变换器"命令。

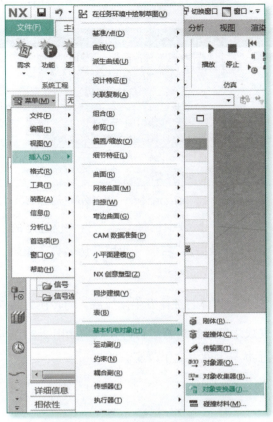

图3-87　创建对象变换器（3）

采用上述方法中任意一种操作,系统弹出如图 3-88 和图 3-89 所示的"对象变换器"对话框。"对象变换器"对话框中各个选项的含义见表 3-10。

图3-88　设置对象变换器（1）

图3-89　设置对象变换器（2）

表 3-10　对象变换器的选项

序号	选项	描述
1	选择碰撞传感器	选择一个碰撞传感器，当检测到碰撞发生时，开始启动变换
2	变换源	有"任意"和"仅选定的"两个选项： 1）任意：变换任何对象源生成的对象； 2）仅选定的：只变换指定的对象源生成的对象。 在该选项区域中还有"选择对象"选项，其含义是：只有选定的对象源生成的对象可以被这个对象变换器改变
3	选择刚体	选择变换之后的刚体
4	名称	定义对象变换器的名称

如图 3-88 所示，选择碰撞传感器为（细棒）后，在"变换为"区域设置"选择刚体"为倒斜角方块；然后，在"变换源"区域中选择"源"为"仅选定的"，"选择对象"设置为物料源"方块"，如图 3-89 所示；最后，"名称"使用默认名称，单击"确定"按钮即完成"对象转换器"的设置。

上述设置的目的是：任何碰撞体与细棒发生碰撞后，均转换为倒斜角方块的形状。

3）仿真运行。设置完成之后进行仿真运行，其效果如图 3-83 所示。可以看到，当物料触碰到细棒传感器之后，其形状马上就发生了改变。

3.3.8　碰撞材料

1.碰撞材料的概念

碰撞材料（Change Material）用来定义一个新的材料属性。主要的材料属性包括动摩擦系数、静摩擦系数和恢复系数等。碰撞材料将会被碰撞体使用，由于材料属性不同，使用不同的碰撞材料作用于碰撞体、传输面等会产生不同的运动行为。

2.创建碰撞材料

创建碰撞材料与创建 NX MCD 其他对象相同，碰撞材料的创建方法有三种：使用菜单命令创建、使用工具栏命令创建以及在带条导航器中创建。这里采用带条导航器的方法来创建碰撞材料，具体操作步骤如下：

1）如图 3-90 所示，在"机电导航器"中，右击"材料"选项，在弹出的菜单中单击"创建机电→碰撞材料"命令。

2）系统弹出如图 3-91 所示的"碰撞材料"对话框，设置碰撞材料的各个选项，各选项的含义见表 3-11。

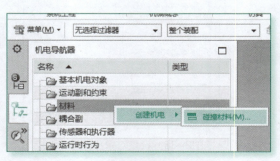

图3-90　创建碰撞材料（1）

图3-91 创建碰撞材料（2）

表 3-11 碰撞材料的选项

序号	选项	描述
1	动摩擦	物体在运动时的摩擦系数
2	静摩擦	物体在静止时的摩擦系数
3	滚动摩擦	物体在滚动时的摩擦系数
4	恢复	材料吸收能量或者反射能量的系数
5	名称	定义碰撞材料的名称

设置好碰撞材料选项后，单击"确定"按钮，完成碰撞材料的创建，如图 3-92 所示。

图3-92 创建碰撞材料（3）

3.项目案例——创建碰撞材料

【例 3-8】建立如图 3-93 所示的仿真系统，其中刚体方块的尺寸为 100mm×100mm×100mm，斜板倾斜角度为 20°，尺寸为 600mm×250mm，其他参数采用默认值。

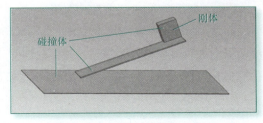

图3-93 碰撞材料实例（1）

将方块和滑板设置为默认的碰撞材料，运行并查看仿真结果：由于木板倾斜角度小，摩擦力能够阻止滑块的下滑，滑块停留在滑板上，并未下滑。现要求：新建碰撞材料，设置较小的摩擦系数，让方块能够从滑板上下滑，理解新的碰撞材料对方块滑动的影响。

具体操作步骤如下：

1）如图 3-90 所示，右击"机电导航器"中的"材料"选项，在弹出的菜单中单击"创建机电→碰撞材料"命令，弹出"碰撞材料"对话框。如图 3-94 所示输入参数，使用默认的名称，最后单击"确定"按钮，生成新的碰撞材料，如图 3-95 所示。

图3-94　碰撞材料实例（2）

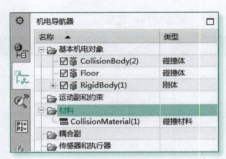

图3-95　碰撞材料实例（3）

2）更改刚体块的碰撞体材料属性，如图 3-96 所示，在"机电导航器"中双击 CollisionBody（1）。

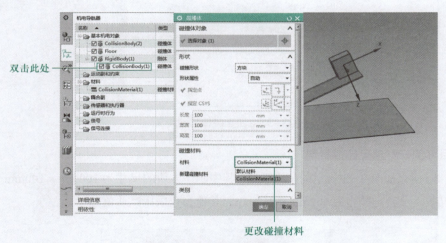

图3-96　碰撞材料实例（4）

在弹出的"碰撞体"对话框中更改碰撞材料为新建的碰撞材料 CollisionMaterial（1），最后单击"确定"按钮。进行仿真运行可以看到，由于材料的改变，导致摩擦系数的改变，刚体方块能够沿着斜板下滑到 Floor 上。

两次运行结果如图 3-97、图 3-98 所示。这是因为新建材料的最大静摩擦力小于方块在斜板方向上重力，故使用新材料后方块会沿着斜板下滑。

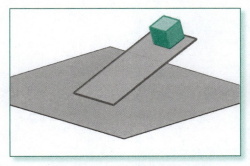

图3-97 碰撞材料实例（5）

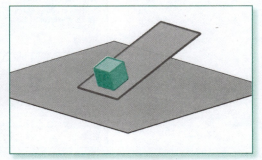

图3-98 碰撞材料实例（6）

3.4 执行器

本节主要介绍速度控制（Speed Control）和位置控制（PositionControl），传输面在第 3.3.3 小节中已介绍，其他执行器（Actuator）会在以后的章节中介绍。

3.4.1 速度控制

1.速度控制的概念

速度控制（Speed Control）可以控制机电对象按设定的速度运行。这里主要是指机电一体化概念设计 MCD 对象的运动速度，如传输面的传输速度或者各种运动副（后续章节介绍）的运动速度等。

2.创建速度控制

创建速度控制有以下三种方法：

方法 1：单击"插入→执行机构→速度控制"命令。

方法 2：单击工具栏上的  命令按钮。

方法 3：在"机电导航器"中右击"传感器和执行器"选项，在弹出的菜单中单击"创建机电→速度控制"命令。

采用上述任意一种方法，系统弹出"速度控制"对话框，如图 3-99 所示。

图3-99　"速度控制"对话框

"速度控制"对话框中各个选项的含义见表 3-12。

表 3-12　速度控制的选项

序号	选项	描述
1	选择对象	选择需要添加执行机构的轴运动副
2	速度	指定一个恒定的速度值，轴运动副为转动时，单位为"degrees/sec"；轴运动副为平动时单位为"mm/s"
3	名称	定义速度控制的名称

3.项目实例——创建速度控制

【例3-9】如图 3-100 所示，设置刚体、碰撞体和传输面，并为传输面设置速度控制，速度设为 100mm/s。

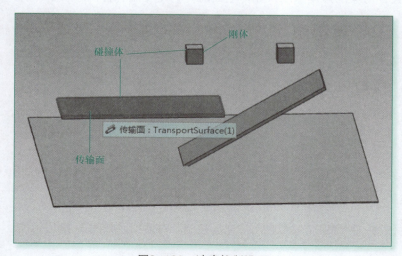

图3-100　速度控制设置

具体操作步骤如下：

1）单击"插入→执行机构→速度控制"命令，系统弹出如图 3-101 所示的"速度控制"对话框。

2）在该对话框中设置"选择对象"为传输面，设置"速度"为"100mm/sec"，最后单击"确定"按钮。

图3-101　设置速度控制

3）最终运行效果是方块落到传输面上之后，按照速度控制的给定速度 100mm/s 向前运行。

3.4.2　位置控制

1.位置控制的概念

位置控制（Position Control）用来控制运动几何体的目标位置，让几何体按照指定的速度运动到指定的位置后停下来。位置控制包含两种控制：位置目标控制和到达位置目标的速度控制。

2.创建位置控制

创建位置控制有以下三种方法：

方法 1：单击"插入→执行机构→位置控制"命令。

方法 2：单击工具栏中的 ⬚ 命令按钮。

方法 3：在"机电导航器"中右击"传感器和执行器"选项，在弹出的菜单中单击"创建机电→位置控制"命令。

采用上述任意一种操作，系统弹出"位置控制"对话框，如图 3-102 所示。

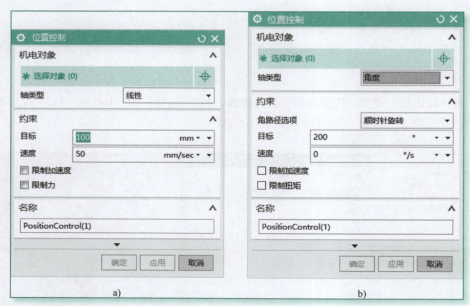

图3-102 "位置控制"对话框

"位置控制"对话框中各个选项的含义见表3-13。

表 3-13 位置控制的选项

序号	选项	描述
1	选择对象	选择需要添加执行机构的轴运动副
2	轴类型	选择轴类型，包括角度、线性两种
3	角路径选项	此选项只有在"轴类型"为"角度"时出现，用于定义轴运动副的旋转方案，沿最短路径、顺时针旋转、逆时针旋转或跟踪多圈
4	目标	指定一个目标位置
5	速度	指定一个恒定的速度值
6	名称	定义位置控制的名称

3.项目实例——创建位置控制

【例3-10】将图3-100中的传输面位置控制设为110mm，速度保持不变（50mm/s）。

具体操作步骤如下：

1）单击"插入→ 执行机构→ 位置控制"命令，弹出如图3-103所示的"位置控制"对话框。

2）在该对话框中，设置"选择对象"为传输面，然后输入"目标"位置为100mm，"速度"采用默认值，最后单击"确定"按钮即可。

图3-103　设置位置控制

上述操作完成之后，进行仿真运行，效果如图 3-104 所示。方块落到传输面上之后，沿着该传输面以 50mm/s 的速度运行到 100mm 位置后就停下来了。

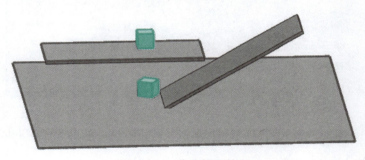

图3-104　位置控制效果

3.5　本章小结

本章主要介绍了机电对象、执行器的概念和它们的创建、使用方法。结合知识讲解的需要，本章创建了一个简单的机电一体化概念设计训练平台，本章大部分内容的介绍都是在这个平台上展开的。

在机电一体化概念设计中，基本机电对象是基础，它是通过对已有的三维模型添加机电特征的方法，使其具有逼真的物理特性。概括而言，基本机电对象的作用是：刚体能够使几何体模型具备质量、重力特征，碰撞体能够使模型具备碰撞特征，对象变换器能够模拟生产流程中几何体模型外观的改变，碰撞材料能够改变碰撞体的摩擦系数，对象源与对象收集器分别用于产生和消除物料的模拟。

对于执行器，本章主要介绍了传输面、速度控制和位置控制，分别用于对物料传输模拟，以及物体运动的速度、到达目标地的控制模拟。后面的章节将逐一介绍 NX MCD 中的信号建立方法。

习题

参照图 3-105，完成如下操作：

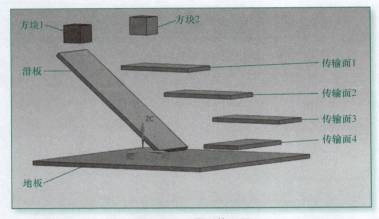

图3-105　项目装配图

1）创建如图 3-105 所示的三维模型，地板尺寸为 500mm×500mm×10mm，其他几何体三维模型尺寸按照比例自定义。

2）创建物料源 1（方块 1）和物料源 2（方块 2），添加碰撞传感器（地板），并为图中各个三维模型设置合适的基本机电对象和执行器，如刚体、碰撞体、传输面（速度为 100mm/s）、对象源（时间间隔 2s）和对象收集器等。

3）最终实现的运动描述如下：

① 方块 1 在重力作用下从滑板上滑下，到达地板后消失。

② 方块 2 在重力作用下落在传输面 1 上，并在该传输面上按照 100mm/s 的速度沿着 YC 方向运动，依次落在传输面 2 和传输面 3 上，按照相同的速度和方向运动，直到落在传输面 4 上之后，再沿着 XC 方向，以 100mm/s 的速度前行，最终落到地板上以后消失。

第4章
CHAPTER 4

机电一体化概念设计的运动仿真

4.1 机电一体化概念设计运动仿真概述

机电一体化概念设计的运动仿真主要包括运动副、耦合副和执行机构。由于运动仿真不可避免地会涉及传感器、信号、约束、过程、运行时参数以及运行时表达式等，故本章在重点介绍运动仿真的同时，也将介绍上述相关知识。

1.运动副

运动副（Joint）定义了对象的运动方式，包括铰链副、固定副、滑动副、柱面副、球副、螺旋副、平面副、弹簧副、弹簧阻尼器、限制副、点在线上副以及线在线上副等。

2.耦合副

耦合副（Coupler）定义了各个运动副之间的运动传递关系，运动副的速度可以通过耦合副来传递。耦合副包括齿轮副（Gear）、机械凸轮副（Mechanical Cam）和电子凸轮（Electronic Cam）等。

3.执行机构

执行机构（Actuator）定义了一种线性运动或者旋转运动的驱动装置，它必须创建在已有的运动副之上。常用的执行器有速度控制、位置控制等，通过设置速度或者位置来实现对运动速度和运动位置的控制。

4.传感器

执行机构往往与电气传感器（Sensor）配合使用，NX MCD中常见的传感器有碰撞传感器（Collision Sensor）、距离传感器（Distance Sensor）、位置传感器（Position Sensor）、通用传感器

（Generic Sensor）、限位开关（Limit Switch）和继电器（Relay）等。

5.约束

机电一体化概念设计中的约束（Constraints）定义了各个运动实体的运动条件，主要的约束包含断开约束（Breaking Constraint）、防止碰撞（Prevent Collision）和弹簧阻尼器（Spring Damper）等。

6.变换对象

变换对象可以改变 NX MCD 中机电对象的属性，主要包含两种：显示更改器（Display Changer）和对象变换器（Object Transformer）。其中，显示更改器可以更改对象的颜色，对象变换器可以模拟运动对象外观的改变。这种改变往往要借助碰撞传感器的触发来实现。

4.2 运动副

4.2.1 铰链副

1.铰链副的概念

铰链副（Hinge Joint）是用来连接两个固件并允许两者之间做相对转动的机械装置。铰链副可由可移动的组件构成，或者由可折叠的材料构成。如图 4-1 所示，组成铰链副的两个构件只能绕某一轴线做相对转动，它具有一个旋转自由度，不允许在两个构件的任何方向上有平移运动。

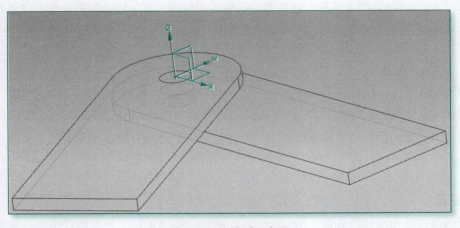

图4-1　铰链副示意图

2.创建铰链副及速度控制

（1）创建铰链副　与其他机电对象类似，铰链副的创建方法有如下三种：

方法1：单击工具栏中的 命令按钮。

方法2：如图4-2所示，在"机电导航器"中右击"运动副和约束"选项，在弹出的菜单中单击"创建机电→铰链"命令即可。

图4-2　利用机电导航器创建铰链副

方法3：单击"菜单→插入→运动副→铰链副"命令。

通过以上任意一种操作，系统会弹出如图4-3所示的"铰链副"对话框。在该对话框中，通过"选择连接件"和"选择基本件"选择构件并进行属性设置。

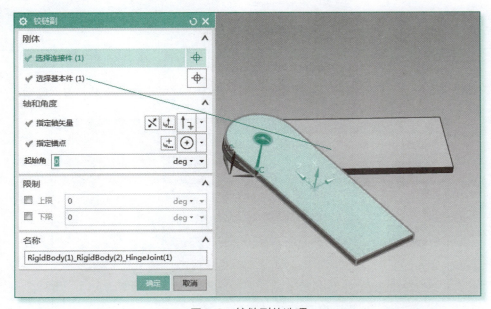

图4-3　铰链副的选项

"铰链副"对话框中各个选项的含义见表4-1。

表 4-1　铰链副属性

序号	选项	描述
1	选择连接件	选择需要添加铰链约束的刚体
2	选择基本件	选择与连接件连接的另一刚体
3	指定轴矢量	指定旋转轴
4	指定锚点	指定旋转轴锚点
5	起始角	在模拟仿真还没有开始之前，连接件相对于基本件的角度
6	名称	定义铰链副的名称

（2）为铰链副创建一个速度控制

1）如图 4-4 所示，在"机电导航器"中，右击"传感器和执行器"选项，在弹出的菜单中单击"创建机电→速度控制"命令。

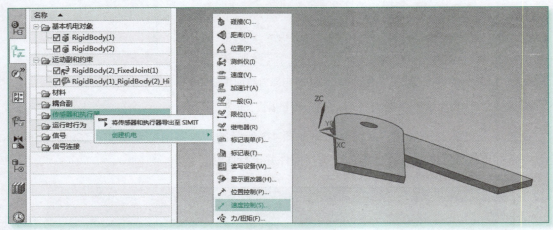

图4-4　创建速度控制（1）

2）如图 4-5 所示，在弹出的"速度控制"对话框中，设定"选择对象"为铰链副。

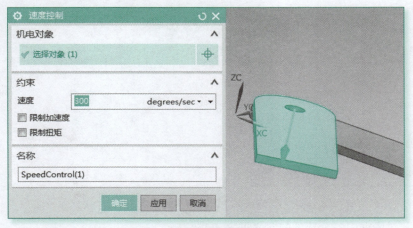

图4-5　创建速度控制（2）

3）单击"确定"按钮，即可生成速度控制，如图4-6所示。

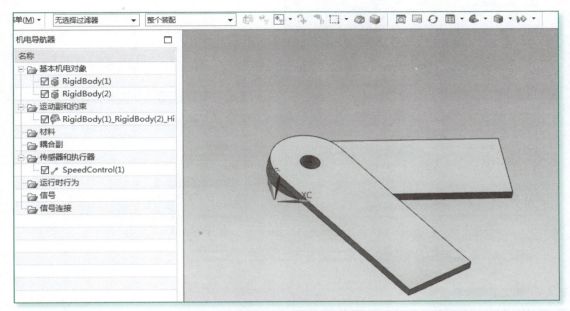

图4-6　铰链副的速度控制

4）进行仿真运行，可以发现图4-6中的铰链副在重力的作用下整体沿着–ZC轴整体下落，故需要固定铰链副的其中一个刚体。

4.2.2　固定副

1.固定副的概念

固定副（Fixed Joint）是将一个构件固定到另一个构件上的运动副，固定副中所有自由度均被约束，自由度个数为零。固定副一般应用在将刚体固定到一个固定的位置的情况，如引擎中的大地，或者将两个刚体固定在一起，此时两个刚体将一起运动。在图4-1所示的铰链副中，可以选择其中一个构件作为固定，从而让另一个构件绕固定副构件的圆孔中心摆动。

2.创建固定副

与铰链副类似，创建固定副有如下三种方法：

方法1：单击"插入→运动副→固定副"命令。

方法2：利用工具栏中相关的命令按钮。

方法3：利用带条工具栏中的指令。

通过以上任意一种操作创建固定副，如图4-7所示。在"机电导航器"中，右击"运动副和约束"选项，在弹出的菜单中单击"创建机电→固定"命令，弹出如图4-8所示的"固定副"对话框。

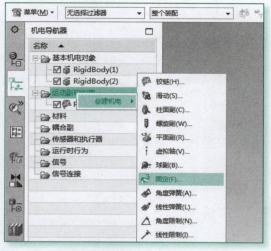

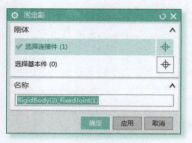

图4-7　创建固定副（1）　　　　　　　　图4-8　创建固定副（2）

"固定副"对话框中各个选项的含义见表4-2。

表 4-2　固定副的选项

序号	选项	描述
1	选择连接件	选择需要添加铰链约束的构件
2	选择基本件	选择与连接件连接的另一构件
3	名称	定义固定副的名称

选中图 4-9 中的其中一个构件为"选择连接件"，单击"确定"按钮即可。创建完成的固定副如图 4-10 所示。

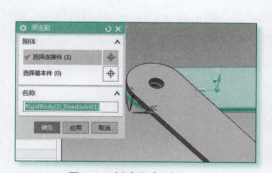

图4-9　创建固定副（3）　　　　　　　　图4-10　创建固定副（4）

当固定副创建完毕后，就可以看到铰链副、速度控制的仿真效果了。进行仿真运行可以看到铰链副绕一个固定的轴线按照速度控制给出的速度转动。

3.项目案例——创建铰链副与固定副

【例 4-1】如图 4-11 所示，创建两个杆件的三维模型，在这两个杆件之间建立一个铰链副、一个固定副和一个速度控制，使其中一个杆件固定，另一个杆件绕轴线转动，转动速度为 300°/s。

具体操作步骤如下：

（1）创建铰链副

1）创建杆件几何体。在 NX 的模型环境中，通过绘制草图、拉伸及复制等步骤，绘制出图 4-11 所示的几何杆件三维模型。同时，隐藏固定基准平面、草图，如图 4-12 所示。

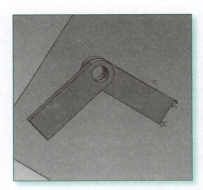

图4-11　绘制几何杆件模型

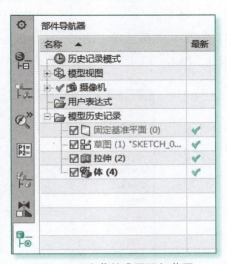

图4-12　隐藏基准平面与草图

2）执行创建铰链副命令，打开"铰链副"对话框，如图 4-13 所示。按照图中所示设置"选择连接件"和"选择基本件"。指定轴矢量为"曲线／轴矢量"，同时选中杆件端的圆孔边缘曲线，结果如图 4-14 所示。

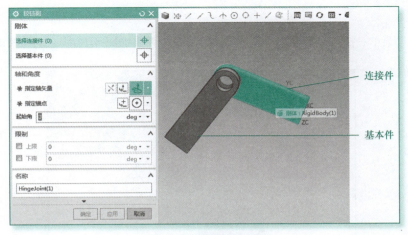

图4-13　铰链副设置

图4-14 指定轴矢量

3）如图 4-15 所示指定锚点，选择方法采用"圆弧中心/椭圆中心/圆心"⊙，指定圆心作为锚点，单击"确定"按钮即可完成铰链副的创建。

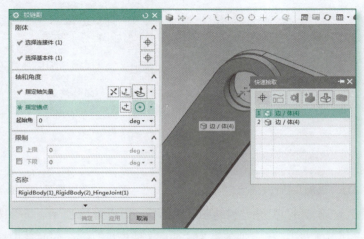

图4-15 指定锚点

（2）创建固定副 为了能够看到仿真效果，可按照如下步骤将图 4-13 中的基本杆设定为固定副。

1）单击"菜单→插入→运动副→固定"命令，系统弹出如图 4-16 所示的"固定副"对话框。

图4-16 设定固定副

2）按图 4-16 所示设定固定副的"选择连接杆"，单击"确定"按钮即可。

通过以上操作，铰链副与固定副设置的最终结果如图 4-17 所示。

图4-17　查看创建结果

（3）设置速度控制并进行仿真运行

1）依照图 4-4、图 4-5 的步骤进行操作，建立速度控制，设置速度为"300degrees/sec"。

2）进行仿真运行，可以看到杆件绕圆孔中心转动的效果。

4.2.3　滑动副

1.滑动副的概念

滑动副（Sliding Joint）是指组成运动副的两个构件之间只能按照某一方向做相对移动，并且只具有一个平移自由度，如图 4-18 所示。

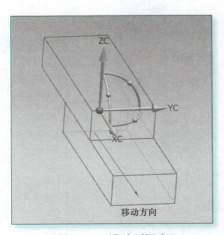

图4-18　滑动副概念

2.创建滑动副

【例 4-2】如图 4-18 所示，创建一个滑动副，使上面的方块沿着指定方向滑动。步骤如下：

1）建立两个滑块的三维模型。

2）创建刚体。由于构成滑动副的两个滑块都是刚体，故在创建滑动副之前，先定义组成滑动副的两个几何体均为刚体。

3）创建滑动副的方法。与"铰链副"的创建方法类似，滑动副的创建方法有三种，操作过程如图4-19~ 图4-21 所示。选择任意一种操作，系统弹出"滑动副"对话框，如图4-22 所示。

图4-19　创建滑动副（1）

图4-20　创建滑动副（2）

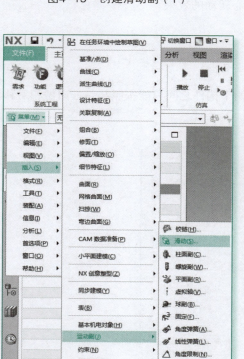

图4-21　创建滑动副（3）

图4-22　"滑动副"对话框

"滑动副"对话框中各个选项的含义见表 4-3。

表 4-3　滑动副的选项

序号	选项	描述
1	选择连接件	选择需要添加滑动约束的刚体
2	选择基本件	选择与连接件连接的另一刚体
3	指定轴矢量	指定滑动的轴方向
4	偏置	在模拟仿真开始之前，连接件相对于基本件的位置
5	限制	"上限"指滑动副滑动位置的上限，"下限"指滑动副滑动位置的下限
6	名称	定义铰链副的名称

如图 4-23 所示，分别将两个刚体设置为"选择连接件"和"选择基本件"，指定轴矢量为 XC 轴，使用默认名称，单击"确定"按钮即可。

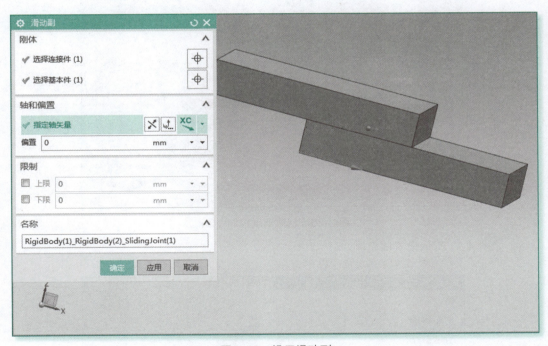

图4-23　设置滑动副

经过上述操作，生成的滑动副如图 4-24 所示。

4）创建速度控制。如图 4-25 所示，在"机电导航器"中右击"传感器和执行器"选项，在弹出的菜单中单击"创建机电→速度控制"命令，系统弹出"速度控制"对话框，如图 4-26 所示。在该对话框中设置"选择对象"为已经建立的"滑动副"，"速度"设为"300mm/sec"。单击"确定"按钮，完成速度的设置。

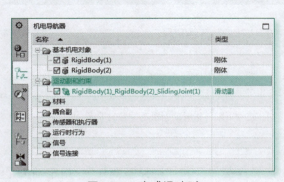

图4-24　生成滑动副　　　　　　　　　　图4-25　创建速度控制（1）

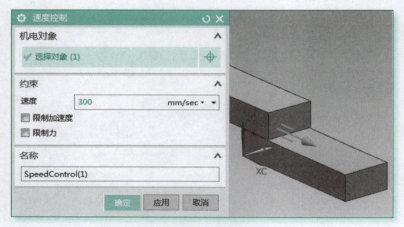

图4-26　创建速度控制（2）

5）如图 4-27 所示设置固定副。

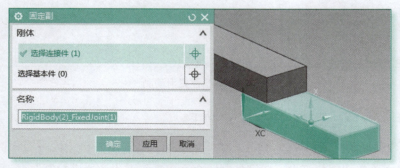

图4-27　设置固定副

6）进行仿真运行，效果如图 4-28 所示。可以看到，下方构建固定不动，上方构建沿着滑动副方向以给定的速度向前滑行。

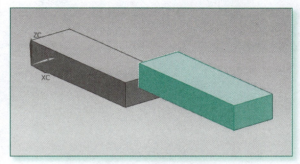

图4-28 运行效果

4.2.4 柱面副

1.柱面副的概念

柱面副（Cylindrical Joint）是指在两个构件之间创建的运动副，具有两个自由度：一个旋转自由度和一个平移自由度。柱面副上的两个对象可以按照柱面副定义的矢量轴做旋转或者平移运动，如图 4-29 所示。

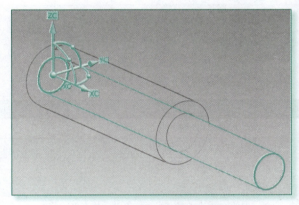

图4-29 柱面副示意图

2.创建柱面副

【例 4-3】如图 4-29 所示，创建一个柱面副。

（1）创建几何体三维模型

1）创建柱套：外圆直径为 300mm，内圆直径为 180mm，高度为 900mm。

2）创建柱心：直径为 178mm，高度为 1500mm。

3）移动几何体使两个柱心重合，并且把这两个几何体都设置为刚体。

（2）创建并设置柱面副

1）创建柱面副的方法。与上述其他运动副的创建方法类似，创建柱面副的方法也有三种。

任选一种方法，系统弹出"柱面副"对话框，各项设置如图4-30所示。

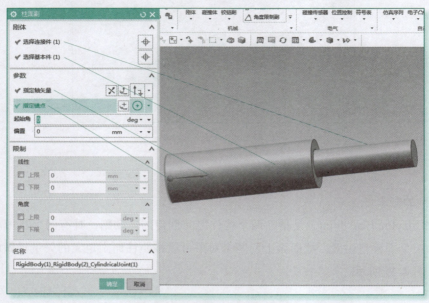

图4-30　创建柱面副

"柱面副"对话框中各个选项的含义见表4-4。

表4-4　柱面副的选项

序号	选项	描述
1	选择连接件	选择需要添加柱面副约束的刚体
2	选择基本件	选择与连接件连接的另一刚体
3	指定轴矢量	指定线性运动的方向
4	指定锚点	指定旋转运动的锚点
5	起始角	在模拟仿真开始之前，连接件相对于基本件的角度
6	偏置	在模拟仿真开始之前，连接件相对于基本件的位置
7	限制	"线性"指线性运动的位置范围，"角度"指旋转运动的运动范围
8	名称	定义柱面副的名称

2）创建固定副。创建方法如图4-31所示。

图4-31　创建固定副

3）创建速度控制。速度控制 1 和速度控制 2 分别用于控制直线运动的速度（图 4-32）和旋转运动的速度（图 4-33）。

图4-32　创建柱面副的直线运动速度控制

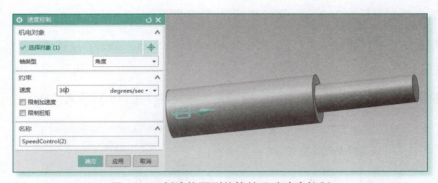

图4-33　创建柱面副的旋转运动速度控制

4）仿真运行。上述设置完毕后，单击播放按钮，仿真效果如图 4-34 所示。可以看到，柱面副在做直线运动的同时，也在做旋转运动。

图4-34　柱面副运行效果

4.2.5　球副

1.球副的概念

球副（Ball Joint）具有三个旋转自由度，分别是两个杆件的自由度，以及杆件连接球状关节的一个自由度。组成球副的两构件能绕一球心做 3 个独立的相对转动。

2.创建球副

【例4-4】如图4-35所示，创建一个球面副。

图4-35 球副示意图

（1）创建几何体的三维模型

1）设置大球的直径为300mm，球心坐标为WCS上的原点，剪切体平面为YC-XC的XC方向偏移50mm，然后对剪切体的外球面抽壳，厚度为45mm。

2）设置小球的直径为200mm，球心坐标为WCS的原点。

3）分别为两个球体添加一个杆件，尺寸为400mm×50mm×50mm，并通过逻辑运算"合并"使杆与球合为一体。

（2）创建两个刚体 如图4-36所示，分别是大球及其杆件和小球及其杆件。

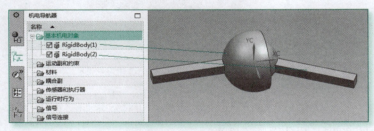

图4-36 创建刚体

（3）球副的创建方法

1）球副的创建方法同上述其他运动副的创建方法类似，也有三种方法。选择任意一种方法，系统弹出"球副"对话框，如图4-37所示。

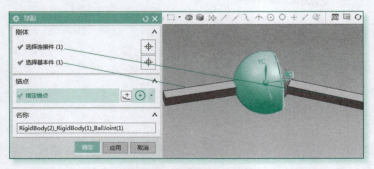

图4-37 "球副"对话框

"球副"对话框中各个选项的含义见表4-5。

表4-5　球副的选项

序号	选项	描述
1	选择连接件	选择需要添加球副约束的刚体
2	选择基本件	选择与连接件连接的另一刚体
3	指定锚点	指定旋转轴的锚点
4	名称	定义球副的名称

2）如图4-38所示，添加一个固定副。

图4-38　添加固定副

3）进行仿真运行，播放球副的运行效果。

4.2.6　螺旋副

1.螺旋副的概念

螺旋副（Screw Joint）是按照设定的速度和螺距沿着螺旋线方向运动的运动副。如图4-39所示，设定一个假想的螺旋参考轨迹，让小球沿着螺旋线轨迹绕行。

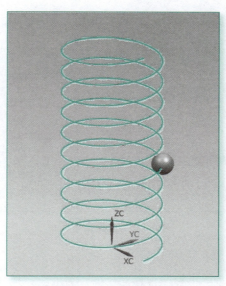

图4-39　螺旋副示意图

2.创建螺旋副

【例 4-5】创建如图 4-39 所示的螺旋副。

（1）建立几何体的三维模型　首先在空间创建一个参考轨迹——螺旋线，其设置如图 4-40 所示；然后创建一个直径为 20mm 的小球，其设置如图 4-41 所示。

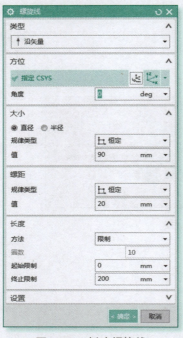

图4-40　创建螺旋线

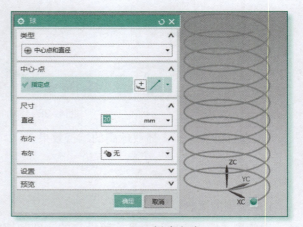

图4-41　创建小球

（2）创建螺旋副

1）先分别设置小球与螺旋线为刚体；再设置螺旋线为固定副，如图 4-42 所示。

图4-42　创建固定副

2）创建螺旋副和速度控制。

如图 4-43 所示创建螺旋副，设置"选择连接件"为小球，"选择基本件"为螺旋线，"指定轴矢量"为垂直向上的 ZC，"指定锚点"为螺旋线底部圆的中心点，该例中其坐标值为（0,0,0），"螺距"为 20mm。图 4-44 所示为创建速度控制。

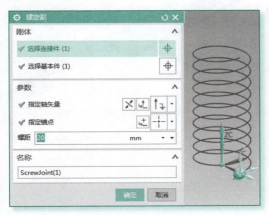

图4-43　创建螺旋副

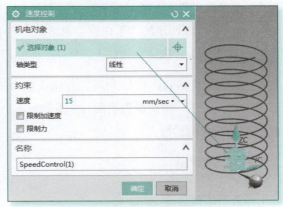

图4-44　创建速度控制

3）进行仿真运行，可以看到小球沿螺旋线运动的效果。

4.2.7　平面副

1.平面副的概念

平面副（Planar Joint）提供了两个平移自由度和一个旋转自由度。它连接的物体可以在相互接触的平面上自由滑动，也可以绕垂直于该平面的轴旋转。平面副不能作为运动驱动，创建平面副时，定义的原点和矢量方向共同决定了接触平面。

2.创建平面副

【例 4-6】建立如图 4-45 所示的平面副，让方块能够在重力的作用下沿斜面方向滑下，效果如图 4-46 所示（即使脱离斜面，仍然沿着斜面方向运行）。

（1）创建几何体的三维模型　按图 4-45 所示创建三维模型。

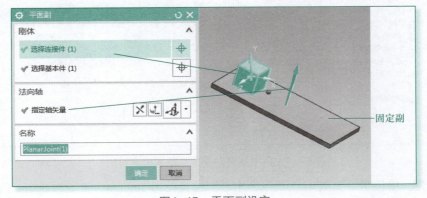

图4-45　平面副设定

（2）创建并设置平面副

1）建立刚体（方块）和固定副（斜板），再创建平面副（如单击"菜单→插入运动副→平面副"命令），系统弹出如图4-45所示的"平面副"对话框，各个参数依图设置，单击"确定"按钮。

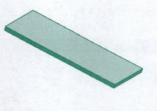

2）进行仿真运行，可以发现，方块在重力的作用下沿着斜面下滑，即使脱离斜面，也不会垂直下落，仍然沿着斜面方向运行。

图4-46　平面副仿真效果

4.2.8　弹簧副

1.弹簧副的概念

弹簧副（Spring Joint）有两种，分别是角度弹簧副（Angular Spring Joint）和线性弹簧副（Linear Spring Joint），两者都是在两个对象之间施加弹簧性质力的运动副。角度弹簧副会随着对象之间相互围绕角度变化的增大而增大，线性弹簧副会随着对象之间线性距离变化量的增大而增大。对象之间的作用力与位置变化量呈现出一定的比例关系。

2.创建角度弹簧副

【例4-7】如图4-47所示，创建一个角度弹簧副。

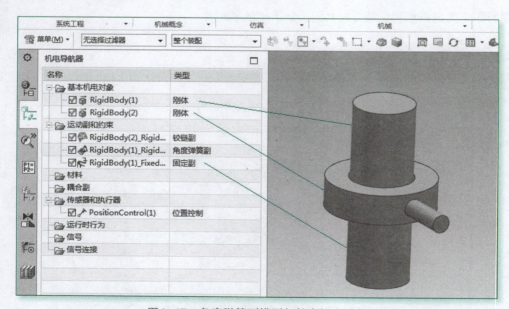

图4-47　角度弹簧副模型与基本机电对象

（1）创建三维模型　如图4-47所示，中心圆柱直径为200mm、长度为600mm；外套圆环内直径为210mm、外直径为300mm、高度为100mm；与其合并的小圆柱直径为60mm、高度为 200mm。

（2）创建并设置角度弹簧副

1）创建基本机电对象，刚体与固定副设置如图 4-47 所示。

2）如图 4-48 所示，创建角度弹簧副。

3）如图 4-49 所示，创建铰链副，指定轴矢量为 ZC 轴；如图 4-50 所示，再创建铰链副的位置控制。

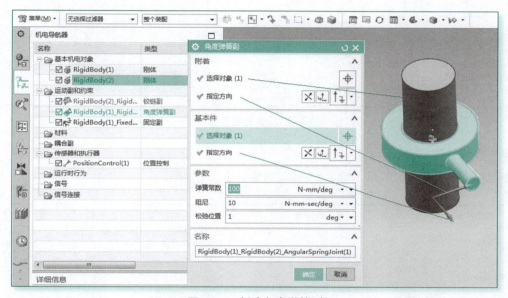

图4-48　创建角度弹簧副

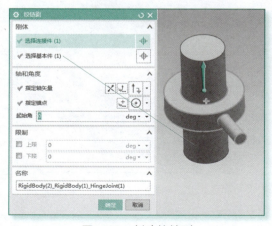

图4-49　创建铰链副

图4-50　创建铰链副的位置控制

4）仿真运行。如图 4-51 所示，把角度弹簧副选入到"运行时查看器"中，单击播放按钮，就能看到角度弹簧副的扭矩随着铰链副角度的变化而逐渐增大。

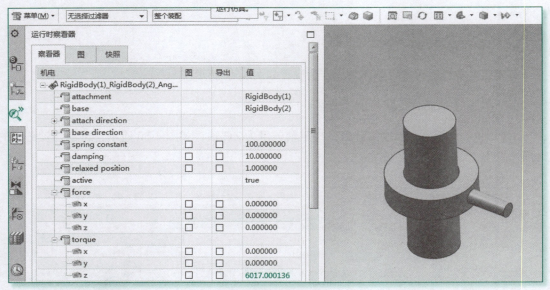

图4-51　查看扭矩变化

3.创建线性弹簧副

【例4-8】如图4-52所示，创建一个线性弹簧副。

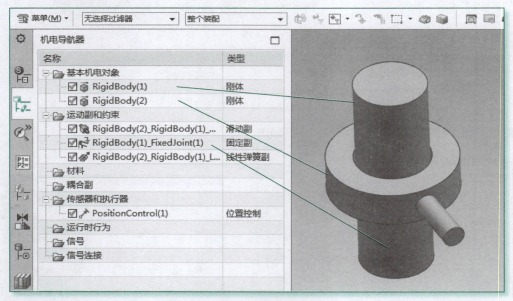

图4-52　线性弹簧副模型

（1）参照例4-7创建几何三维模型

（2）创建并设置线性弹簧副

1）如图4-52所示，设置基本机电对象。

2）按图 4-53 所示设置滑动副，方向为 ZC 轴；滑动副的位置控制设置如图 4-54 所示。

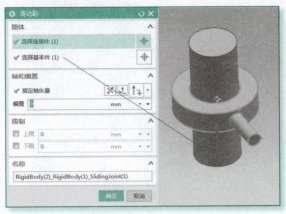
图4-53　设置滑动副

图4-54　滑动副的位置控制设置

3）如图 4-55 所示，把线性弹簧副选入到"运行时查看器"中，单击播放按钮，就能看到线性弹簧副的力随着位置的变化逐渐增大。

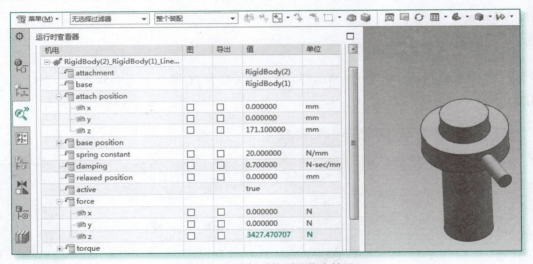
图4-55　线性弹簧副的仿真效果

4.2.9　弹簧阻尼器

1.弹簧阻尼器的概念

弹簧阻尼器（Spring Damper）可以在轴运动副中创建一个柔性单元，并且能够在运动中施加力或者扭矩。

2.创建弹簧阻尼器

【例 4-9】如图 4-56 所示，创建一个弹簧阻尼器。

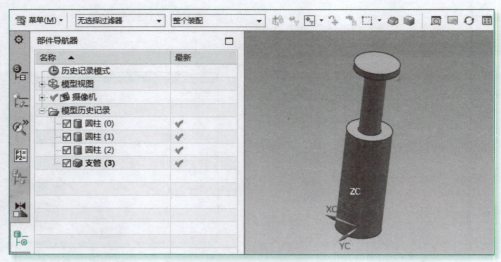

图4-56　弹簧阻尼器的模型

（1）创建三维模型　在本例中，套筒的外直径为200mm、高度为500mm、内孔直径为100mm、深度为450mm；运动塞杆件的直径为95mm、高度为700mm；顶帽直径为200mm，高度为30mm。

（2）创建并设置弹簧阻尼器

1）如图4-57所示，创建一个滑动副，指定轴矢量为ZC轴。如图4-58所示，创建一个固定副。

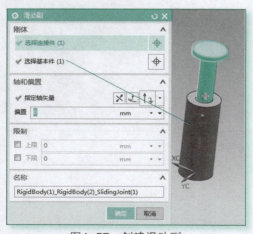

图4-57　创建滑动副

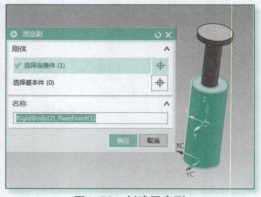

图4-58　创建固定副

2）如图4-59所示，为滑动副建立阻尼弹簧器，并将该弹簧阻尼器加入到"运行时观察器"中。

3）单击播放按钮，可以看到，在重力的作用下，运动塞下落；ZC方向的力与当前位置的变化数据如图4-60所示。

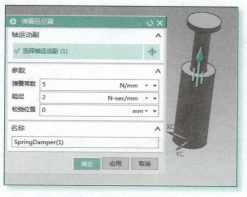

图4-59 创建弹簧阻尼器

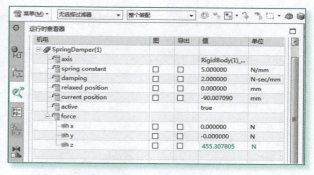

图4-60 仿真结果

4.2.10 限制副

1.限制副的概念

限制副（Limit Joint）包含线性限制副（Linear Limit Joint）和角度限制副（Angular Limit Joint）两种，均是指对象之间相对位置的限制，即当对象位置超出设定的范围时，就停止工作。

2.创建限制副

这里以线性限制副为例进行说明。线性限制副是一种当对象移动超出一定的距离，或者二者位置距离太近时，就会停止移动的一种运动副。

【例4-10】如图4-61所示创建线性限制副。当方块与挡板之间的距离超出100~1000mm的范围时，就停止正常工作。

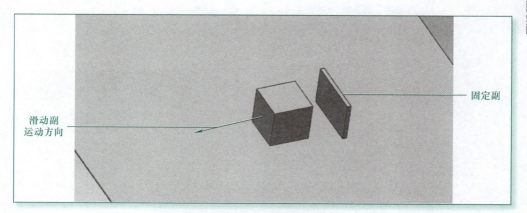

图4-61 线性限制副示例

（1）创建三维模型 按图4-61所示，创建地板、挡板和滑块三维模型。

（2）创建并设置线性限制副

1）参考图4-61，将地板与挡板设为固定副；如图4-62所示，将地板与滑块之间设置为滑动副，方向为YC。

2）为滑动副创建位置控制，具体设置如图4-63所示。

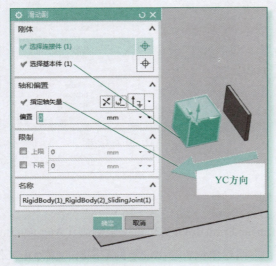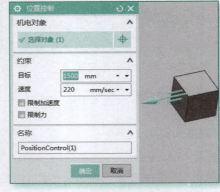

图4-62　创建滑动副　　　　　　　　　　　图4-63　创建滑动副的位置控制

3）创建线性限制副。单击"菜单→插入→运动副→线性限制"命令，弹出如图4-64所示的"线性限制副"对话框，按照图示设定参数，单击"确定"按钮。

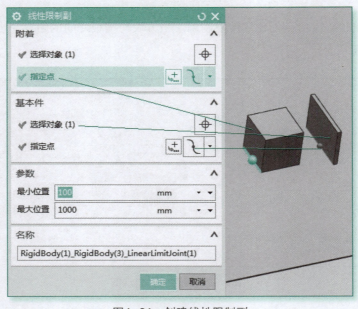

图4-64　创建线性限制副

4）进行仿真运行，可以看到滑块沿着YC轴滑动，当与挡板的距离在设定的100~1000mm范围之内时，滑动副运行正常，当超出该范围时，就不能正常运行。

4.2.11 点在线上副

1.点在线上副的概念

点在线上副（Point On Curve Joint）可以使运动对象上的一点始终沿着一条曲线移动。点可以是基准点或者元件中的顶点，曲线可以是草图中的曲线，也可以是空间上的曲线。

2.创建点在线上副

【例4-11】如图4-65所示，建立点在线上副。

（1）创建三维模型　在CYZ平面上画出一条圆弧曲线，再建立一个圆球，直径为30mm，位置如图所示，圆心位于圆弧线的起始点。

（2）创建并设置点在线上副

1）单击"菜单→插入→运动副→点在线上副"命令，系统弹出如图4-65所示的"点在线上副"对话框。设置"选择连接件"为刚体小球，设置"选择曲线"为圆弧曲线，设置"指定零位置点"与圆弧起点相同，小球球心位置与圆弧起点相同。设置完毕单击"确定"按钮。

图4-65　点在线上副示例

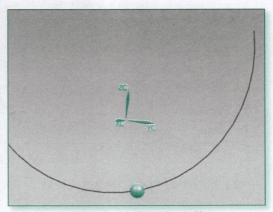

图4-66　点在线上副运行效果

2）进行仿真运行，效果如图4-66所示，小球沿着圆弧曲线上下摆动。

4.2.12 路径约束运动副

1.路径约束运动副的概念

路径约束运动副（Path Constraint）是指让工件按照指定的坐标系或者指定的曲线运动。

2.创建路径约束运动副

【例4-12】如图4-67所示，建立路径约束运动副，让方块沿着指定的曲线和参考坐标运动。

（1）创建三维模型　按图4-67所示创建刚体和运动轨迹曲线。

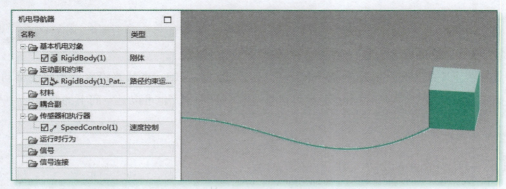

图4-67　路径约束运动副示例

（2）创建并设置路径约束运动副

1）如图4-68所示，创建运动约束运动副，并指定若干点和该点处的参考坐标系。

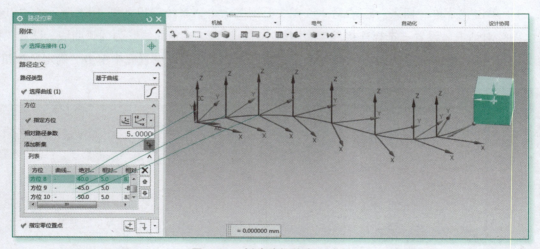

图4-68　创建路径约束运动副

2）如图4-69所示，创建速度控制。

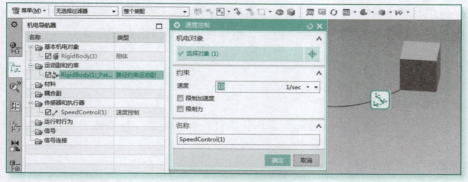

图4-69　创建速度控制

3）进行仿真运行，效果如图4-70所示，方块沿着设定的轨迹和设定的姿态运动。

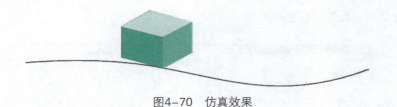

图4-70　仿真效果

4.2.13　线在线上副

1.线在线上副的概念

线在线上副（Curve On Curve Joint）可以约束两个对象的一组曲线相切并接触，常用来模拟凸轮机构的运行。在运动过程中，线在线上副的两参考曲线始终保持接触，不可脱离。故在建模时最好预先将两组曲线调整到接触并相切的位置。

2.创建线在线上副

【例4-13】如图4-71所示，创建线在线上副。

图4-71　线在线上副示例

（1）建立三维模型

1）进入草图环境，画出如图4-72所示的草图，使用约束令小圆与接触的大圆弧相切（确保有唯一的接触点）。

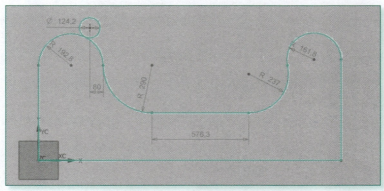

图4-72　创建模型的草图

2）拉伸该草图，参数设置如图 4-73 所示。

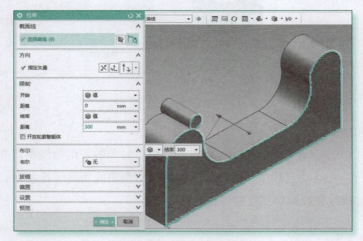

图4-73　拉伸生成模型

3）单击"菜单→插入→派生曲线→连结"命令，系统弹出如图 4-74 所示的"连结曲线"对话框。在该对话框中，设置"选择曲线"为草图中相连的基座曲线，把图 4-75 所示的外沿曲线连接为一个整体。设置完成后单击"确定"按钮。

图4-74　连结曲线

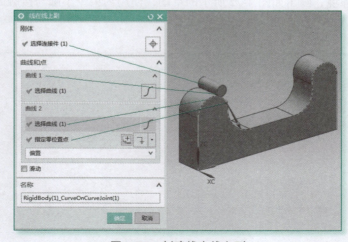

图4-75　创建线在线上副

（2）创建并设置线在线上副

1）单击"菜单→插入→运动副→线在线上副"命令，系统弹出如图 4-75 所示的"线在线上副"对话框。按照图示进行设置后，单击"确定"按钮。

2）进行仿真运行，效果如图 4-76 所示。可以看到，圆柱棒在基座表面来回滚动的情形，两条曲线始终保持接触状态。

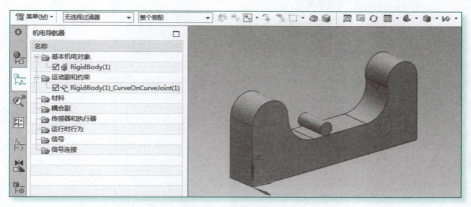

图4-76 仿真效果

4.3 耦合副

4.3.1 齿轮副

1.齿轮副的概念

在 NX MCD 中，齿轮副（Gear）是指两个相啮合的齿轮组件组成的基本机构，它能够传递运动和动力。图 4-77 表达了两个齿轮之间的传动关系。

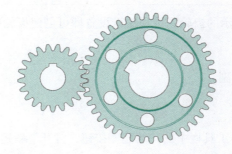

图4-77 齿轮副示意图

2.创建齿轮副

工具栏中创建齿轮副的命令按钮为  。与创建其他运动副的方法类似，创建齿轮副有三种方法，这里不再赘述。任选一种方法，如单击"菜单 → 插入 → 耦合副 → 齿轮"命令，系统弹出如图 4-78 所示的"齿轮副"对话框。

图4-78 "齿轮副"对话框

各个选项的含义见表 4-6。

表 4-6 齿轮副的选项

序号	选项	描述
1	选择主对象	选择一个轴运动副
2	选择从对象	选择一个轴运动副，从对象的运动副类型必须和主对象一致
3	约束	定义主动齿轮与从动齿轮之间的传输比，包括主倍数和从倍数
4	滑动	齿轮副允许轻微的滑动，如带传动
5	名称	定义齿轮副的名称

依照表 4-6 对图 4-78 所示的齿轮副选项进行设置即可创建齿轮副，下面以一项目案例说明其具体创建过程。

【例 4-14】创建齿轮耦合副。

（1）创建三维模型

1）打开 NX 软件，单击工具栏中的"新建"按钮，打开"新建"对话框，如图 4-79 所示，选中"模型"选项。

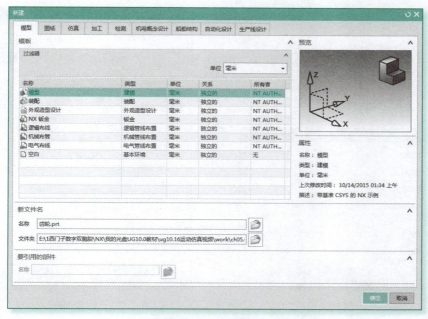

图4-79　新建模型

2）在图4-79中，单击"确定"按钮进入到NX的建模界面，如图4-80所示。单击"柱齿轮建模"按钮，弹出"渐开线圆柱齿轮建模"对话框。

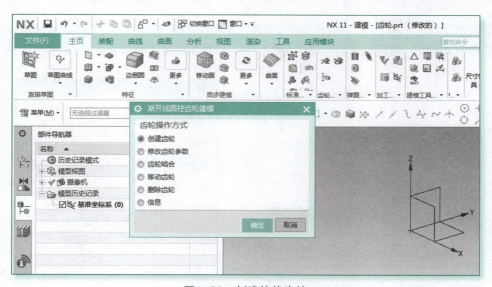

图4-80　创建柱状齿轮

3）在图4-80所示的对话框中设置"齿轮操作方式"为"创建齿轮"，单击"确定"按钮，进入齿轮的参数设置，具体如下：

①在图4-81所示的"渐开线圆柱齿轮类型"对话框中，选中"直齿轮""外啮合齿轮""滚齿"单选按钮，单击"确定"按钮，进入如图4-82所示的"渐开线圆柱齿轮参数"对话框。

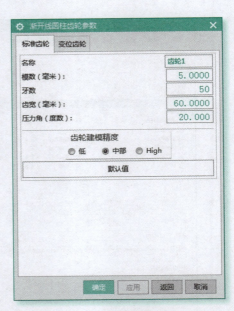

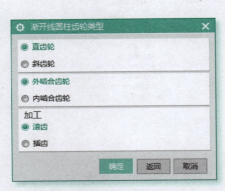
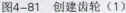

图4-81　创建齿轮（1）　　　　　　　　图4-82　创建齿轮（2）

② 在图 4-82 中，输入"名称"为"齿轮 1"，"模数"为"5.0"，"牙数"为"50"，"齿宽"为"60.0"，"压力角"为"20"，单击"确定"按钮，进入如图 4-83 所示的"矢量"对话框。

③ 在图 4-83 中，选择矢量方向为 ZC 轴，单击"确定"按钮，进入如图 4-84 所示的"点"对话框。

④ 在图 4-84 中，使用默认的坐标值，单击"确定"按钮完成齿轮的创建，效果如图 4-85 所示。

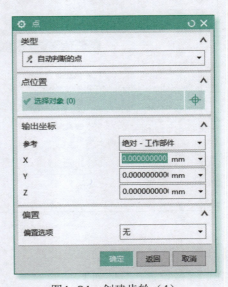

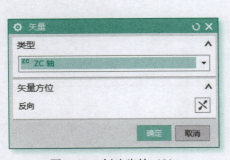

图4-83　创建齿轮（3）　　　　　　　　图4-84　创建齿轮（4）

4）按照同样的操作方法，建立第 2 个齿轮（模数为 5.0mm、牙数为 25mm、齿宽为 60mm、压力角为 20°），效果如图 4-86 所示。

5）按 [Ctrl+T] 组合键，系统弹出"移动对象"对话框。如图 4-87 所示。设置"选择对象"为齿轮 2，调整移动距离，最终移动效果如图 4-88 所示。

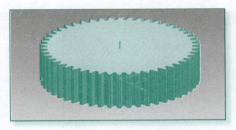

图4-85　齿轮1的效果

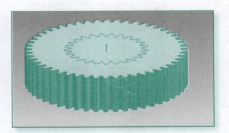

图4-86　齿轮2的效果

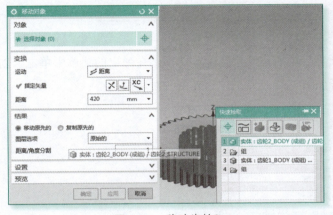

图4-87　移动齿轮2

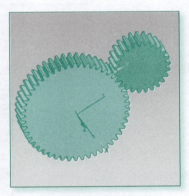

图4-88　齿轮组合效果

（2）创建齿轮耦合副

1）如图 4-89 所示，单击"文件→所有应用模块→机电概念设计"命令，从"建模"模式切换到"机电概念设计"模式。

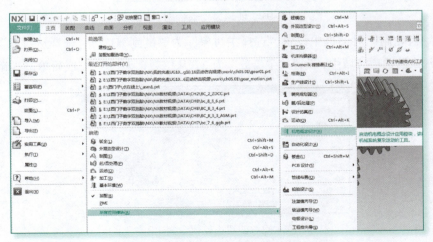

图4-89　切换到机电概念设计模块

2）如图 4-90 所示，为小齿轮创建铰链副 HJ_1，为大齿轮创建铰链副 HJ_2；并为小齿轮创建速度控制，速度设为"180degrees/sec"。

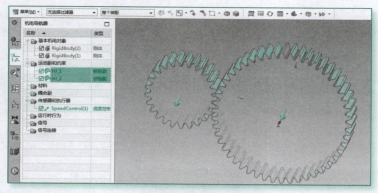

图4-90　建立铰链副和速度控制

3）如图 4-91 所示，在"机电导航器"中右击"耦合副"选项，在弹出的菜单中单击"创建机电→齿轮"命令建立耦合副，打开如图 4-92 所示的"齿轮副"对话框。

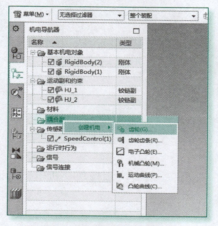

图4-91　创建齿轮耦合副（1）

4）在"齿轮副"对话框中设置"选择主对象"为铰链副 HJ_1，"选择从对象"为铰链副 HJ_2;在"约束"选项区域中，设置"主倍数"为 2、"从倍数"为 -1。完成后单击"确定"按钮。

图4-92　创建齿轮耦合副（2）

5）进行仿真运行，查看效果。

4.3.2　机械凸轮副

1.机械凸轮副的概念

机械凸轮副（Mechanical Cam）可使得两个运动副按照定义好的耦合曲线运动。

2.创建机械凸轮副

创建机械凸轮副的方法有三种，创建方法与其他运动副类似。这里，单击"菜单→插入→耦合副→机械凸轮"命令，打开"机械凸轮"对话框，如图 4-93 所示。

图4-93　"机械凸轮"对话框

"机械凸轮"对话框中各个选项的含义见表 4-7。

表 4-7　机械凸轮副的选项

序号	选项	描述
1	选择主对象	选择一个轴运动副
2	选择从对象	选择一个轴运动副
3	曲线	选择定义好的运动曲线
4	新运动曲线	新创建运动曲线
5	主偏置	设置在运动曲线上主轴偏置的距离
6	从偏置	设置在运动曲线上从轴偏置的距离
7	主比例因子	主轴运动的比例系数
8	从比例因子	从轴运动的比例系数
9	滑动	凸轮副允许轻微的滑动
10	根据曲线创建凸轮圆盘	根据曲线的数据来创建凸轮圆盘
11	名称	定义凸轮副的名称

其中，主 / 从对象是两个轴运动副；曲线是已经定义好的主对象 - 从对象之间的运动关系；运动曲线是一个曲线图，当主对象与从对象定义完毕之后，可以创建两者之间的运动关系，运动曲线可通过单击"新运动曲线"按钮 来创建，对话框如图 4-94 所示。在该对话框中，单击

按钮 ⁂，弹出如图 4-95 所示的对话框。在该对话框中，添加新点，拖动该点移动可以改变其数据，通过这些数据来确定主对象与从对象之间的运动关系。

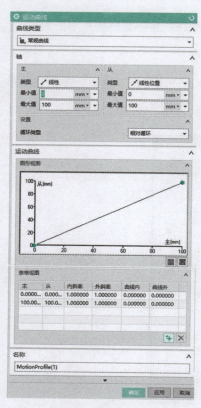

图4-94　"运动曲线"对话框

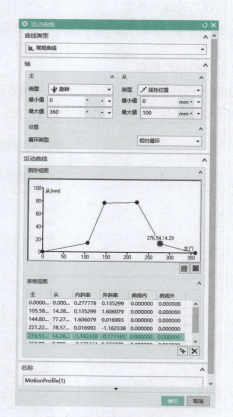

图4-95　创建新运动曲线

图 4-95 中各个选项的含义见表 4-8：

表 4-8　运动曲线的选项

序号	选项	描述
1	主轴	主轴的类型有线性、旋转和时间，可设置主轴的最大、最小值
2	从轴	从轴的类型有线性位置、旋转位置、线性速度和旋转速度，可设置从轴的最大、最小值
3	图形视图	利用鼠标右键添加点、定义点的连续性，从而画出运动曲线
4	表格视图	显示组成曲线的所有点的参数
5	名称	定义运动曲线的名称

在图 4-95 中，假如名称设为 MotionProfile(1)，单击"确定"按钮，即可回到图 4-93 所示的界面。在运动曲线"曲线"组中，可以找到 MotionProfile(1) 选项，如图 4-96 所示。至此，完成了主/从对象之间运动曲线的创建。如果选择对应的主、从运动副，就可以完成机械凸轮的设置。

【例 4-15】如图 4-97 所示，创建一个机械凸轮副。

图4-96 "机械凸轮"对话框

图4-97 机械凸轮副示意图

（1）建立三维模型

1）如图4-98所示，创建草图；然后如图4-99所示，单击"更多→几何约束"命令。

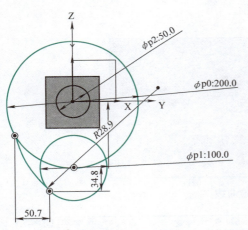

图4-98 创建草图

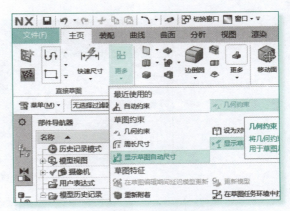

图4-99 建立几何约束

2）如图4-100所示，创建圆弧与大、小圆的相切关系。

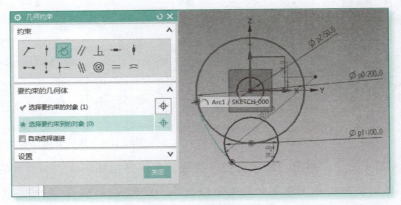

图4-100 创建几何约束

3）如图 4-101 所示，进行镜像曲线操作。

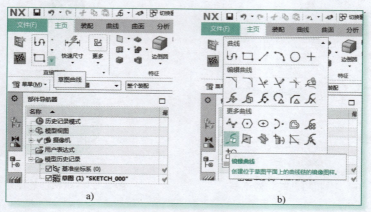

图4-101　执行镜像操作

4）系统弹出"镜像曲线"对话框，如图 4-102 所示。选择圆弧线为要镜像的曲线，Z 轴作为中心轴，单击"确定"按钮，效果如图 4-103 所示。

图4-102　镜像曲线

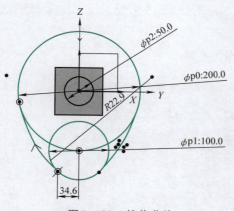

图4-103　镜像曲线

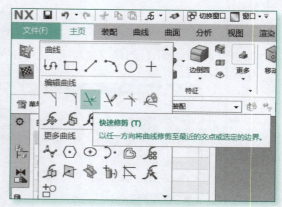

图4-104　执行草图修建命令

5）如图 4-104 所示，单击"快速修剪"按钮，系统弹出如图 4-105 所示的"快速修剪"对话框。利用该对话框将草图中多余的部分修剪掉。修剪完成之后，单击完成草图按钮 。凸轮草图的最终效果如图 4-106 所示。

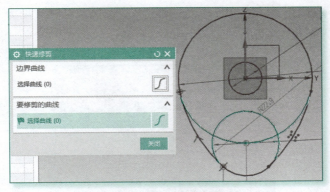

图4-105 修剪草图

6）再创建一个滑杆草图，如图 4-107 所示，画出一个长方形（注意：长方形的下边与凸轮草图没有交点）。

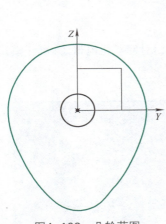

图4-106 凸轮草图

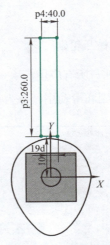

图4-107 滑杆草图

7）草图完成后，分别拉伸凸轮草图和滑杆草图，如图 4-108 和图 4-109 所示。

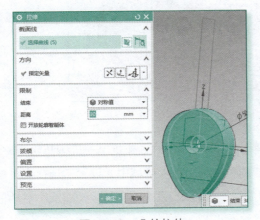

图4-108 凸轮拉伸

图4-109 滑杆拉伸

8）在滑杆的下端两侧边缘处执行"边倒圆"命令，倒角半径均设为10mm，最终效果如图4-110所示。

图4-110　三维模型效果

（2）创建机械凸轮副

1）单击"文件→所有应用模块→机电概念设计"命令，切换到"机电概念设计"模式。如图4-111所示，创建铰链副和滑动副，并为铰链副创建速度控制。

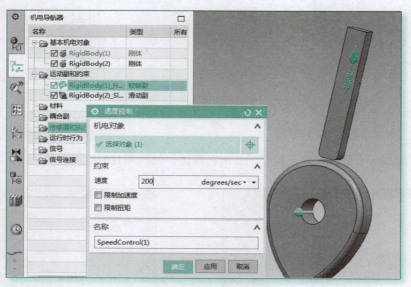

图4-111　创建运动副和速度控制

2）如图4-112所示，右击"耦合副"选项，在弹出的菜单中单击"创建机电→机械凸轮"命令，打开"机械凸轮"对话框，如图4-113所示。在"轴运动副"选项区域中，设置"选择主对象"为铰链副、"选择从对象"为滑动副，单击"新运动曲线"按钮▦，系统弹出"运动曲线"对话框。运动曲线的设置如图4-114所示，数据设置可以参考表4-9。

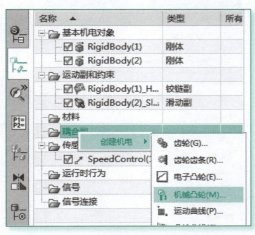

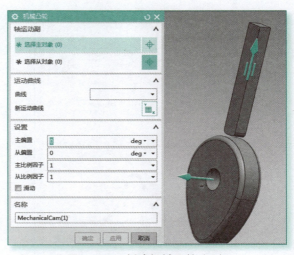

图4-112 创建机械凸轮（1）　　　　　图4-113 创建机械凸轮（2）

表 4-9 凸轮运动曲线数据

序号	主 /degrees	从 /mm	序号	主 /degrees	从 /mm
1	0.29	0.001	21	202.71	50.352
2	104.69	1.000	22	205.61	44.972
3	112.23	4.080	23	20.938	38.973
4	123.54	10.120	24	214.02	32.883
5	125.86	12.015	25	215.76	30.352
6	132.82	17.941	26	220.69	23.916
7	136.01	20.992	27	224.17	20.172
8	140.07	25.589	28	230.84	14.524
9	145.00	32.446	29	235.48	10.374
10	149.06	37.649	30	237.22	9.148
11	156.89	50.814	31	240.41	7.177
12	162.11	59.488	32	242.44	6.098
13	167.91	66.236	33	244.76	5.021
14	173.42	70.082	34	246.79	4.208
15	175.45	71.137	35	249.98	3.055
16	185.31	70.448	36	250.85	2.626
17	186.18	69.955	37	252.01	2.089
18	189.95	67.919	38	254.62	1.022
19	195.17	62.535	39	257.52	0.054
20	199.81	55.478	40	359.89	0.000

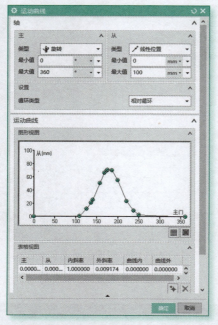

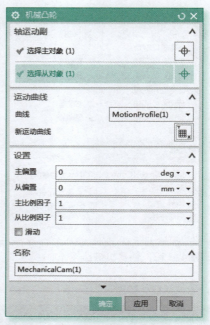

图4-114　创建机械凸轮（3）　　　　图4-115　创建机械凸轮（4）

待主 - 从对象的运动关系建立之后，单击"确定"按钮，返回图 4-115 所示的"机械凸轮"对话框。系统自动把刚刚创建的运动曲线 MechanicalCam(1) 当作该机械凸轮的运动曲线。单击"确定"按钮，完成机械凸轮的设置。

3）进行仿真运行，查看机械凸轮的运动效果。

4.3.3　电子凸轮

1.电子凸轮的概念

电子凸轮（Electronic Cam）能够使执行机构按照定义好的曲线运动，并按照设定的规则随着时间的变化而变化。

2.创建电子凸轮

创建电子凸轮的命令按钮是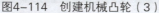。也可以通过菜单命令来创建，其操作方法为单击"菜单→插入→耦合副→电子凸轮"命令。执行该命令后，系统弹出"电子凸轮"对话框，如图 4-116 所示。

"电子凸轮"对话框中各个选项的含义见表 4-10。

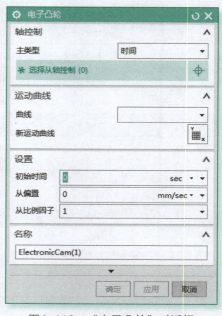

图4-116　"电子凸轮"对话框

表 4-10　电子凸轮的选项

序号	选项	描述
1	轴控制	选择控制机构
2	曲线	选择定义好的运动曲线
3	新运动曲线	新创建运动曲线
4	初始时间	设置运动曲线——主轴偏置时间
5	从偏置	设置运动曲线——从动轴偏置值
6	从比例因子	设置运动曲线——从动轴（位置或速度）的比例系数
7	名称	定义电子凸轮的名称

　　参考表 4-10 对机械凸轮的属性进行设置。创建好电子凸轮后，单击"确定"按钮即可。播放运行时就可以看到所选择的控制机构依照运动曲线的设置进行动作。

　　【例 4-16】如图 4-117 所示，创建一个电子凸轮，模拟"击打"动作。

　　（1）创建三维模型　参照图 4-117 创建几何体三维模型。

　　（2）创建电子凸轮

　　1）设置圆棒和方块均为刚体和碰撞体，地板也为碰撞体。

图4-117　几何体示意图

　　2）如图 4-118 所示，创建一个滑动副，基本连接件为圆形棒，滑动副的矢量方向朝向方块。

　　3）创建一个位置控制，按图 4-119 所示进行设置。

图4-118　创建滑动副

图4-119　创建位置控制

4）创建电子凸轮对象，并为该电子凸轮设置运动曲线。电子凸轮的设置如图4-120所示，运动曲线的设置如图4-121所示。其中，电子凸轮的"主类型"设为"时间"，"选择从轴控制"设为刚才建立的位置控制。最后单击"确定"按钮。

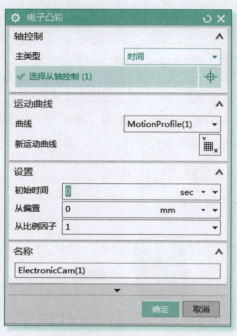

图4-120　创建电子凸轮　　　　　图4-121　创建运动曲线

5）进行仿真运行，可以看到圆棒快速冲击方块，然后再慢慢回来。

4.4　传感器

4.4.1　碰撞传感器

碰撞传感器（Collision Sensor）在第3.3.5小节中已介绍过，这里不再赘述。

4.4.2　距离传感器

1.距离传感器的概念

距离传感器（Distance Sensor）是用来检测对象与传感器之间距离的传感器。

2.创建距离传感器

如图 4-122 所示，创建距离检测器实例，要求当方块物料源进入到距离传感器 200mm、开口为 30° 扇面扫描的区域时，开始检测物料与传感器之间的距离。

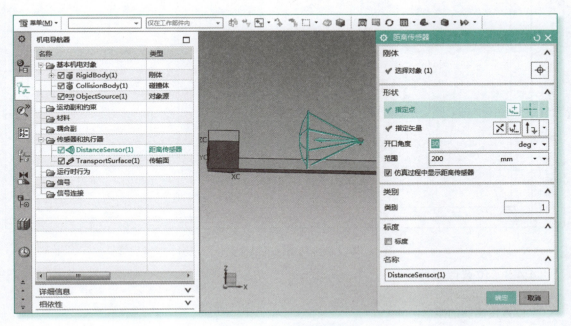

图4-122　距离传感器实例

把该距离传感器选入"运行时察看器"中，单击播放按钮，就可以看到传感器检测到与物料源之间的距离，结果如图 4-123 所示。

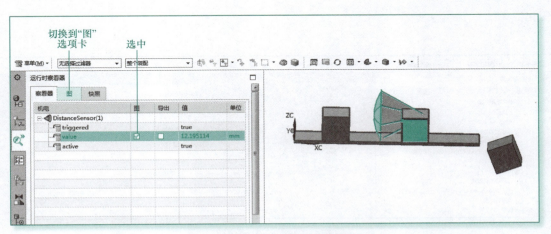

图4-123　距离传感器的数据显示

在图 4-123 中，若选中"图"复选框，然后再切换到"图"选项卡，检测到的数据就会绘制成如图 4-124 所示的曲线图。

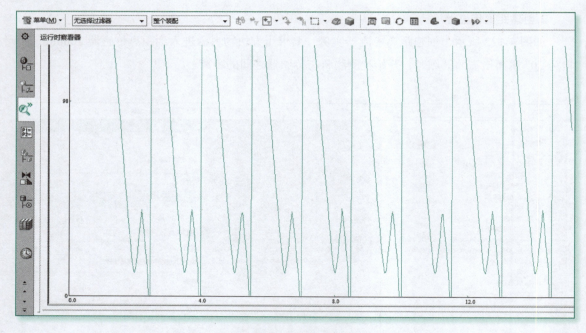

图4-124　距离传感器的数据变化曲线图

4.4.3　位置传感器

1.位置传感器的概念

位置传感器（Position Sensor）是用来检测运动副位置数据的传感器。

2.创建位置传感器

如图 4-125 所示，创建位置传感器来检测方块刚体与滑板刚体所构成的滑动副的位置变化。

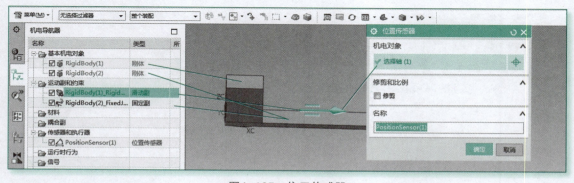

图4-125　位置传感器

把该位置传感器选入到"运行时察看器"中，单击播放按钮，然后用鼠标左键拖动方块左右滑动，可以看到变化的位置数据和曲线图，如图 4-126 和图 4-127 所示。

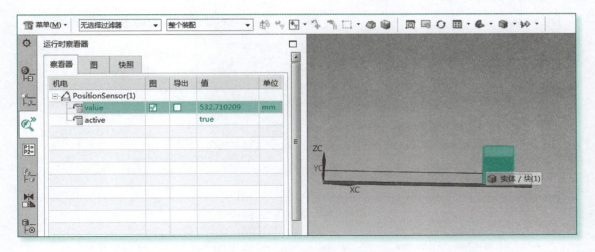

图4-126　位置传感器的数据

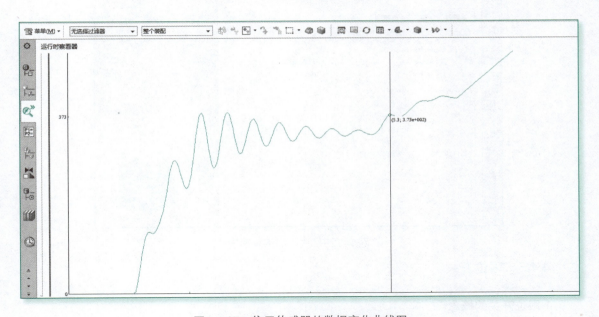

图4-127　位置传感器的数据变化曲线图

4.4.4　通用传感器

1.通用传感器的概念

通用传感器（Generic Sensor）可检测对象的质心、线性速度及角速度等。

2.创建通用传感器

如图 4-128 所示，创建一个刚体的通用传感器，参数名称选择 Z 轴的线性速度，并把该传感器选入到"运行时察看器"中，单击播放按钮，仿真效果如图 4-129 所示。可以看到在重力作用下质心的下降速度。

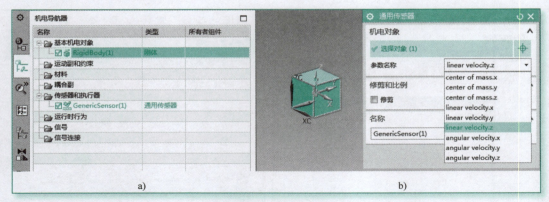

图4-128　通用传感器示例

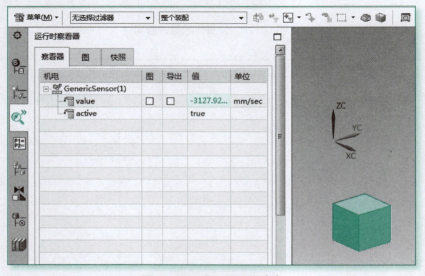

图4-129　质心的下降速度

4.4.5　限位开关

1.限位开关的概念

限位开关（Limit Switch）可检测对象的位置、力、扭矩、速度和加速度等是否在设定的范围内。若在范围之内，输出 false；若超出这个范围，则输出 true。

2.创建限位开关

【例 4-17】如图 4-130 所示，为一个方块刚体的滑动副（只有连接件，矢量方向为 XC）创建限位开关，并检测滑动副是否超出了设定的范围，其位置数据为（-100,100）。

1）单击"菜单→插入→传感器→限位"命令，系统弹出如图 4-131 所示的"限位开关"对话框。在该对话框中，设置"选择对象"为滑动副，"参数名称"为 position，上、下限分别为 -100mm、100mm。

将该限位开关选入到"运行时察看器"中。

2）进行仿真运行，用鼠标左键沿 XC 轴方向拖动，结果如图 4-132 所示。当超出设定位置范围的时候，输出状态为 true，在位置范围之内时，输出状态为 false。

图4-130 滑动副属性　　　　　　　　图4-131 限位开关属性

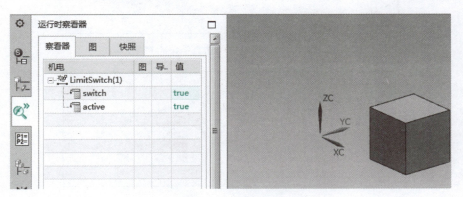

图4-132 仿真结果

4.4.6 继电器

1.继电器的概念

继电器（Relay）设有上限位和下限位：当初始状态为 false，并且设定的对象属性值由小变大超出上限位时，状态由 false 变为 true；当初始状态为 true，设定值由大变小超出下限位时，状态由 true 变为 false。

2.创建继电器

1）如图 4-133 所示，为滑动副设定一个限位开关，并在"运行时察看器"中查看其状态。

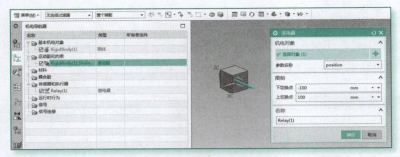

图4-133　限位开关实例

2）进行仿真运行，拖动方块沿着 XC 轴方向改变其位置，当大于 100mm 时，状态由 false 变为 true。仿真效果如图 4-134 所示。

3）再拖动方块沿 -XC 轴改变位置，当小于 -100mm 时，状态由 true 变为 false。仿真效果如图 4-135 所示。

图4-134　限位开关仿真结果（1）

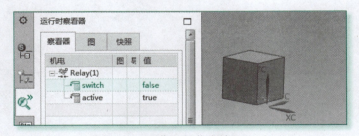

图4-135　限位开关仿真结果（2）

4.5　约束

4.5.1　断开约束

1.断开约束的概念

断开约束（Breaking Constraint）设置了指定运动副上的最大力或者最大扭矩，当所受到的力大于最大值时，约束将会不起作用。

2.创建断开约束

断开约束的创建方法与其他对象的创建方法类似，其命令按钮为 ▣。任选一种方法，如单击"插入→约束→断开约束"命令，系统弹出如图 4-136 所示的"断开约束"对话框。

图4-136 "断开约束"对话框

"断开约束"对话框中各个选项的含义见表 4-11。

表 4-11 断开约束的选项

序号	选项	描述
1	选择对象	选择一个运动副
2	断开模式	有力和扭矩两个模式
3	最大幅值	设置最大值
4	方向	指定最大幅值在哪个方向上
5	名称	定义断开约束的名称

【例 4-18】创建如图 4-137 所示的挡板，把挡板设定为固定副。创建约束，设定最大约束为 20N，查看运行结果；然后再设定最大约束为 2000N，再观察运行结果。比较两次仿真结果的不同之处。

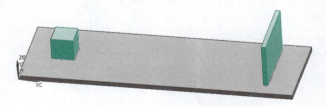

图4-137 断开约束示意图

（1）创建三维模型 按图 4-137 所示创建三维模型，传输面、方块和挡板的尺寸分别为

600mm×300mm×10mm、50mm×50mm×50mm、150mm×100mm×10mm。其中，方块与传输面接触；挡板不与传输面接触，并且保持一定的距离。

（2）创建并设置断开约束

1）在 NX MCD 中创建传输面、刚体、碰撞体和固定副。传输面的设置如图 4-138 所示，同时把该传输面设置成碰撞体；设置方块为刚体，同时也把它设置成碰撞体；设置挡板为碰撞体，同时也把它设置为固定副。

2）如图 4-139 所示，创建断开约束，"选择对象"设为上面的固定副，选择"断开模式"为"力"，最大幅值设为 20N，单击"确定"按钮。

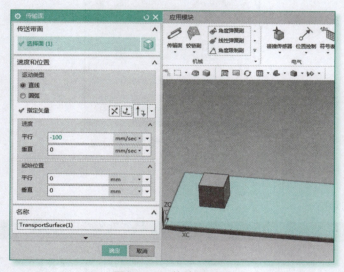

图4-138　传输面设置

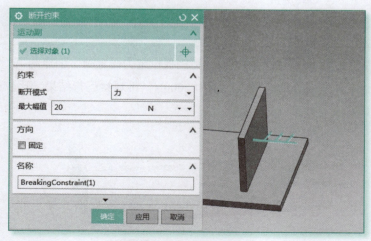

图4-139　创建断开约束

3）进行仿真运行，运行效果如图 4-140 所示。

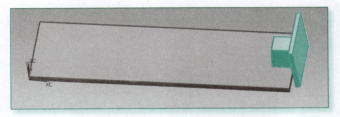

图4-140　最大幅值为20N的效果

4）更改断开约束"力"的最大幅值为 2000N，再进行仿真运行，效果如图 4-141 所示。可以看出，当最大幅值为 20N 时，滑块会把挡板撞开；当最大幅值为 2000N 时，滑块就会被挡板挡住。

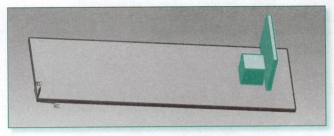

图4-141　最大幅值为2000N的效果

4.5.2　防止碰撞

1.防止碰撞的概念

防止碰撞（Prevent Collision）作用在两个碰撞体上，它能够使两个碰撞体不发生碰撞。

2.创建防止碰撞

创建防止碰撞有三种方法，其命令按钮为 。任选一种操作，如单击"插入→约束→防止碰撞"命令，系统会弹出如图 4-142 所示的"防止碰撞"对话框。

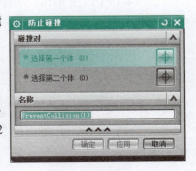

图4-142　"防止碰撞"对话框

"防止碰撞"对话框中各个选项的含义见表 4-12。

表 4-12　防止碰撞的选项

序号	选项	描述
1	选择第一个体	选择需要创建碰撞对的第一个体
2	选择第二个体	选择需要创建碰撞对的第二个体
3	名称	定义防止碰撞的名称

假如在例 4-18 中设置防止碰撞。设置"选择第一个体"为方块，"选择第二个体"为挡板，则运行结果将会是二者不会发生碰撞，方块会在传输面的带动下穿过挡板。

4.6　变换对象属性

变换对象属性功能可以改变 NX MCD 中对象的属性，这种改变需要借助碰撞传感器的触发来实现，即当传感器触发碰撞事件时，可以触发一些指令。这些指令的作用如下：

1）改变对象的刚体显示属性，如颜色、透明度和可视性等。

2）使用该命令可以变换刚体的质量、惯性和仿真过程中可重用的几何体物理模型，利用它可仿真装配线上手工工作站物件的改变。

4.6.1　显示更改器

1.显示更改器的概念

显示更改器（Display Changer）可以用于更改对象的颜色。

2.创建显示更改器

【例 4-19】以图 4-143 为例创建显示更改器。动作过程是：方块碰撞体在传输面上运动，当它与碰撞传感器发生碰撞时，方块颜色改变为绿色。

1）按图 4-143 所示创建碰撞体、刚体。

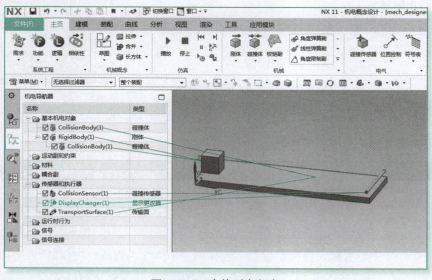

图4-143　变换对象颜色

2）单击"菜单→插入→传感器→显示更改器"命令，创建对象变换器（显示更改器），系统弹出"显示更改器"对话框，如图4-144所示。设置"选择对象"为碰撞传感器，单击"确定"按钮。

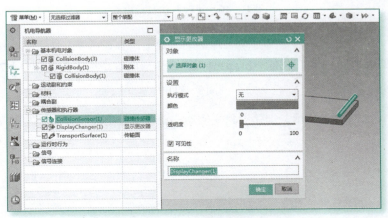

图4-144　设置显示更改器的属性

3）在"序列编辑器"中添加一个仿真序列Operation，其属性设置如图4-145所示：设置"选择对象"为显示更改器；在"运行时参数"选项区域中，选中"execute mode"复选框，并将其值改为Always；再选中"color"复选框，并将其值改为"108"（绿色）；输入名称后单击"确定"按钮。

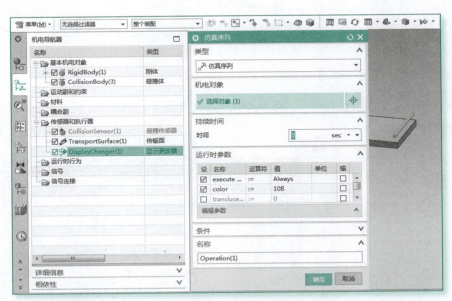

图4-145　创建仿真序列

4）进行仿真运行，效果如图4-146所示，当方块沿着传输面运行到右端触发碰撞传感器时，方块颜色就变为绿色。

图4-146　更改器仿真效果

4.6.2　变换对象

变换对象即对象变换器（Object Transformer），详细内容请读者参阅第3.3.7小节。对象变换器也属于变换对象属性的一种。下面举例简要说明对象变换器。

【例4-20】如图4-147所示，创建对象变换器。动作过程是：当方块触发碰撞传感器时，其形状变为圆柱。

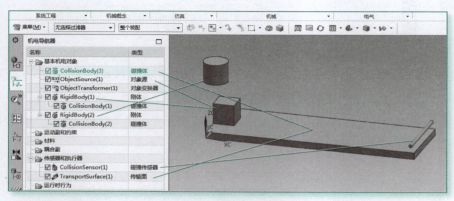

图4-147　对象变换器仿真

1）按图4-148所示创建对象变换器。

2）设置完毕后，进行仿真运行，效果如图4-149和图4-150所示。可以看到，方块触发碰撞传感器前后的变化。

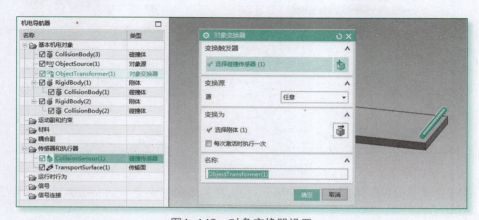

图4-148　对象变换器设置

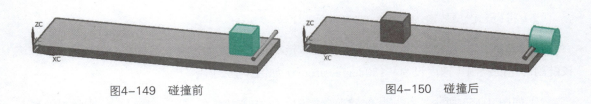

图4-149　碰撞前　　　　　　　　图4-150　碰撞后

4.7　物理定义转换——概念模型替换为详细模型

1.概念模型替换为详细模型概述

在概念设计阶段，概念模型定义了仿真对象用于验证设计的合理性。在设计的过程中，必须用详细的三维模型替换粗糙的概念模型，这个过程被称为从概念模型替换到详细模型的"物理定义转换"。

2.概念模型替换为详细模型实例

【例4-21】如图4-151所示，创建一个有圆形轨道和方块组件的装配体，并创建铰链副和该铰链副的速度控制，使方块沿着圆形轨道运动。现要求创建球形实体，作为详细模型来替代图中的方块概念模型。

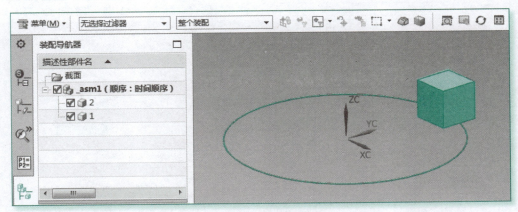

图4-151　概念模型实例

（1）创建模型

1）创建圆形轨迹（直径为300mm，文件名为1.prt）、方块（长、宽、高均为100mm，文件名为2.prt）和球体（直径为50mm，文件名为3.prt）等模型。

2）如图4-151所示，创建一个装配体，把圆形轨道和方块装配起来。

（2）将概念模型替换为详细模型

1）切换到"机电概念设计"模式，创建铰链副（连接件为方块、基本件为圆形轨迹）和该铰链副的速度控制（速度设为"180degrees/sec"）如图 4-152 所示。

2）如图 4-153 所示，在"装配导航器"中，选中方块组件"2"，并右击，在弹出的菜单中单击"替换组件"命令；或者选中方块组件"2"后，单击"菜单→装配→组建→替换组建"命令。

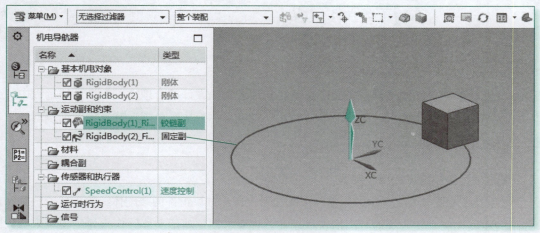

图4-152　创建概念模型

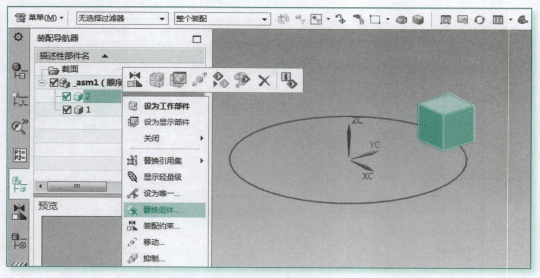

图4-153　执行"替换组件"命令

3）系统弹出"替换组件"对话框，如图 4-154 所示，它将仿真对象从粗糙模型转移到详细模型中。单击对话框右下方的"打开"命令按钮，系统弹出"部件名"对话框。选中详细模型文件（3.prt）。单击"OK"按钮，即可将 3.prt 文件选入到文件列表中。

图4-154 详细模型选入列表

4）在图4-155中，选择"替换组件"为3.prt，单击"确定"按钮后，系统弹出如图4-156所示的界面。单击"确定"按钮，系统弹出如图4-157所示的"替换助理"对话框。

图4-155 选择替换组件

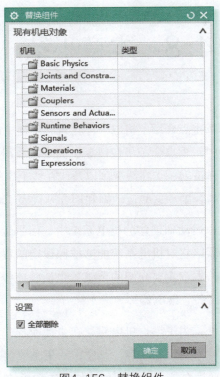

图4-156 替换组件

5）选中刚体 RigidBody(1)，再单击界面中的详细模型"球体"，"就绪"栏指示就由红色变为绿色，再单击"确定"按钮，即可完成详细模型替换。

6）替换效果如图 4-158 所示进行仿真运行可以看到小球代替方块做圆周运动。

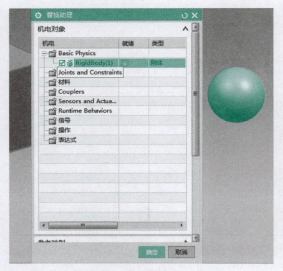

图4-157　选择替换刚体

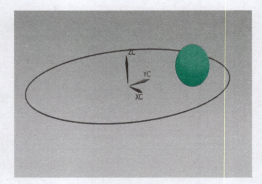

图4-158　替换后的效果

4.8　本章小结

本章重点介绍了机电一体化概念设计中的运动仿真，即运动副和耦合副的创建与使用方法。运动副中，重点介绍了铰链副、固定副、滑动副、柱面副和球副等，同时也补充了螺旋副、平面副、弹簧副、点在线上副以及线在线上副等其他运动副。在运动副的基础上，又介绍了齿轮、凸轮等耦合副。这些运动副和耦合副代表了大多数的机械运动与传动关系。

在由运动副创建的机电系统中，信号起到了重要的作用。信号的获取主要依赖于各种各样的传感器，它对机电系统能够按照设定的程序运行起感知与控制作用，故传感器也是一项重要的内容。本章主要介绍的传感器包括碰撞传感器、距离传感器、位置传感器、通用传感器，以及限位开关、继电器等。

此外，为了模拟机电对象在生产流程中的外观变化以及运动中的约束，本章还介绍了约束和变换对象属性等内容。其中，约束主要包含断开约束和防止碰撞；变换对象属性包括显示更改器和变换对象，分别用于诸如对象颜色的改变和外观的改变等。

在本章节的末尾部分，简要地介绍了物理定义转换——概念模型替换为详细模型的操作。

习题

参照图 4-159 创建一个 NX MCD 运动仿真项目。具体要求如下：

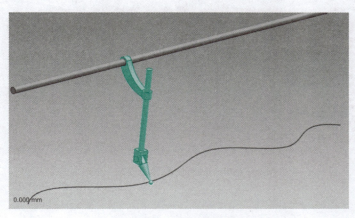

图4-159 项目仿真效果

1）参考图 4-160 所示尺寸，创建各个部件的三维模型。

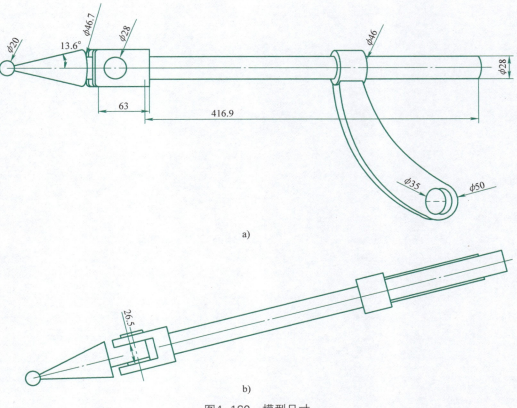

图4-160 模型尺寸

2）参考图 4-161 创建刚体、滑动副、铰链副、位置控制和点在线上副，使圆锥顶点沿着曲线往复运动。

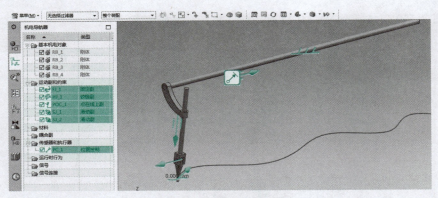

图4-161 仿真设置要求

第5章
CHAPTER 5

仿真的过程控制与协同设计

5.1 过程控制与协同设计简述

本章介绍的过程（Procedure）控制主要包括运行时参数（Runtime Parameter）、运行时表达式（Runtime Expression）、运行时行为（Runtime Behavior）和仿真序列（Operation）等。为了实现运行时的仿真控制，需要信号（Signal，包括内部信号与外部信号）、信号适配器（Signal and Signal Adapter）的配合和仿真序列等的执行与触发。在此基础上，又介绍了不同物理属性几何体复制的功能对象，即代理对象（Proxy Object）。此外，还介绍了如何使用读写标记（Tag）来读取或者写入刚体的参数，以及如何使用内部信号实现对执行机构控制的方法。

本章介绍的协同设计相关内容包括如何使用分析工具优化数据，从而实现对电动机、凸轮等设备的选型与配置。其操作过程可以概括为：把 NX MCD 仿真环境的数据导出到外部文件中，通过对数据的分析处理获得电动机型号、凸轮耦合数据等，然后再把处理之后的数据重新导入到 NX MCD 环境中，帮助用户完成对运动对象的参数设置。

5.2 运行时参数与运行时表达式

5.2.1 运行时参数

1.运行时参数的概念

所谓运行时参数（Runtime Parameter）就是在仿真运行过程中，对仿真对象进行计算、修改和查看等而定义的参数类型。运行时参数的基本目标是创建可重用的、功能型的高级别设计对象，该对象包括物理参数，在数字化模型中这些参数可以被其他对象引用。如图 5-1 所示，在装配中添加包含了运行时参数的组件，在装配层修改运行时参数，会生成一个运行时参数重载对象，此时所修改的参数将影响对应的组件参数，但对其他组件不会有影响。

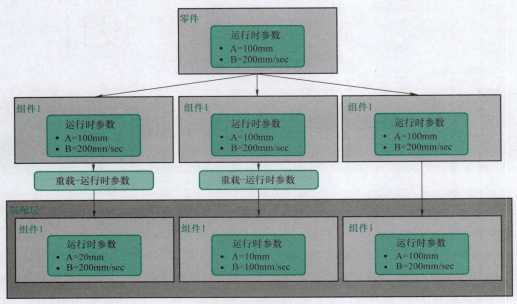

图5-1　装配中的运行时参数

2.创建运行时参数

与其他机电对象类似，添加运行时参数也有三种方法，这里不再赘述。其工具栏上的命令按钮为 。若单击"菜单→插入→信号→运行时参数"命令，系统弹出"运行时参数"对话框，如图 5-2 所示。

"运行时参数"对话框中各个选项的含义见表 5-1。

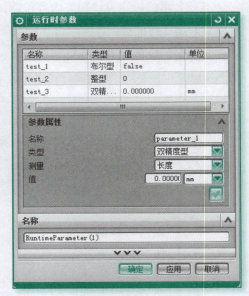

图5-2　"运行时参数"对话框

序号	选项	描述
1	参数列表	显示运行时参数所包含的参数
2	参数属性	用于添加参数，包括名称、类型（布尔型、整型和双精度型）、测量及值
3	名称	定义运行时参数的名称

5.2.2　运行时表达式

1.运行时表达式的概念

所谓运行时表达式（Runtime Expression）就是在仿真过程中用于计算的表达式。例如，若在铰链副中使用速度控制，其速度变量名为 speed，有一个"运行时参数"的变量名为 rp_speed，就可以通过建立"运行时表达式"来表达运行时参数 rp_speed 与速度控制 speed 之间的数学关系。运行时表达式为

$$\underset{\text{铰链副速度控制参数（角速度）}}{\underline{\text{Speed}}} = \underset{\text{运行时参数、运行时表达式}}{\underline{2 \times \text{rp\_speed} \times \text{speed}}}$$

2.创建运行时表达式

运行时表达式的创建方法与其他对象的创建方法类似，也有三种方法。

工具栏图标按钮为 。这里，若单击"插入→过程→运行时表达式"命令，系统将弹出如图 5-3 所示的"运行时表达式"对话框。

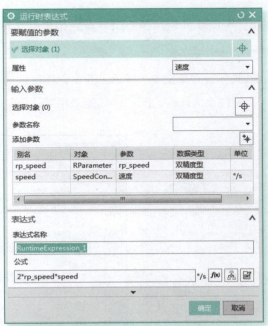

图5-3　"运行时表达式"对话框

"运行时表达式"对话框中各个选项的含义见表 5-2。

表 5-2　运行时表达式的选项

序号	选项	描述
1	要赋值的参数	选择需要赋值的对象，并在属性中选择需要赋值的参数
2	输入参数	选择输入对象，并选择输入对象的参数名称，单击"添加参数"最右侧的按钮，则输入参数会添加到参数列表中
3	参数列表	显示添加的输入参数
4	表达式名称	指定该运行时表达式的名称
5	公式	输入用于运算的表达式，如 2*rp_speed*speed

当运行时表达式创建完毕时，将会在带条工具栏的"运行时表达式"中显示，如图 5-4 所示。

运行时表达式		
名称	参数	公式
☑ RuntimeExpression_1	SpeedControl(1).速度	2*rp_speed*speed

图5-4　运行时表达式

3.项目案例——创建计数器

【例 5-1】如图 5-5 所示，建立一个计数器，让方块绕圆心轴转动。当方块碰撞到传感器时，计数值增加 1（计数器的初始值为 0）。

（1）创建三维模型　如图 5-5 所示，创建仿真环境，包括轨道（半径为 200mm 的圆形轨迹）、方块（50mm×30mm×20mm）和传感器（10mm×10mm×10mm）。

（2）创建计数器

1）把图中的方块设为刚体 RB1 和碰撞体 CL1，设置传感器名称为 CS1。设置完成之后，机电导航器，如图 5-6 所示。

2）创建一个铰链副，其具体设置如图 5-7 所示。其中，连接件选择方块、基本件选择圆形轨迹，指定矢量轴为 ZC，指定锚点为轨迹的圆心，其他采用默认值，单击"确定"按钮即可。

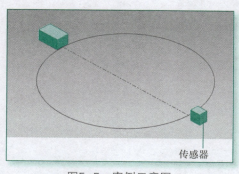

图5-5　案例示意图

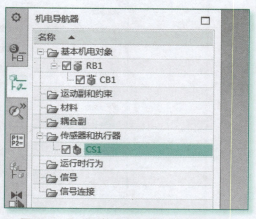

图5-6　设置刚体、碰撞体与碰撞传感器

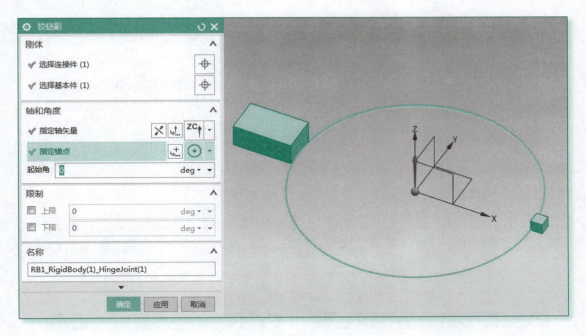

图5-7　建立铰链副

3）创建速度控制，选择对象为铰链副，其他设置如图 5-8 所示。再创建一个固定副，选择基本件为圆形轨迹，设置如图 5-9 所示。

图5-8　建立速度控制

图5-9　建立固定副

4）创建运行时参数，如图 5-10 所示，名称为 RP1，包含一个布尔型变量 ref 和一个整型变量 num。

5）创建运行时表达式1，如图5-11所示，要赋值的参数选择对象为RP1的num；需要输入的参数分别是RP1的num、ref以及碰撞传感器信号CS1，分别将它们的别名修改为num、ref和sensor；最后，在"公式"文本框中输入判断语句"if(sensor !=ref & sensor) num+1 else num"。以上全部设置完后，单击"确定"按钮即可。

6）创建运行时表达式2，如图5-12所示，要赋值的参数选择对象为RP1的ref；需要输入的参数分别是RP1的ref和碰撞传感器CS1，分别将别名修改为ref和sensor；在"公式"文本框中输入判断语句"if(sensor !=ref) sensor else ref"。最后，单击"确定"按钮。

图5-10　建立运行时参数

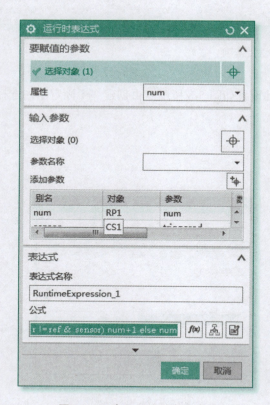

图5-11　建立运行时表达式1

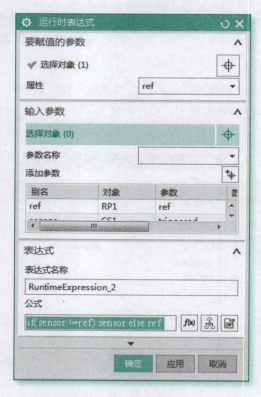

图5-12　建立运行时表达式2

创建好的两个运动时表达式如图5-13所示。

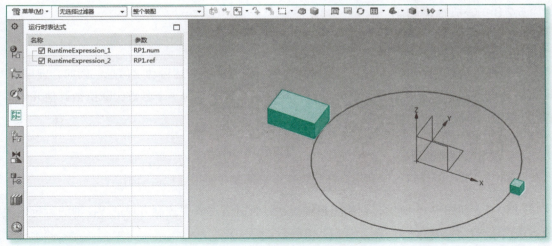

图5-13 查看运动时表达式

7）把运行时变量 RP1 添加到运行时察看器里面，用于观察仿真运行时数据的变化，具体操作如图 5-14 所示。

8）最后进行仿真运行，观察运行结果，如图 5-15 所示。可以看到，每当长方块绕行一周，与碰撞传感器发生碰撞的时候，num 的值就增加 1，累计数据就是绕行碰撞的次数。

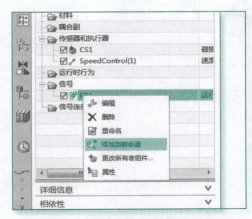

图5-14 添加运行时参数到查看器

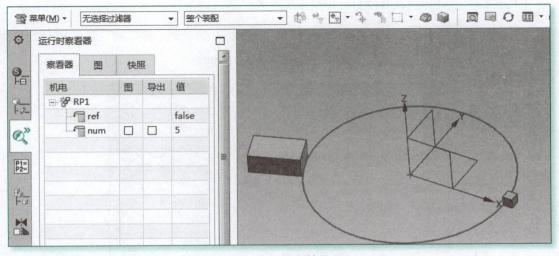

图5-15 运行结果

5.2.3　虚拟轴运动副

1.虚拟轴运动副的概念

虚拟轴运动副（Virtual Axis）不包含几何体，但它能够表达运动学信息。例如，虚拟轴可以通过速度控制来设定其运行，也可以在运行时表达式中作为一个参数，赋值给其他几何体，以达到控制几何体运行的目的。

2.创建虚拟轴运动副

下面以一个实例介绍如何利用运行时表达式来创建和使用虚拟运动副。

【例5-2】如图5-16所示，创建虚拟轴，在运行时表达式中控制方块的YC轴的运行速度，使方块沿着YC轴运行。

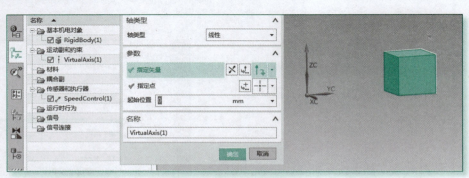

图5-16　虚拟轴运动副示例

（1）创建三维模型　如图5-16所示创建一个方块。

（2）创建虚拟轴运动副

1）建立一个空白的MCD项目，添加方块刚体。

2）如图5-17所示，添加虚拟轴（单击"菜单→插入→运动副→虚拟轴"命令），轴类型为线性，指定矢量为ZC，指定点为坐标原点，起始位置为0mm。

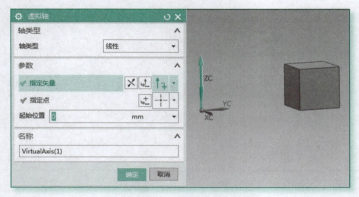

图5-17　添加虚拟轴

3）创建速度控制。如图5-18所示，选择对象为"虚拟轴运动副"，速度为"100mm/sec"。

图5-18　创建速度控制

4）添加运行时表达式。如图5-19所示，选择对象为方块刚体的Y轴方向，输入参数的选择对象为虚拟轴，并添加到参数列表中，更改别名为VA_position，公式为VA_position。

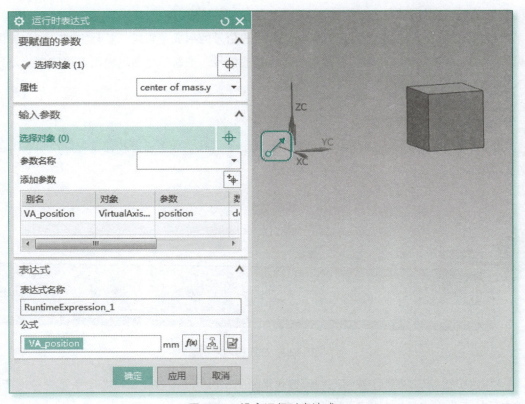

图5-19　设定运行时表达式

该表达式实现了刚体中心的 Y 坐标值等于虚拟轴的位置数据，而虚拟轴的位置数据又依赖于速度控制的数据。

5）进行仿真运行，可以看到，方块沿着 YC 轴以 100mm/s 的速度运行。

5.3 信号与运行时行为

5.3.1 信号与信号适配器

1.信号与信号适配器的概念

1）在机电一体化概念设计 NX MCD 组件模型中，信号（Signal）用于运动控制与外部的信息交互，它有输入与输出两种信号类型。其中，输入信号是外部输入到 MCD 模型的信号，输出则是 MCD 模型输出到外部设备的信号。

2）信号适配器（Signal Adapter）的作用是通过对数据的判断或者处理，为 MCD 对象提供新的信号，以支持对运动或者行为的控制，新的信号也能够输出到外部设备或其他 MCD 模型中。从某种程度上讲，信号适配器可以看作是一种生成信号的形成逻辑组织管理方式，由它提供的数据参与到运算过程中，获得计算结果后产生新的信号，把新信号通过输出连接传送给外界或者 NX MCD 模型系统中去。

2.创建信号与信号适配器

【例 5-3】创建如图 5-20 所示的按钮控制模型，通过按下或者松开按钮来控制滑块在滑板上的左右运行。

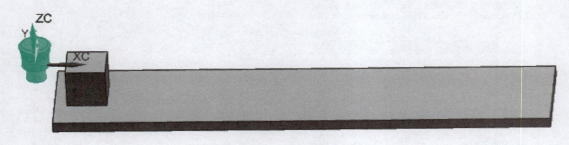

图5-20　按钮控制示例

1）创建按钮 MCD 模型，按钮三维模型效果如图 5-21 所示。按钮帽草图尺寸如图 5-22 所示。旋转之后抽壳为中空。按钮帽下圆柱的直径为 40mm，高度为 50mm。

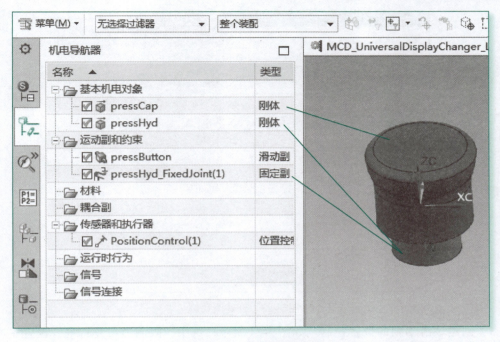

图5-21　按钮三维模型

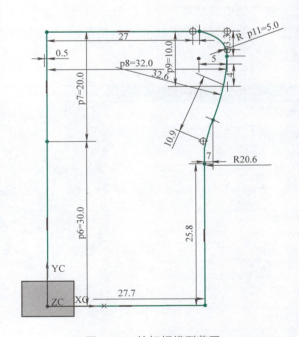

图5-22　按钮帽模型草图

2）为该按钮创建滑动副，如图 5-23 所示。指定矢量为 ZC 轴，限制上限为 11mm，下限为 −21mm。

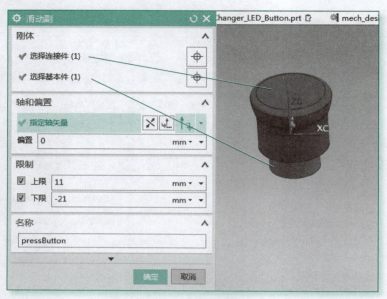

图5-23 创建滑动副

3）创建该滑动副的位置控制。如图 5-24 所示，选中"限制力"复选框，设置正向力为6N，反向力为6N，单击"确定"按钮。

4）如图 5-25 所示，在"机电导航器"中，右击"信号"选项，在弹出的菜单中单击"创建机电对象→信号适配器"命令，系统弹出如图 5-26 所示的"信号适配器"对话框。设置"选择机电对象"为"位置控制"，"参数名称"为"定位"。

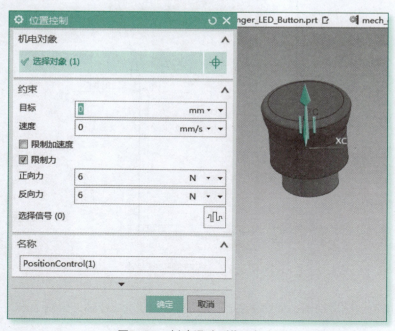

图5-24 创建滑动副位置控制

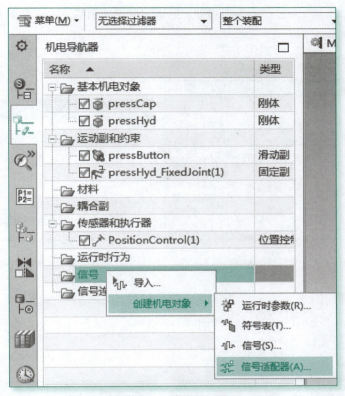

图5-25 创建信号适配器

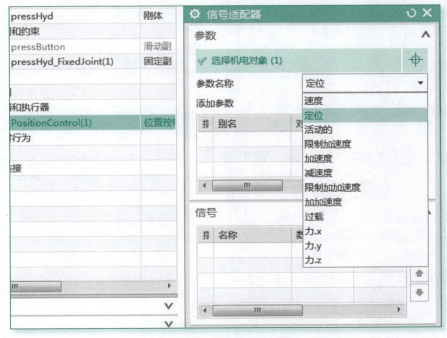

图5-26 设置信号适配器

5）如图 5-27 所示，单击"添加"按钮，把该"位置控制"选入到参数列表中，并如图 5-28 所示，修改参数的别名为 pst。

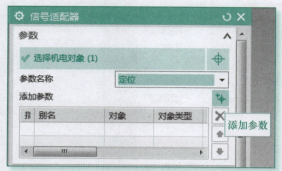

图5-27　设置机电对象

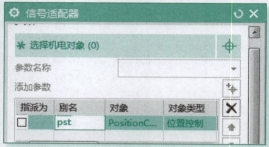

图5-28　设置机电对象别名

6）如图 5-29 和图 5-30 所示，添加两个输出信号 Signal_0 和 Signal_1，均为输出布尔型。分别修改 Signal_0、Signal_1 的名称为 bUp 和 bDown。如图 5-31 所示，选中两个变量的"指派为"，把两个变量选入到"公式"组。

图5-29　添加输出信号（1）　　　　　　图5-30　添加输出信号（2）

7）如图 5-32 所示，分别为两个变量添加公式表达式：

```
bUP:       if pst>10 then true else false
bDown:     if pst<-20 then true else false
```

其含义是根据"位置控制"中位置数据 pst 的不同来设置 bUp 和 bDown 的布尔变量值。信号添加完毕，单击"确定"按钮，最终结果如图 5-33 所示。

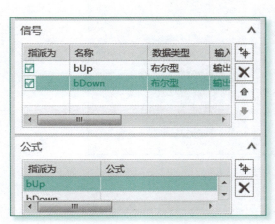

图5-31 修改信号名称与指派

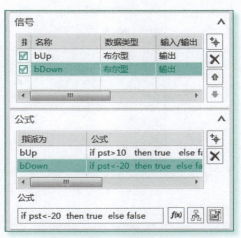

图5-32 添加公式表达式

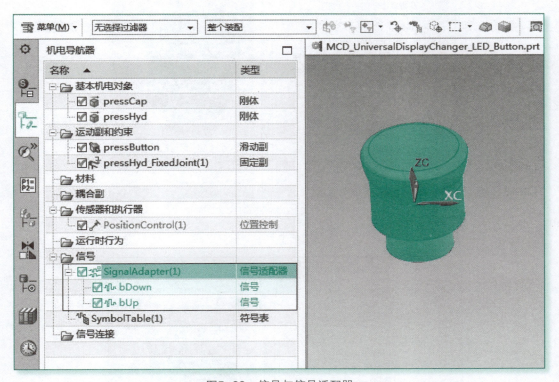

图5-33 信号与信号适配器

8）把该信号适配器 SignalAdapter 选入到"运行时察看器"中，进行仿真运行，用鼠标拖动按钮上下移动，可以看到信号 bUp 和 bDown 的数值变化。当按钮按下后，bDown 为 true；当按钮抬起后，bUp 为 true；当按钮在按下或者抬起的过渡过程中，bUp 与 bDown 的值均为 false，如图 5-34~ 图 5-36 所示。

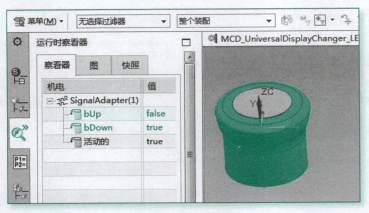

图5-34　按钮按下

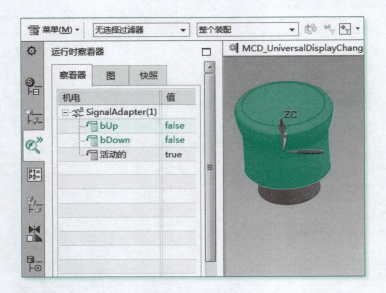

图5-35　按钮按下与抬起过渡位置

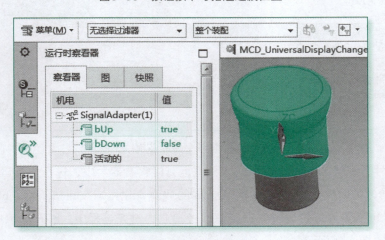

图5-36　按钮抬起

9）如图 5-37 所示，在"机电导航器"的空白处右击，在弹出的菜单中单击"创建容器"命令。创建完成后，更改该容器名称"我的容器（1）"为"按钮"如图 5-38 所示。

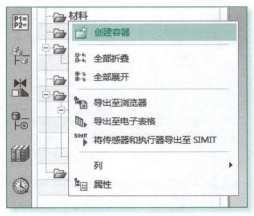

图5-37 创建容器

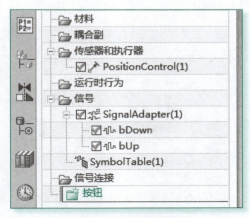

图5-38 更改容器名称

10）把与按钮有关的所有对象拖入到该容器中，最终效果如图 5-39 所示。

图5-39 按钮容器

5.3.2 运行时行为

1.运行时行为的概念

在机电一体化概念设计中，运行时行为（Runtime Behavior）是与 C# 编程语言相连接的一种常用方法。可以把一些复杂的判断、算法通过 C# 编程实现，并与 MCD 通过信号来交换信息，达到对运动对象复杂控制的目的。

2.创建运行时行为

【例5-4】如图5-40所示，在图5-39的基础上创建一个实例模型。模型中按钮属于人机交互部件，通过"按下"与"弹起"操作来控制方块在滑板上的左右滑动。

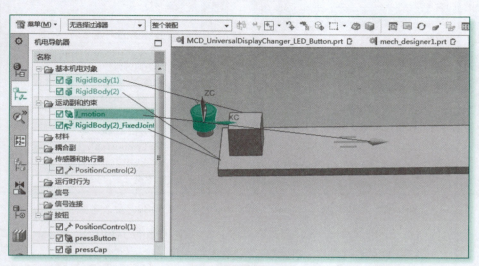

图5-40　实例模型

（1）设计思路　首先创建对象三维模型，建立 MCD 基本机电对象及其对应的运动副、位置控制；然后创建信号，并且让这些信号与按钮的上下位相关联；再创建运行时行为，并且让信号与 C# 编程中的变量相关联；在 C# 中通过程序来处理信息，并通过变量传出到 MCD 中；最后，通过建立运行时表达式，让方块与滑板之间滑动副"位置控制"的位置变量与信号变量相关联，从而达到按钮控制方块运动的目的。

（2）详细制作过程

1）创建滑动副。滑动副的位置控制设置如图5-41所示。

图5-41　滑动副的位置控制设置

2）如图 5-42 所示，在"机电导航器"中，双击"信号适配器"，在打开的"信号适配器"对话框中添加一个输入变量 position，并将其数据类型设置为"双精度"，测量设为"无单位"。

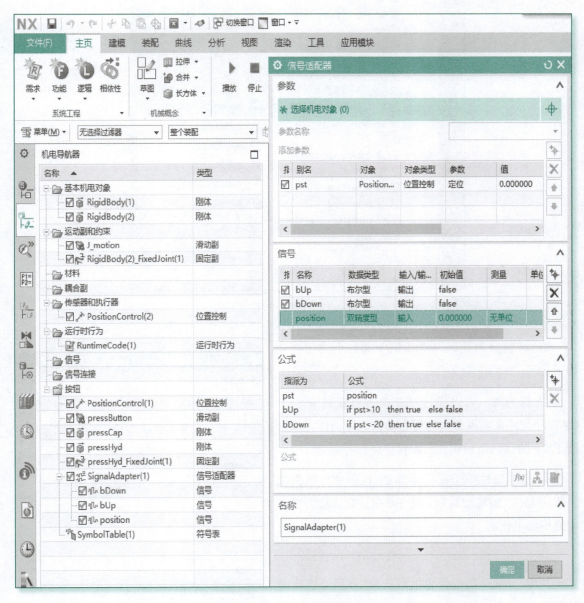

图5-42　添加一个输入变量

3）如图 5-43 所示，在"机电导航器"中，右击"运行时行为"文件夹，在弹出的菜单中单击"创建机电对象→运行时行为"命令，系统弹出"运行时行为代码"对话框，如图 5-44 所示。

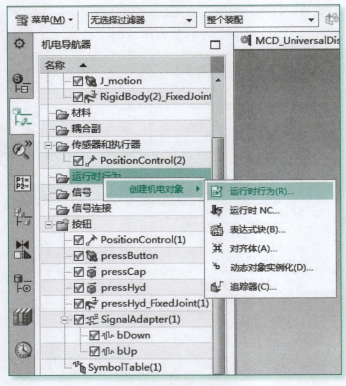

图5-43　创建运行时行为

"运行时行为代码"对话框中的各个选项含义如下：

① 行为源。可以通过打开  或者新建 一个 C# 程序文件来实现仿真的行为动作，该动作可以借助于 C# 的代码由编程人员设计。

② 机电属性用于在行为源 C# 代码中连接机电一体化 MCD 的模型对象。在 C# 中，其连接方法可以使用如下代码：

```
access.Connect ("name", out obj);
```

其中，name 是行为源相对于 MCD 信号连接时的名称，obj 是 C# 与外部 MCD 相连接的信号。

③ 名称用于设置运行时行为的名称。

如图 5-44 所示，单击"新建"按钮，进入运行时行为编辑器，在其中创建程序，如图 5-45 所示。

图5-44　"运行时行为代码"对话框

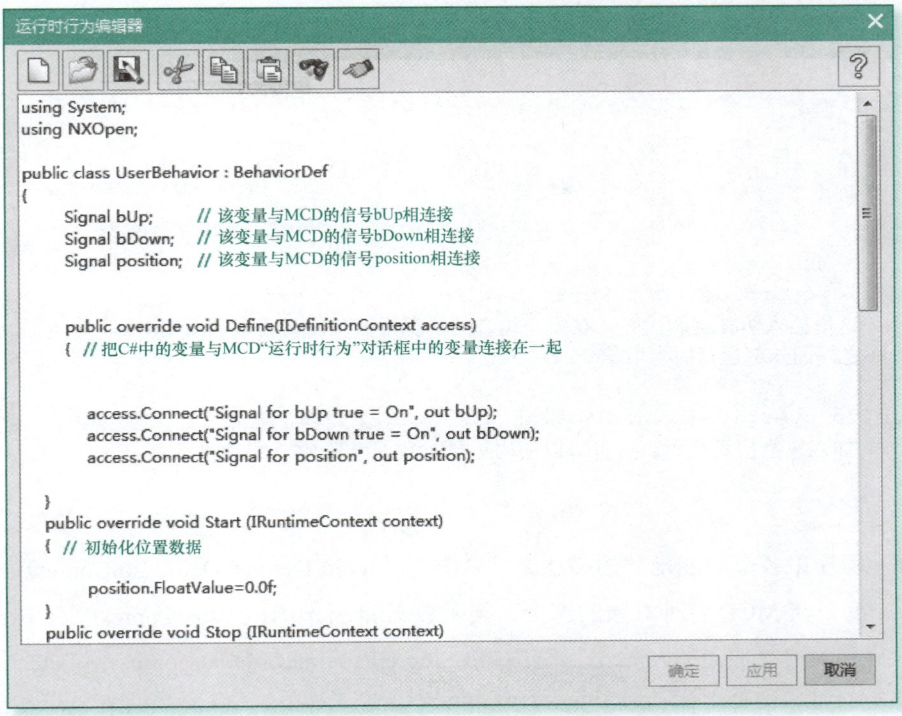

图5-45　创建程序

完整的程序如下：

```csharp
using System;
using NXOpen;
public class UserBehavior : BehaviorDef
{
    Signal bUp;                        //该变量与MCD的信号bUp相连接
    Signal bDown;                      //该变量与MCD的信号bDown相连接
    Signal position;                   //该变量与MCD的信号position相连接
    public override void Define(IDefinitionContext access)
    {   // 把C#中的变量与MCD"运行时行为"对话框中的变量连接在一起
        access.Connect("Signal for bUp true = On", out bUp);
        access.Connect("Signal for bDown true = On", out bDown);
        access.Connect("Signal for position", out position);
    }
    public override void Start (IRuntimeContext context)
    {       // 初始化位置数据
        position.FloatValue=0.0f;
    }
    public override void Stop (IRuntimeContext context)
    { // 这里可假设结束操作
    }
    public override void Step (IRuntimeContext context, double dt)
    {   // 这里插入仿真操作步的编程代码
                if (bUp.BoolValue == true)
                {
```

```
                    position.FloatValue=0.0f;
        }
        else{
            if (bDown.BoolValue == true)
            {
                    position.FloatValue=1000.0f;
            }
        }
    }
public override void Refresh (IRuntimeContext context)
{ // 这里插入仿真刷新代码，在安全仿真的情况下被调用，读取和改变 C# 程序主循
// 环之外的外部运行时参数值
}
public override void Repaint ()
{ // 插入重绘仿真代码，这里可以使用运行时数据更新 MCD 组件显示
}
}
```

上述 C# 程序中各个功能函数的描述如下：类函数 void Define(IDefinitionContext access) 主要定义 C# 中变量与 MCD 各种对象的连接；类函数 void Start (IRuntimeContext context) 仅执行一次，用于在仿真开始时进行初始化工作；void Stop (IRuntimeContext context) 仅执行一次，用于在仿真结束时进行清理工作；void Step (IRuntimeContext context, double dt) 在每一个仿真步都执行，用于在仿真过程中进行动态控制工作。

程序输入完毕后，单击图 5-45 中的"确定"按钮，返回图 5-44 所示的界面。可以发现，程序中的变量 Signal bUp、Signal bDown 和 Signal position 出现在机电属性的列表中，如图 5-46 所示。

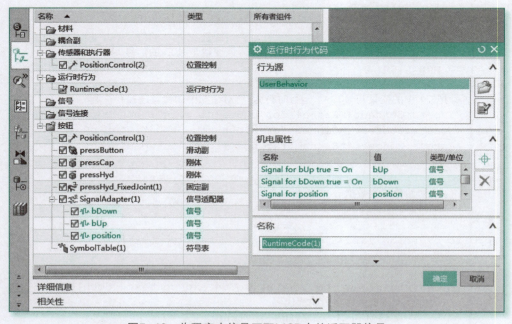

图5-46　为程序内信号匹配MCD中的适配器信号

4）如图 5-46 所示，分别为三个变量选择连接信号适配器（SignalAdapter（1））变量中的 bUp、bDown、position，以实现 C# 内部变量与外部信号之间的匹配连接。

以 bUp 为例，具体匹配的操作是：单击选中表中 "Signal for bUp true=On" 行，单击 "选择" 按钮，再选中导航器中的 bUp 信号，即可看到该信号出现在列表的 "值" 中，完成匹配过程。按照同样的操作匹配其他信号，匹配完毕后单击 "确定" 按钮。

5）创建一个运行时表达式，如图 5-47 所示。

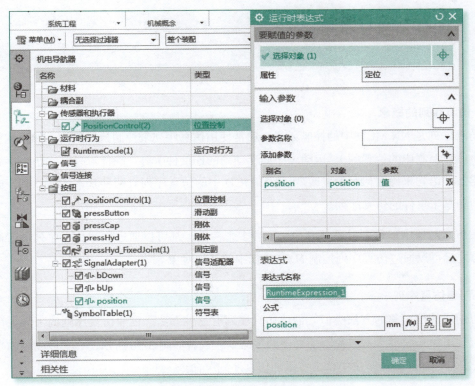

图5-47　创建运行时表达式

6）进行仿真运行就会发现：当按钮被按下后，方块向 1000mm 位置处滑动，最后会停留在 1000mm 处；当按钮抬起后，方块会向 0mm 处滑动，最后会停留在 0mm 处。效果如图 5-48 和图 5-49 所示。

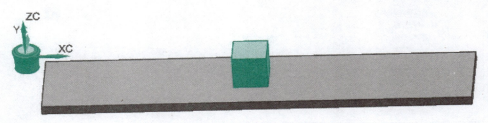

图5-48　按钮被按下后的运动效果

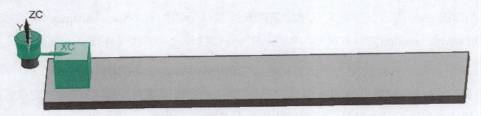

图5-49　按钮抬起后的运动效果

5.4　仿真序列

1.仿真序列的概念

仿真序列是 NX MCD 中的控制元素，通常使用仿真序列来控制执行机构（如速度控制中的速度、位置控制中的位置等）、运动副（如移动副的连接件）等。除此以外，在仿真序列中还可以创建条件语句来确定何时触发改变。NX MCD 中的仿真序列有两种基本类型：基于时间的仿真序列和基于事件的仿真序列。

在仿真对象中，每个对象都有一个或者多个参数，都可以通过创建仿真序列进行修改预设值。总之，可以通过仿真序列控制 NX MCD 中的任何对象。

2.创建仿真序列

与创建其他对象的方法类似，创建仿真序列有三种方法。创建仿真序列的工具栏命令按钮为 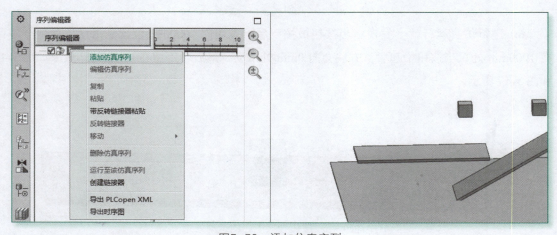。也可单击"插入→过程→仿真序列"命令；或者如图 5-50 所示，在"序列编辑器"中的 root 处右击，在弹出的菜单中单击"添加仿真序列"命令。

图5-50　添加仿真序列

图 5-51 所示为在序列编辑器中创建的仿真序列的示意图。这里，导航器中仿真序列编辑器显示了机械系统中创建的所有仿真序列，可用于管理仿真序列在何时或者什么条件下开始执行，以此来控制执行机构或其他对象不同时刻时的状态。

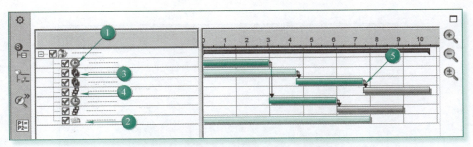

图5-51　编辑器中的仿真序列及连接关系

图 5-51 中包含了不同类型的仿真序列，它们的分类及对应的含义见表 5-3。

表 5-3　仿真序列的分类及含义

序号	描述
1	基于时间的仿真序列
2	基于事件的仿真序列
3	基于事件的仿真序列与另一个仿真序列相连
4	复合仿真序列——如果在组件中有仿真序列，则在上层装配中的仿真序列以这种方式显示
5	链接器——用于连接两个仿真序列

任选一种方法创建仿真序列，系统弹出"仿真序列"对话框，如图 5-52 所示。

"仿真序列"对话框中各个选项的含义见表 5-4。

表 5-4　仿真序列的选项

序号	选项	描述
1	对象	选择需要修改参数值的对象，如速度控制、滑动副等
2	时间	指定该仿真序列的持续时间
3	运行时参数	在"运行时参数"列表中列出了 1 中所选对象的所有可以修改的参数。设置——勾选代表修改此参数的值；名称；值——修改参数的值；单位；输入输出——定义该参数是否可以被 MCD 之外软件识别
4	条件	选择条件对象，以这个对象的一个或多个参数创建条件表达式，用于控制这个仿真序列是否执行

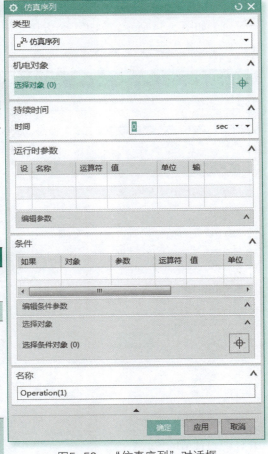

图5-52　"仿真序列"对话框

3.项目案例——创建仿真序列

【例5-5】如图5-53所示，添加碰撞传感器，创建一个条件位置控制，即当第1个方块与传感器发生碰撞时，让第2个方块开始向前运动300mm。

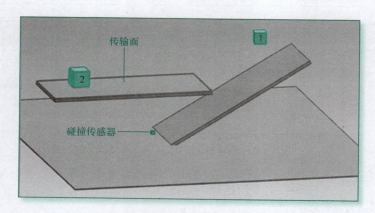

图5-53　创建仿真序列示例

1）如图5-54所示，创建一个方块几何体，放置在斜面的下端。

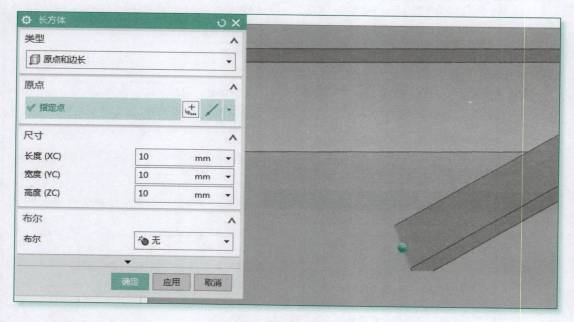

图5-54　创建传感器几何体

2）如图5-55所示，为该方块几何体创建一个碰撞传感器，名称默认为CollisionSensor(1)，并移动到合适的位置。

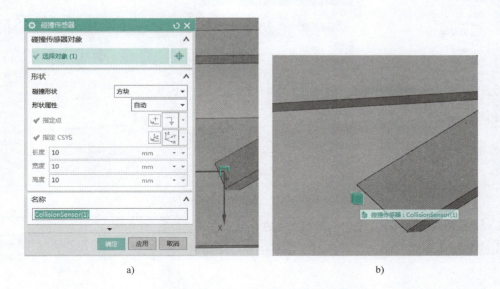

图5-55　创建碰撞传感器

3）如图 5-56 所示，创建一个传输面，名称为 TransportSurface(1)。

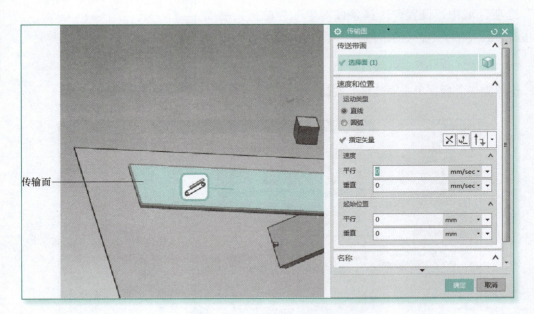

图5-56　创建传输面

4）如图 5-57 所示，为该传输面创建一个位置控制 PositionControl(1)。其中，位置控制的目标设为 0mm，速度设为"0mm/sec"，设置完毕后，单击"确定"按钮。

图5-57　创建位置控制

5）如图 5-58 所示，在"序列编辑器"中的 root 处右击，在弹出的菜单中单击"添加仿真序列"命令创建一个仿真序列。

如图 5-59 所示，在弹出的"仿真序列"对话框中，选择的机电对象为位置控制 PositionControl(1)，在"运行时参数"选项区域中修改"位置"为 300mm；然后在"条件"选项区域中，设置"选择条件对象"为碰撞传感器 CollisionSensor(1)，加入的条件为

`If CollisionSensor(1) Trigger == true`

设置完毕之后，单击"确定"按钮。

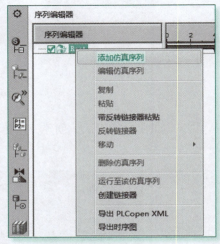

图5-58　创建仿真序列

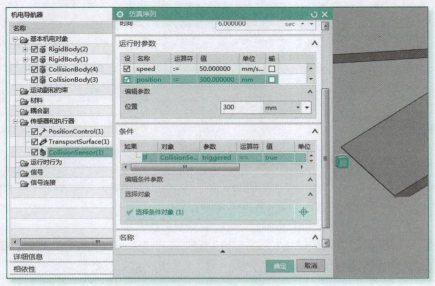

图5-59　"仿真序列"对话框

时间序列 Operation(1) 创建完毕，如图 5-60 所示。

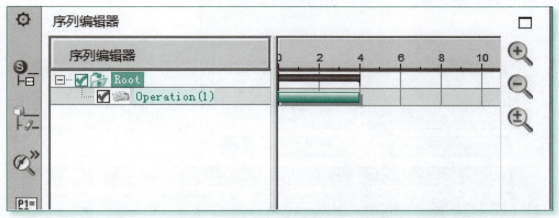

图5-60　查看仿真序列

6）运行效果如图 5-61 所示。可以看到，当斜面上滑落的方块 1 与碰撞传感器发生碰撞的时候，启动位置控制的条件，让传输面上的方块 2 以 50mm/s 的速度向前运动到 300mm 处停下来。

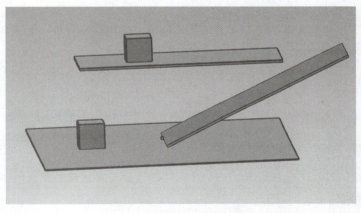

图5-61　运行效果

5.5　代理对象

1.代理对象的概念

代理对象（Proxy Object）用于创建可重用的、功能型的高级别设计对象。图 5-62 所示为代理对象的结构。

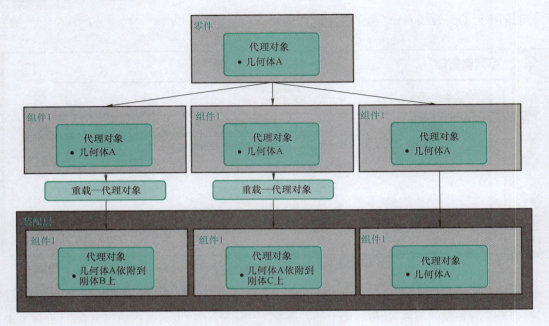

图5-62　代理对象结构示意图

在图 5-62 中，顶层装配体的多个子装配体实例可以使用代理对象，并为各个代理对象的不同刚体分配不同的物理属性。

代理对象包含下列一些特征：

1）几何体：这些几何体可以依附到其他刚体上，并且跟随刚体运动。

2）参数：在数字化模型中，这些参数可以被其他对象引用。

相对于运行时参数，代理对象多了一个几何体的选择，并且在装配层可将代理对象选择的几何体依附到其他刚体上。

需要注意的是：代理对象选择的几何体不能与刚体冲突，即在定义时，一个几何体上只能添加刚体或者代理对象中的一种。

使用代理对象可以为顶装配体下的每个子装配体实体创建一个唯一的运行时参数，使用运行时参数可以创建可重用的较高层次的物理对象。对于每一个具体的物理对象而言，可以分配一个刚体或者代理对象，当创建代理对象时，为了保证功能正确，必须把代理对象绑定到一个刚体上。

以图 5-63 为例，通过代理对象使用的这些参数可以为多个电动机子装配体分配不同的角速度。总装配体下包含了 5 个电动机子装

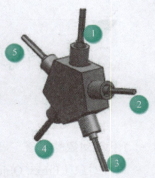

图5-63　代理对象示意图

配体实例，通过代理对象可以为每个电动机子装配体实例分配不同的角速度，分配情况见表5-5。

表 5-5　各子装配体的角速度

子装配体序号	角速度 / (°/s)
1	0
2	72
3	144
4	288
5	360

2.创建代理对象

【例 5-6】有如图 5-64 所示的装配体，按照图 5-63 与表 5-5 的要求创建代理对象。

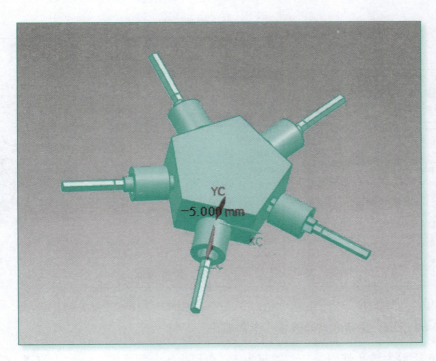

图5-64　装配体

具体创建步骤如下：

（1）创建代理对象的三维模型及装配体

1）如图 5-65 所示，创建一个五边形草图，半径为 75mm。拉伸该草图，拉伸长度为 75mm，效果如图 5-66 所示。

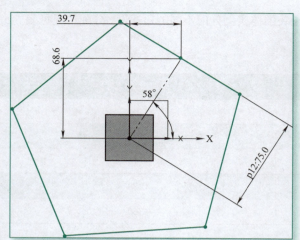

图5-65　五边形草图

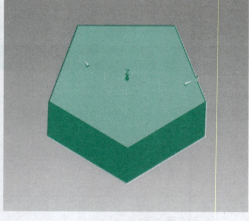

图5-66　拉伸五边形草图

如图 5-67 所示，打开基准点对话框，在五边体侧面的中间位置创建一个基准点，如图 5-68 所示。

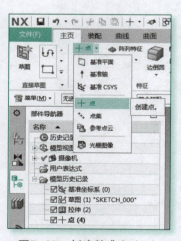

图5-67　创建基准点（1）

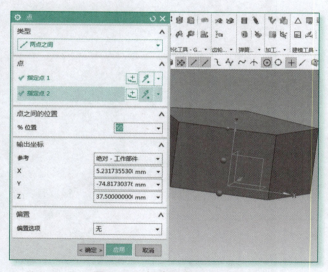

图5-68　创建基准点（2）

如图 5-69 所示，在基准点处放置一个常规孔。

图 5-70 所示为该孔阵列特征，数量为 5，布局为 5 个侧面中心所构成的圆。阵列结果如图 5-71 所示。完成 3D 模型的创建，保存该文件为 mcd01_revolver.prt。

2）如图 5-72 所示，创建一个圆柱，直径为 50mm，高度也为 50mm。并在圆柱的底面画草图，创建一个直径为 32mm 的圆。对该草图执行拉伸（减去）操作，效果如图 5-73 所示。

3）如图 5-74 所示，创建草图，圆的直径为 22mm，缺口角为 90°。拉伸草图参数设置如图 5-75 所示。保存该文件，命名为 mcd01_motor.prt。

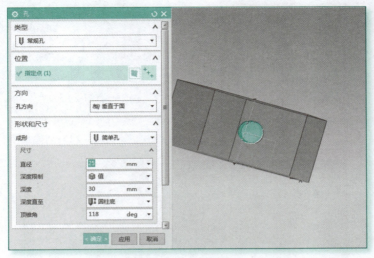

图5-69 放置常规孔

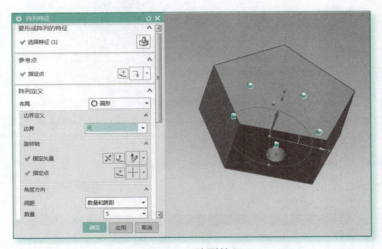

图5-70 阵列特征

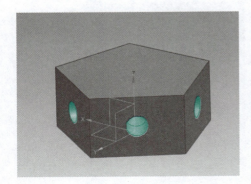

图5-71 阵列结果

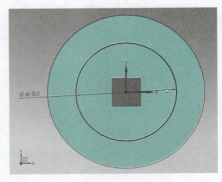

图5-72 创建草图1

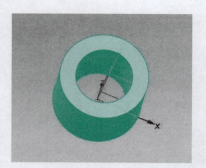

图5-73　拉伸草图1

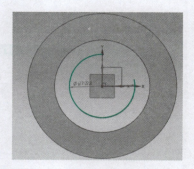

图5-74　创建草图2

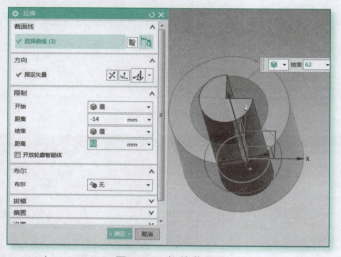

图5-75　拉伸草图2

4）创建一个装配体，命名为 mcd01_motor_assembly.prt，在"添加组件"对话框中打开文件 mcd01_motor1.prt，如图 5-76 所示。选中该文件后，单击"确定"按钮。

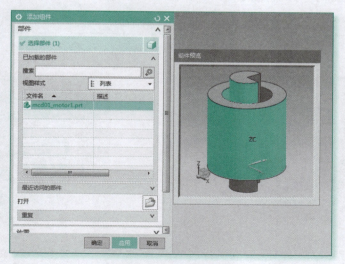

图5-76　创建装配体

5）在图 5-76 的基础上创建草图，如图 5-77 所示。拉伸该草图，拉伸长度为 95mm，如图 5-78 所示。

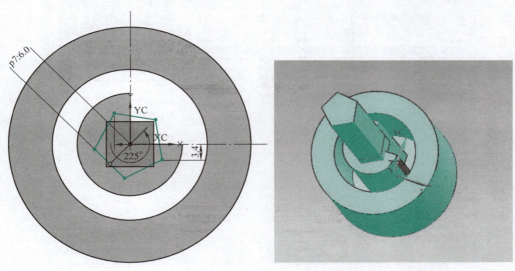

图5-77　创建草图3　　　　　　　　图5-78　拉伸草图3

6）按 [Ctrl+J] 组合键，在弹出的对话框中改变组件的颜色为蓝色，效果如图 5-79 所示。最后，保存该文件并退出。

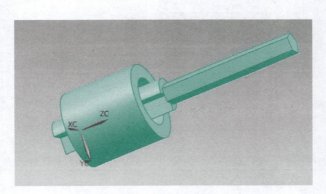

图5-79　改变颜色

7）如图 5-80 所示，创建总装配体，命名为 mcd01_proxy_object_assembly.prt，单击"确定"按钮，系统弹出如图 5-81 所示的"添加组件"对话框。

在该对话框中把创建的三个文件选入到列表中，并选中 mcd01_motor_assembly.prt 文件。单击"应用"按钮，把该子装配体选入到环境中。

重复该操作，如图 5-82 所示，把 mcd01_revolver.prt 也选入到环境中。

8）如图 5-83 所示，执行移动组件 操作。

9）按照图 5-84 所示，完成装配。

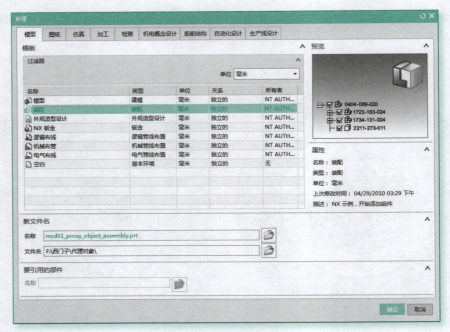

图5-80　创建总装配体

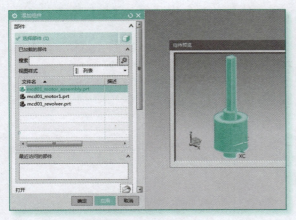

图5-81　选择组件（1）

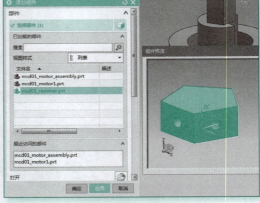

图5-82　选择组件（2）

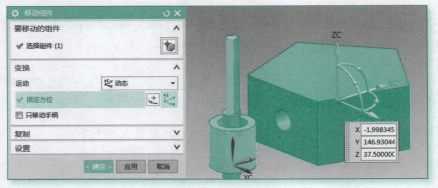

图5-83　移动组件

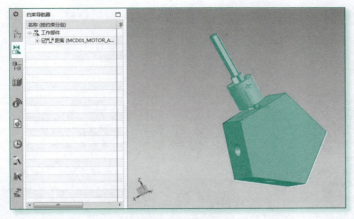

图5-84 装配

10）单击阵列组件命令按钮 📷，系统弹出如图 5-85 所示的"阵列组件"对话框。在该对话框中，"布局"为"参考"，设置"选择阵列"为 5 个孔的阵列（即阵列布局参考这 5 个孔的位置）。单击"确定"按钮后，完成总装配，如图 5-86 所示。

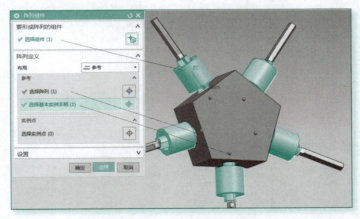

图5-85 执行总装配命令

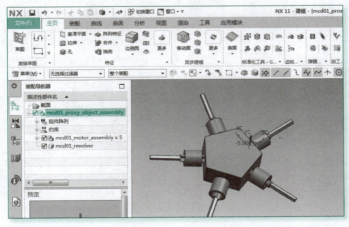

图5-86 总装配图

（2）创建代理对象 完成创建三维模型并装配之后，即可创建代理对象。

1）如图 5-87 所示，在"装配导航器"中，双击"mcd01_motor_assembly×5"选项，使子装配组件成为工作组件。

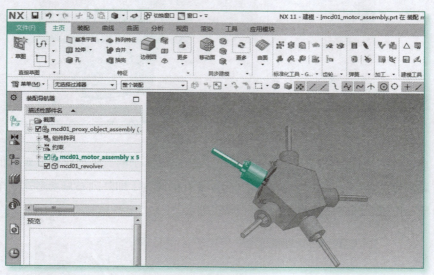

图5-87 激活工作组件

2）执行"文件→所有应用模块→机电概念设计"命令，使系统进入到"机电概念设计"模块。按照图 5-88 所示进行操作，在"机电导航器"中创建代理对象。

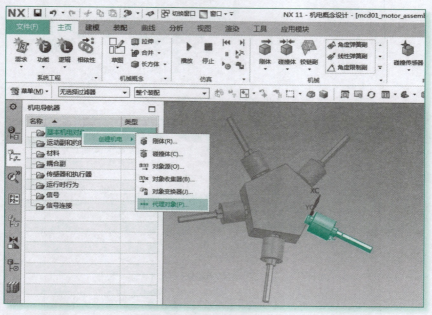

图5-88 创建代理对象（1）

3）如图 5-89 所示，在弹出的"代理对象"对话框中设置参数，并命名为 ProxyBase。

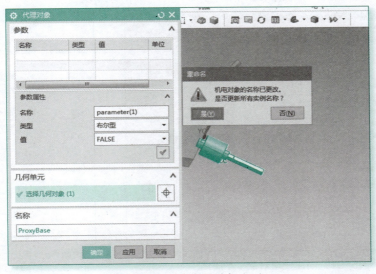

图5-89 创建代理对象（2）

单击"确定"按钮，并在弹出的"重置名"提示框中单击"是"按钮，完成创建一个不带参数的代理对象 ProxyBase，如图 5-90 所示。

4）按照同样的操作，再创建一个代理对象，并命名为 proxySpindle。其设置如图 5-91 所示。添加一个参数变量，名称为 motorSpeed，类型为双精度型，量纲为角速度，值为"10deg/sec"。最后单击"√"按钮，该参数即可进入参数列表中，如图 5-92 所示。在该对话框中，单击"确定"按钮，完成代理对象 ProxySpindle 的创建，结果如图 5-93 所示。

5）创建一个铰链副 Hinge_Joint，其设置如图 5-94 所示。将"选择连接件（1）"设置为 ProxySpindle；将"选择连接件（2）"设置为"ProxyBase"；"指定轴矢量"使用两端点法，两个端点的选择如图 5-94 所示；"指定锚点"选择为圆弧中心。设置完毕后单击"确定"按钮。

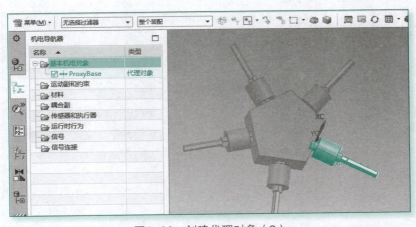

图5-90 创建代理对象（3）

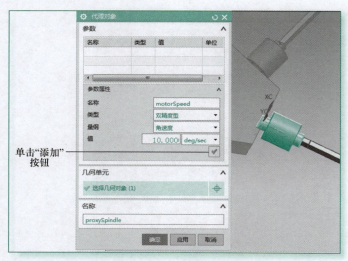

图5-91　创建代理对象（4）　　　　　图5-92　创建代理对象（5）

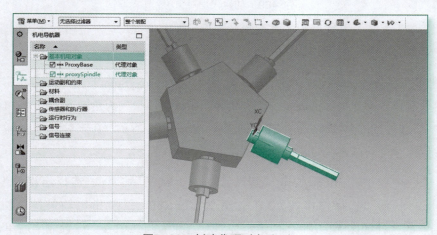

图5-93　创建代理对象（6）

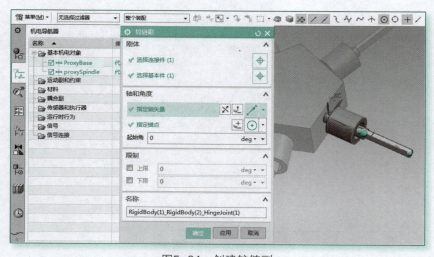

图5-94　创建铰链副

6）创建一个速度控制 motor_Speed，其设置如图 5-95 所示。将"选择对象"设为铰链副 Hinge_Joint，设置完毕后单击"确定"按钮。

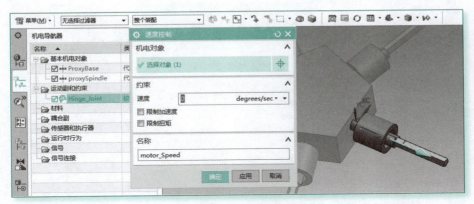

图5-95　创建速度控制

7）创建一个运行时表达式。如图 5-96 所示，单击带条栏中的"运行时表达式"按钮，进入"运行时表达式"界面。在空白处右击，在弹出的菜单中单击"添加"命令，系统弹出如图 5-97 所示的对话框。

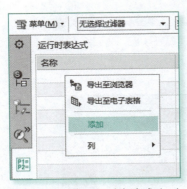

图5-96　创建运行时表达式（1）

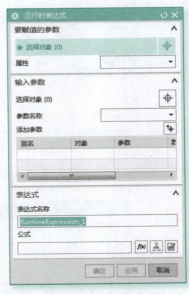

图5-97　创建运行时表达式（2）

如图 5-98 所示，单击带条栏中的"机电导航器"按钮。然后在"运行时表达式"对话框中设置"要赋值的参数"选项区域中的"选择对象"为速度控制器 motor_Speed；设置"输入参数"选项区域中的"选择对象"为 ProxySpindle，单击"添加"按钮，即可把该变量添加到参数列表中；"表达式名称"设置为 motorlink_1，在"公式"文本框输入 motorSpeed。上述设置完毕后，单击"确定"按钮即可。

图 5-98 中的操作是为了把代理对象 ProxySpeed 的参数值 motorSpeed 赋给速度控制 motor_Speed。

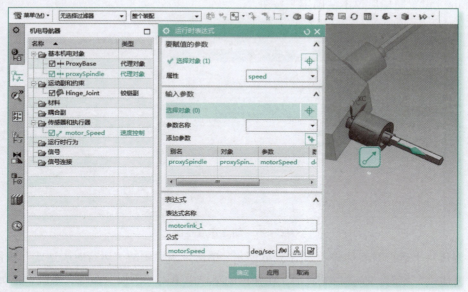

图5-98　创建运行时表达式（3）

设置完毕后，在"运行时表达式"中即可看到该表达式，如图 5-99 所示。

图5-99　创建运行时表达式（4）

8）按照图 5-100 所示创建刚体 tool_bit。

图5-100　创建刚体tool_bit

9）如图 5-101 所示，在"装配导航器"中双击 mcd01_revolver 选项，选中该组件，然后在"机电导航器"中把该组件创建为刚体 revolver_1，如图 5-102 和图 5-103 所示。

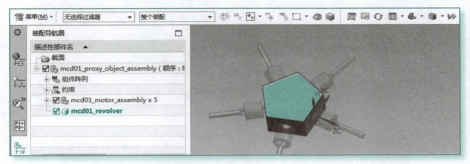

图5-101　选中mcd01_revolver

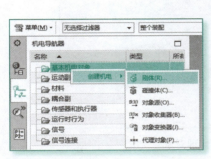

图5-102　创建刚体revolver_1（1）

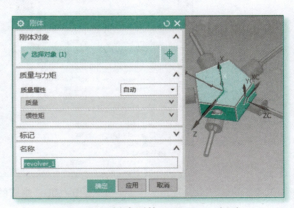

图5-103　创建刚体revolver_1（2）

如图 5-104 所示，右击 mcd01_motor_assembly × 5 选项，把 mcd01_motor 的"替换引用集"设置为"整个部件"。如图 5-105 所示，双击 mcd01_proxy_object_assembly 选项，将其设为当前的工作部件。在"机电导航器"中可以看到生成了许多代理对象，如图 5-106 所示。

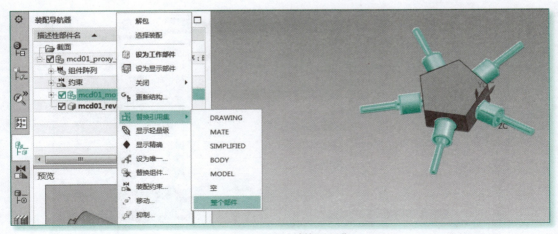

图5-104　设置替换引用集

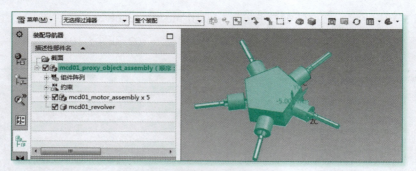

图5-105　设置当前工作部件

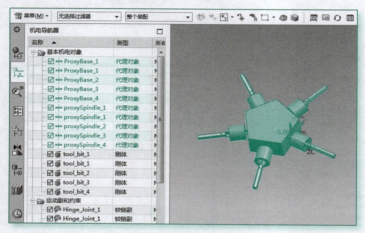

图5-106　生成的代理对象

在图 5-106 中，双击 ProxyBase_1 选项，系统弹出如图 5-107 所示的"代理对象"对话框。在该对话框中为该代理对象添加刚体，并更改名称为 ProxyBase1。按照同样的操作，为 ProxyBase_2、ProxyBase_3、ProxyBase_4 和 ProxyBase_5 添加刚体（revolver_1），并把它们的名称分别修改为 ProxyBase2、ProxyBase3、ProxyBase4 和 ProxyBase5。

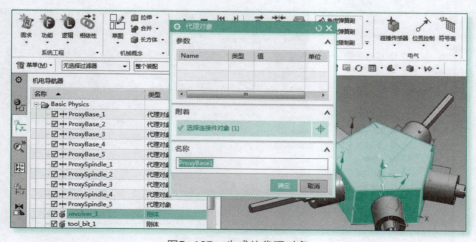

图5-107　生成的代理对象

如图 5-108 所示，为代理对象 ProxySpindle_1 添加刚体 tool_bit_1，参数值更改为 0，并更改名称为 ProxySpindle1。

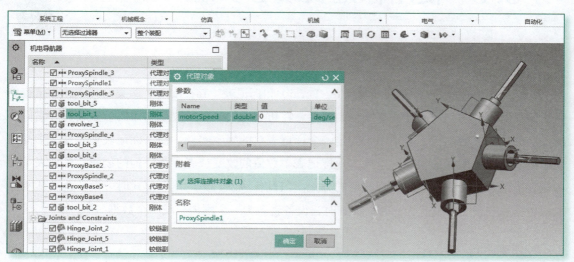

图5-108　设置代理对象ProxySpindle_1

按照同样的操作，分别为其他4个代理对象 ProxySpindle_2、ProxySpindle_3、ProxySpindle_4 和 ProxySpindle_5 添加刚体 tool_bit_2、tool_bit_3、tool_bit_4 和 tool_bit_5，参数值更改为 72、144、288 和 360，并分别更改名称为 ProxySpindle2、ProxySpindle3、ProxySpindle4 和 ProxySpindle5。

如图 5-109 所示，设置刚体 revolver 为固定副。

图5-109　设置固定副

10）至此，代理对象设置完毕。进行仿真运行，可以看到图 5-109 所示的 5 根轴分别按照 0°/s、72°/s、144°/s、288°/s 和 360°/s 的速度旋转。

5.6 使用标记表读写参数

1. 标记的概念

标记（Tag）命令包括标记表单（Tag Form）和标记表（Tag Table）两类。其中，标记表单用于定义对象源实例的属性或者刚体的属性。在仿真期间，可以改变刚体的参数或者为它们分配不同的物理参数。标记表则用于创建一个标记表单的多个实例，使用标记表来为每一个标记表单的实例设置不同的数值，以此实现标记表单数值的改变或者参数序列的创建。标记表单和标记表借助"读写设备"可实现数值的分配。当设备触发且为"读"模式时，设备就会从刚体取回数据；当设备触发且为"写"模式时，设备就会为一个刚体分配一个数据。

2. 创建标记

在仿真的过程中，可以使用标记命令读写对象的参数，包括为单一对象读写单一参数和为多个对象读写多个参数。下面介绍一个标记的创建实例。

【例 5-7】如图 5-110 所示，创建一个标记表读/写案例。当物料源（碰撞体）触发传感器 1（sensor_1）时，为物料源实例写入标记参数值（温度为 25℃），当物料源触发传感器 2（sensor_2）时，读出物料源实例的标记参数值。

1）按照图 5-110 所示创建对象源、刚体、碰撞体、传输面和碰撞传感器。

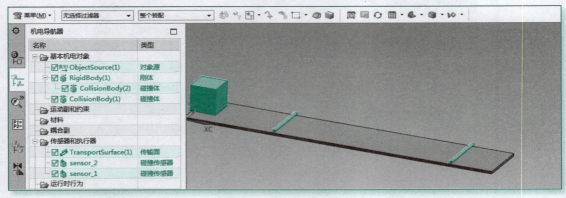

图5-110 标记表读写实例

2）创建标记。如图 5-111 所示，创建标记表单。单击"插入→传感器→标记表单"命令，系统弹出"标记表单"对话框。按图示设置参数属性，单击"√"按钮，将其添加到参数列表中。如图 5-112 所示，创建标记表。最终结果如图 5-113 所示。

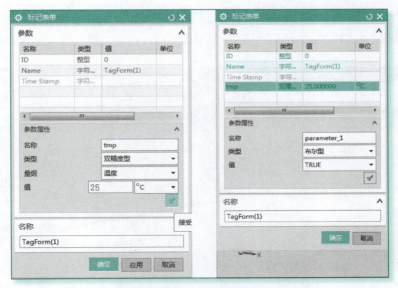

图5-111　创建标记表单

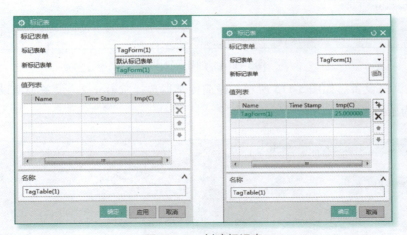

图5-112　创建标记表

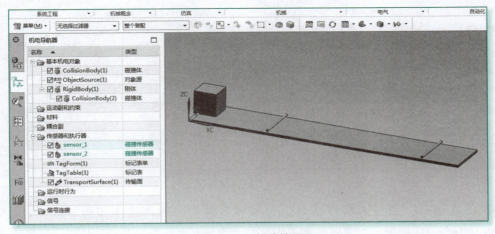

图5-113　创建结果

3）创建写入设备。如图 5-114 所示，碰撞传感器选择 sensor_1，标记表单选择 TagForm(1)，标记表选择 TagTable(1)，设备类型设为写入设备，执行模式设为始终。

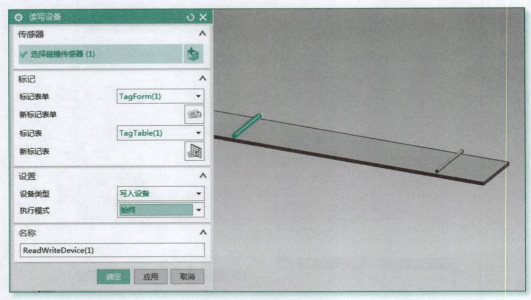

图5-114　创建写入设备

4）创建读写设备。如图 5-115 所示，碰撞传感器选择 sensor_2，设备类型设为读取设备，执行模式设为始终。

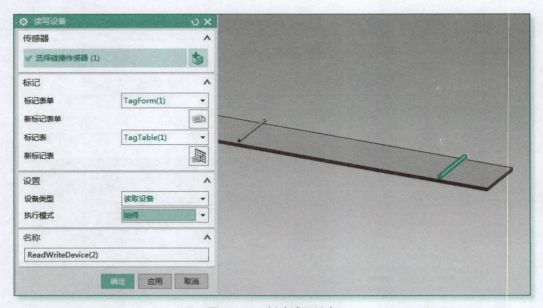

图5-115　创建读写设备

5）仿真运行。把写入设备选到运行时察看器中，具体操作如图 5-116 所示。右击 ReadWriteDevice(1) 选项，在弹出的菜单中单击"添加到察看器"命令。按照同样操作，把读取设备添加到运行时察看器中，如图 5-117 所示。进行仿真运行，结果如图 5-118 所示。

图5-116　添加到察看器

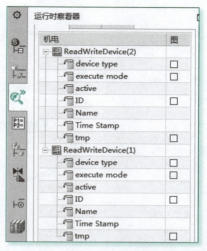

图5-117　"运行时察看器"中的结果

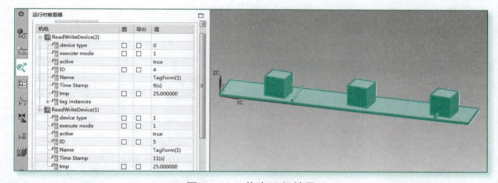

图5-118　仿真运行结果

可以看出，物料源的不同实例触发碰撞传感器 sensor_1 时，就把标记表数据写入到第 1 个读写设备中；当触发碰撞传感器 sensor_2 时，就把标记表数据读取到第 2 个读写设备中。

5.7　协同设计

5.7.1　MCD的SCOUT协同设计

1.协同设计概述

机电一体化概念设计 NX MCD 与 SCOUT 协同设计如图 5-119 所示，其步骤可概括为：先在 MCD 中对轴运动曲线进行初步设计，然后通过 MCD Cam Profile 导出，使用外部的编辑软件进行修改、优化数据，再把处理过的数据导入到 MCD 模型中，以得到较好的运行效果。

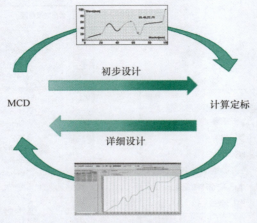

图5-119　MCD与SCOUT协同设计

图 5-120 所示为一个凸轮与凸轮运动曲线的匹配实例。在前面章节中介绍的曲线的设置方法是：设置 Motionfile 的若干点，连接这些点拟合成连续曲线即得凸轮运动曲线。当这些点选择不准确时，就不能正确表达主、从轴的运动关系。

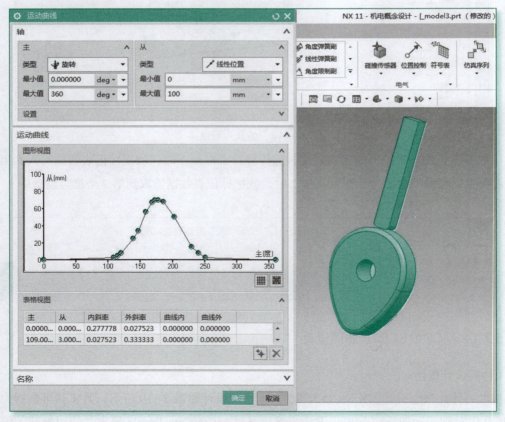

图5-120　凸轮曲线数据

此时，可以借助凸轮接触面的轮廓数据，使之转换为 SCOUT 文件，对这些数据进行处理，最后再把处理过的数据导入到 MCD 中，并作为新建"凸轮曲线"数据的来源，凸轮模型的主、从关系就能比较精确地被反映出来。

2.协同设计过程

下面以例 4-15 的机械凸轮为例介绍协同设计过程。

【例 5-8】在图 5-120 中，利用 SCOUT 获取凸轮的主、从耦合数据，并导入到图示的凸轮曲线中，以实现凸轮的准确仿真。

1）如图 5-121 所示，在创建凸轮之前，为两个刚体创建碰撞体，碰撞类型均为"多个多凸面体"。如图 5-122 所示，为铰链副创建速度控制，设置速度为"10degrees/sec"。

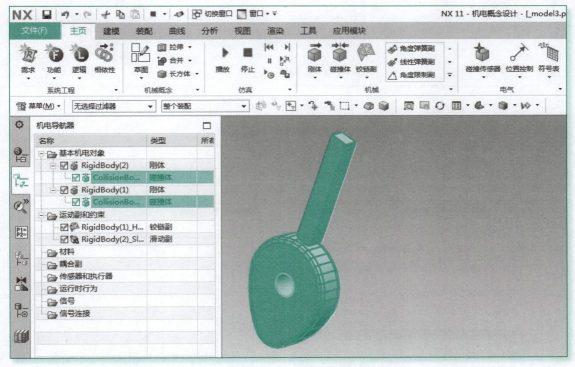

图5-121 创建碰撞体

2）把滑动副添加到运动时察看器中，如图 5-123 所示选中 position 的"图"和"导出"复选框。运行播放，等凸轮旋转一周后再停止。单击选中图 5-123 所示的"图"选项卡，查看 position 数据，如图 5-124 所示。

3）如图 5-125 所示，在"察看器"选项卡中，先设置导出文件名，再单击"导出至 CSV"按钮，生成一个数据文件 s1.csv，如图 5-126 所示。

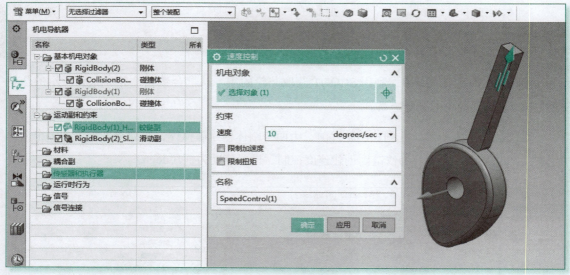

图5-122　创建速度控制

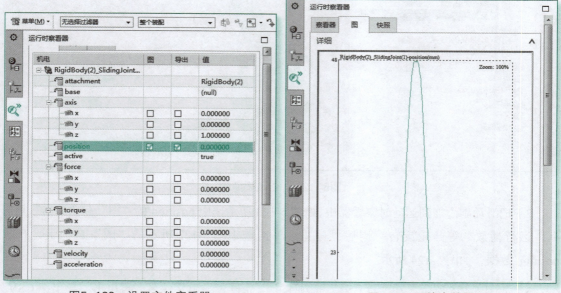

图5-123　设置文件察看器

图5-124　输出数据

图5-125 导出数据

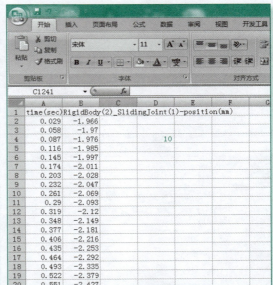

图5-126 处理数据（1）

打开该文件，对数据进行如下处理：

① 在第 1 列数据中，保留时间数据 0.029~36 的数据，其他的全部删除。

② 在图 5-126 中任意位置处输入 10，然后右击，复制 10 所在的单元格，如图 5-127 所示，选中第 1 列所有数据后，右击，在弹出的菜单中单击"选择性粘贴"命令。

③ 系统弹出如图 5-128 所示的对话框，选中"乘"单选按钮，单击"确定"按钮。

④ 可以看到，第 1 列数据全部修改为原数据的 10 倍，时间数据转换为对应的旋转角度。如图 5-129 所示，删除单元格中的 10，将文件另存为 s2.scv。

4）如图 5-130 所示，连续执行 2 次删除操作，把两个碰撞体都删除掉。如图 5-131 所示，创建凸轮曲线。

如图 5-132 所示，在弹出的"凸轮曲线"对话框中，"主"动轴的类型选择为"旋转"，设置最大值为"360degrees"，最小值为"0degrees"；"从"动轴的类型选择为"线性位置"，设置最大值为 100mm，最小值为 0mm。

然后，单击"从 SCOUT 导入"按钮，在弹出的对话框中选择数据文件后，单击"OK"按钮。数据就导入到"凸轮曲线"对话框中，效果如图 5-133 所示。单击"确定"按钮，即可完成数据的设置过程。

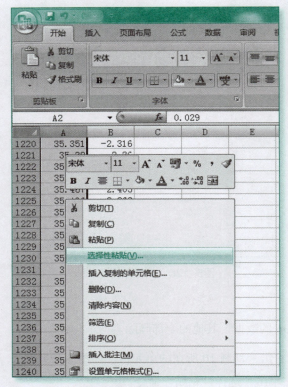

图5-127　处理数据（2）

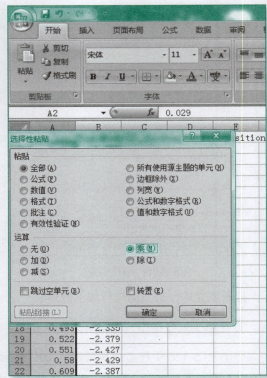

图5-128　处理数据（3）

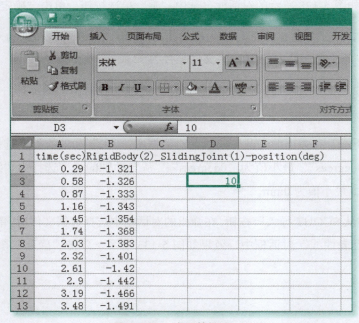

图5-129　处理数据（4）

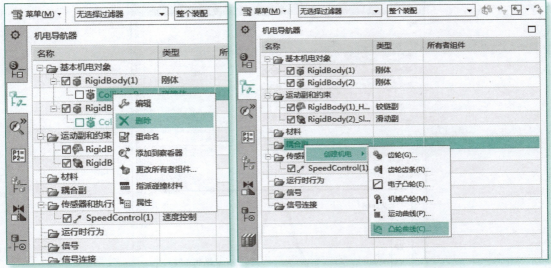

<table>
<tr><td>图5-130　删除碰撞体</td><td>图5-131　创建凸轮曲线</td></tr>
</table>

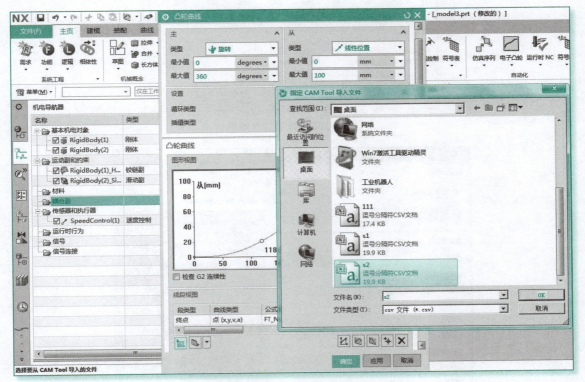

图5-132　设置数据

5）创建机械凸轮。如图5-134所示，设置主、从对象，选入创建好的运动曲线CamProfile(1)，单击"确定"按钮。

6）进行仿真运行，可以看到，凸轮的主、从轴能够达到较为准确的协同效果。

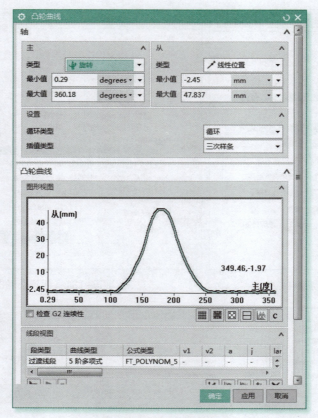

图5-133　数据导入效果

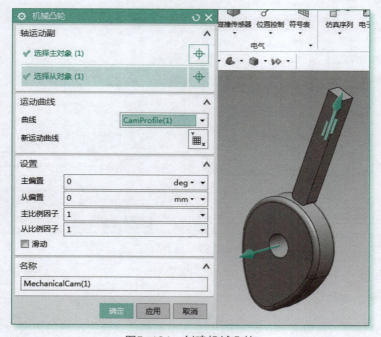

图5-134　创建机械凸轮

5.7.2 使用SIMOTION SCOUT工具编辑

在例 5-8 中，当 MCD 的数据导出之后，SCOUT 数据可以借助 SIMOTION SCOUT 工具进行编辑，具体操作步骤如下：

1）依照例 5-8 的操作步骤导出凸轮滑动副的位置数据。

2）把该数据转化为文本文件（.txt）。具体操作是：打开位置数据（excel 格式）文件，然后复制该文件中的数据，并将其粘贴到新建的文本中保存。

3）打开 SIMOTION SCOUT 工具软件，对数据进行处理，并导出处理之后的数据文件，具体操作如下：

① 打开 SIMOTION SCOUT 工具软件，如图 5-135 所示。

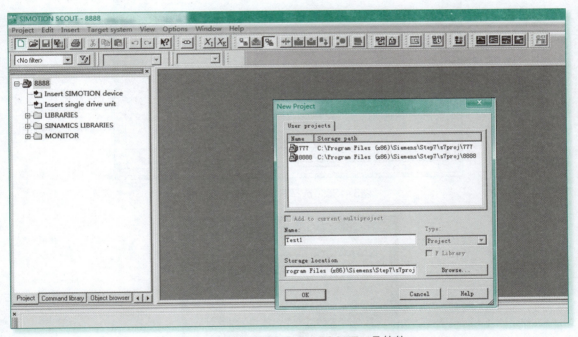

图5-135　打开SIMOTION SCOUT工具软件

② 新建一个工程，输入文件名后单击"OK"按钮，系统弹出如图 5-136 所示的对话框。在该对话框中，任意选中一个设备单击"OK"按钮，系统弹出如图 5-137 所示的对话框，在该对话框中，设置 Interface selection for PG/PC connection 为 PROFIBUS DP/MPI(X21)，设置 Interface parameterization in the PG/PC 为 PLCSIM.PROFIBUS.1，再单击"OK"按钮，打开如图 5-138 所示的界面，最小化该界面后，界面如图 5-139 所示。

在图 5-139 中，右击 CAMS 选项，在弹出的菜单中单击"Export/import → Import external cam → CamEdit"命令，系统弹出如图 5-140 所示的对话框。选中并打开文本文件后，系统弹出如图 5-141 所示的对话框。

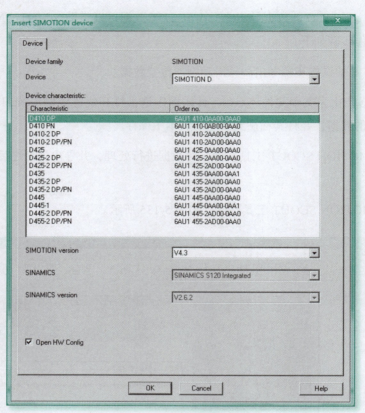

图5-136　选择SIMOTION设备

图5-137　选择连接

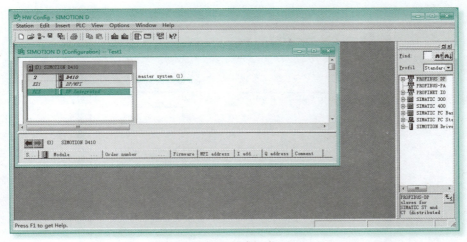

图5-138 完成组态界面

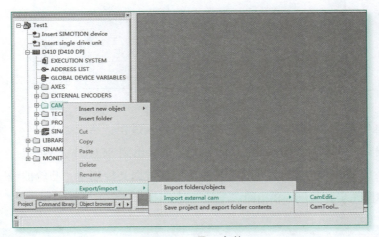

图5-139 导入文件

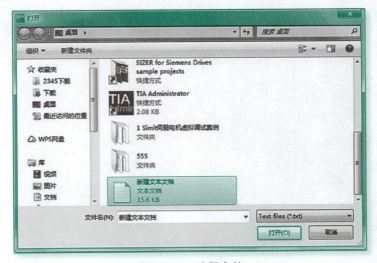

图5-140 选择文件

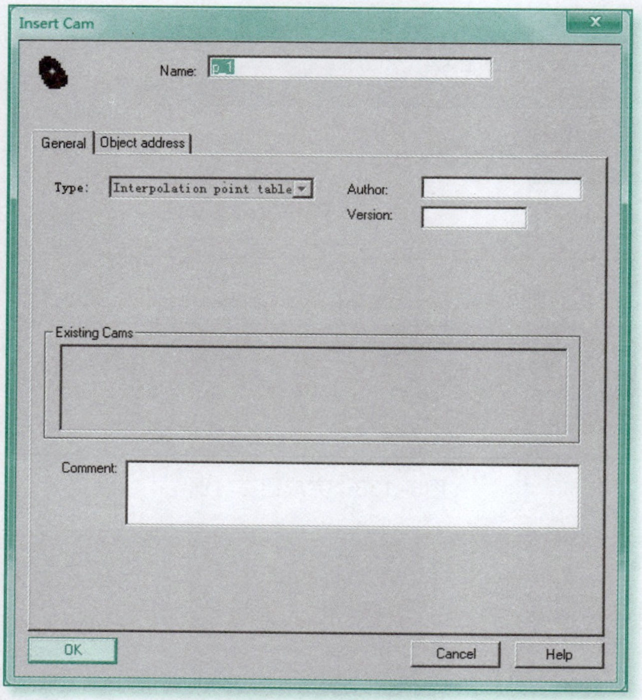

图5-141　属性设置

在该对话框中单击"OK"按钮，完成数据的导入过程，结果如图 5-142 所示。在这里可以对数据进行编辑，编辑后如图 5-143 所示，把数据导出到 SCOUT 文件中，生成一个新文件。当文件导出后，在 MCD 环境中就可以导入并使用该数据文件创建"凸轮曲线"了，从而完成创建工作，具体操作步骤与例 5-8 相同。

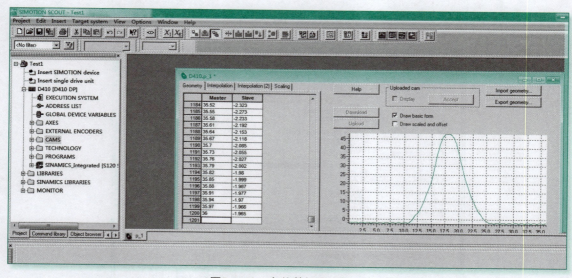

图5-142　文件数据导入效果

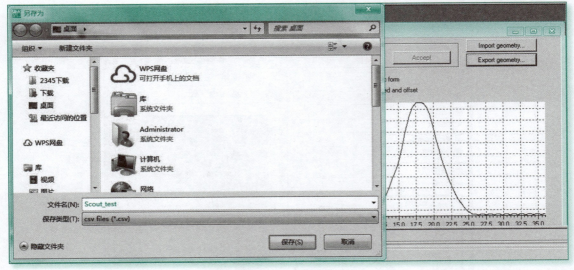

图5-143　导出文件

5.7.3　通过SIZER 选择电动机

电动机代表了运动的动力输出装置，电动机的选择是由工作过程中机器的负荷决定的。在MCD 的仿真环境中，确定电动机的方法可总结为以下几步（图 5-144）：

1）设置 MCD 仿真场景，模拟运行并导出电动机力矩等负荷情况数据。

2）把该负荷数据导入到第三方分析软件SIZER 中，并在 SIZER 中根据电动机负荷数据选择最佳电动机，并将选择结果导出。

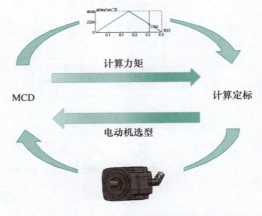

图5-144　通过SIZER选择电动机的过程

3）将选择结果导入 MCD，生成三维模型装配到机器结构中。

【例 5-9】如图 5-145 所示，给出铰链副"速度控制"的速度、加速度、加加速度等载荷数据，试对电动机进行选型。

（1）获取数据

1）打开例 5-8 中的速度控制，依照图 5-145 所示输入速度 720°/s；选中"限制加速度"复选框，并输入最大加速度 10000°/s^2；选中"限制加加速度"复选框，且输入最大加加速度 30000°/s^3。完成设置后单击"确定"按钮，关闭窗口。

2）如图 5-146 所示，单击"导出载荷曲线"命令按钮，系统弹出如图 5-147 所示的对话框。

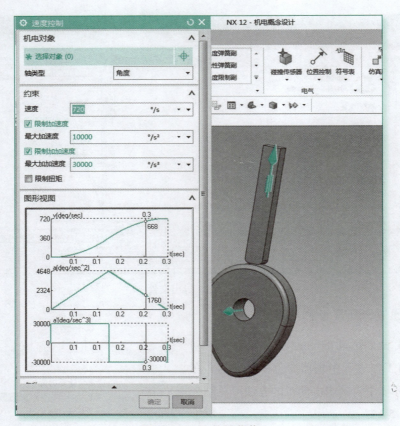

图5-145　凸轮的载荷

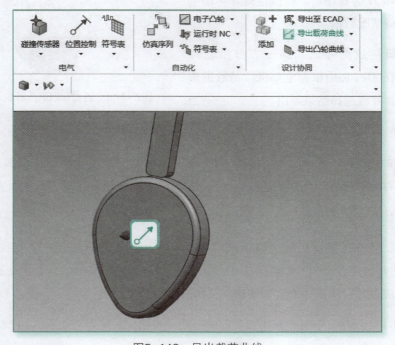

图5-146　导出载荷曲线

图5-147　导出载荷设置

在"导出载荷曲线"对话框中，相关设置如下：

① 设置"选择轴控制"为速度控制，然后把该速度控制加入到列表中，输入开始时间为0s、结束时间为5s。

② 单击"播放仿真"后侧的按钮，进行仿真运行，待运行结束后，就会把相关载荷数据输入到列表中。

③ 指定输出的文件名，再单击"确定"按钮即可。

如图 5-148 所示，在设定的目录下将生成载荷文件。

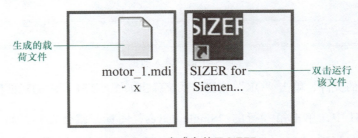

图5-148　生成文件及SIZER

（2）使用 SIZER 获取电动机参数

1）双击运行 SIZER for Siemens 文件后，进入如图 5-149 所示的界面。

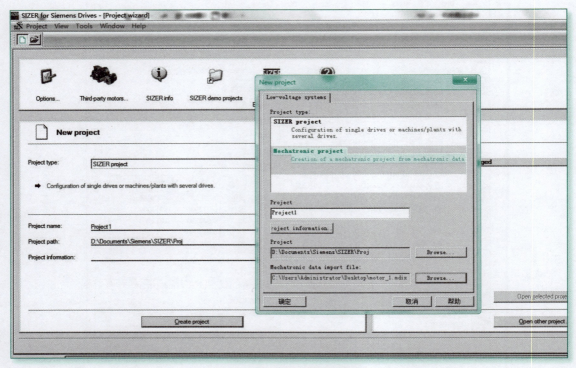

图5-149　SIZER编辑器界面

2）单击工具栏中的"新建"按钮，在弹出的对话框中选中 Mechatronic project 选项，然后选择要导入的数据文件，单击"确定"按钮后，系统弹出如图 5-150 所示的对话框。

图5-150　导入数据

3）选中导入的文件，单击"OK"按钮，系统弹出如图 5-151 所示的对话框。

4）在图 5-151 中，单击第一行的"Single drives"图标，就会在第二行空白处添加一个电动机控制器 SINAMICS S120AC/AC，选中后就在第三行的空白处添加了对应的电动机类型

1FT/1FK 与 1PHS。选中 1FT/1FK，单击"OK"按钮，系统弹出如图 5-152 所示的界面。

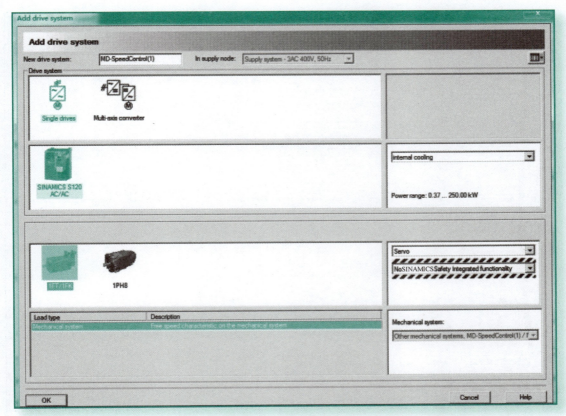

图5-151 添加电动机

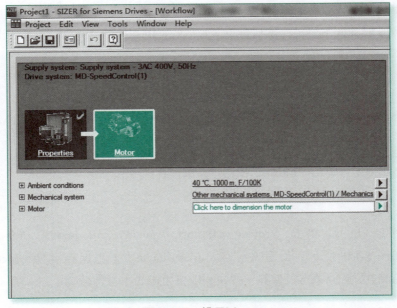

图5-152 设置Motor

5）在图 5-152 中，单击 "Motor" 图标，系统弹出如图 5-153 所示的界面。

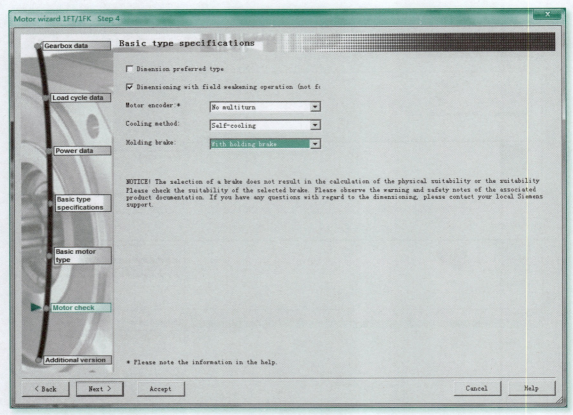

图5-153　电动机参数设置（1）

按图示单击左侧的 "Basic Type Specification" 选项，在出现的界面中，设置 "Holding brake" 为 "With holding brake"，然后再单击左侧的 "Basic motor type" 选项，出现如图 5-154 所示的界面。

6）单击 "check all" 按钮，然后按照图示设置电动机参数。

7）如图 5-155 和图 5-156 所示，分别单击 "Motor check" 和 "Additional version" 选项，查看结果。

8）在图 5-156 中，单击 "Finish" 按钮，结束设置。

（3）导出文件

1）如图 5-157 所示，单击 "Project → Export of mechatronic data..." 命令，打开文件选择对话框。如图 5-158 所示，设置文件名（driver_Data_1）与保存类型（Mechatronic data export file(*.mdex)）后，单击 "保存" 按钮，即可生成导出文件数据。

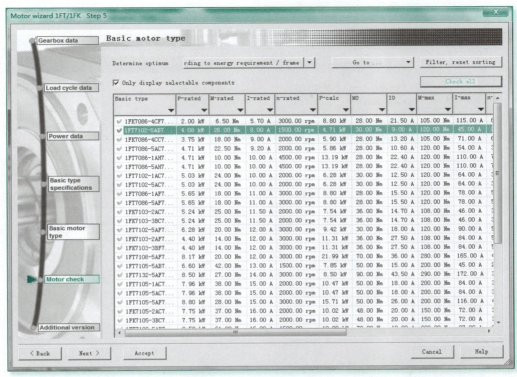

图5-154　电动机参数设置（2）

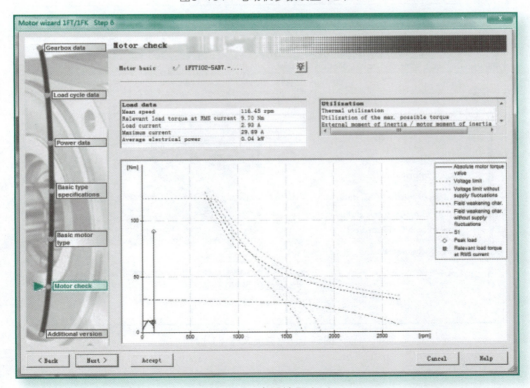

图5-155　查看结果（1）

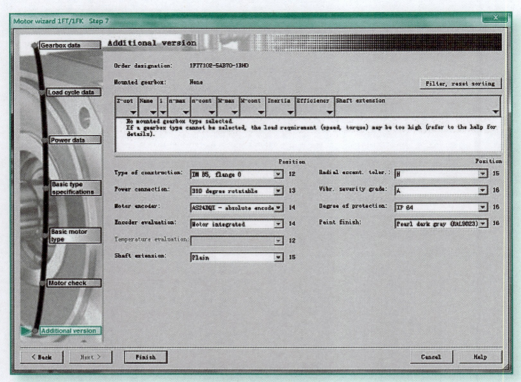

图5-156　查看结果（2）

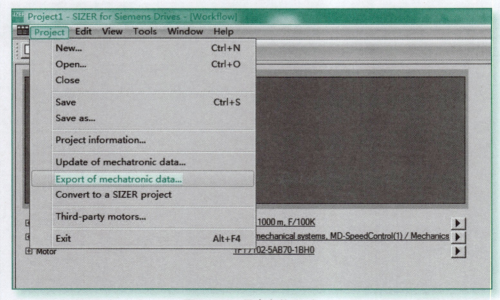

图5-157　导出文件（1）

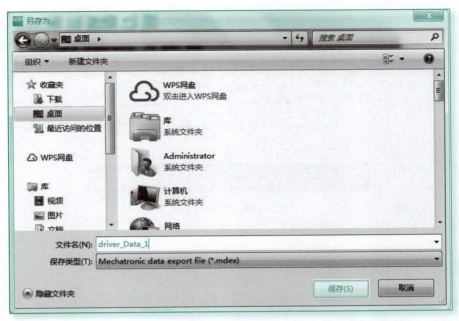

图5-158 导出文件（2）

2）此时出现如图 5-159 所示的信息显示，单击"OK"按钮，然后退出 SIZER 编辑器。

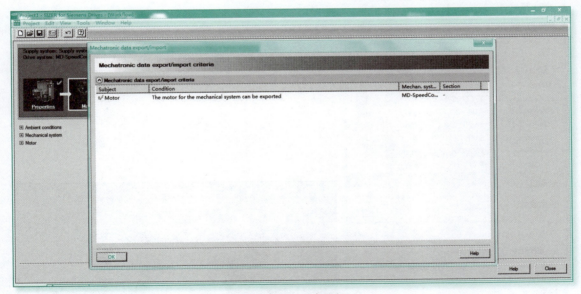

图5-159 退出编辑

（4）导入电动机

进入 MCD 界面，按图 5-160 所示，单击"导入选定的电动机"命令按钮，系统弹出如图 5-161 所示的对话框。在该对话框中选择要导入的电动机文件后，单击"生成电动机"按钮，如图 5-162 所示，即可在 MCD 中生成一个电动机。至此，完成电动机的设置。

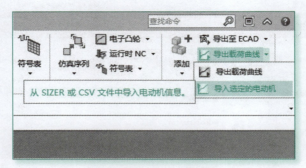

图5-160　导入电动机

图5-161　导入设置

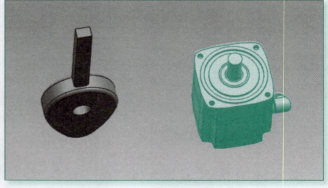

图5-162　导入电动机效果

5.8 本章小结

在机电一体化概念设计中，过程控制主要依靠仿真序列、运行时参数、运行时表达式、信号以及运行时行为来实现。它们之间往往互相关联使用，在使用仿真序列来确定自动线的控制流程时，往往需要运行时参数与运行时表达式所构建的前提条件；在使用运行时参数时，往往需要与虚拟系统的外部信号相关联；某些内部信号的确立也需要信号适配器的整定与条件过滤；同样，运行时行为也需要借助数字虚拟系统信号与信号适配器的配合，以实现 C# 内部编程信号与虚拟仿真环境的同步。

在过程仿真控制的基础上，本章展开了虚拟轴运动副、代理对象等复杂机电对象的介绍。

本章的协同设计主要介绍了 MCD 中 SCOUT 的使用方法，以及通过 SIZER 来选择电动机。其中，在 SCOUT 技术中，数据的编辑分别使用外部 Excel 与 SIMOTION SCOUT 工具两种方式来实现，使用的对象是机械凸轮；电动机的选择通过在 NX MCD 中确定具体的载荷数据，然后再借助外部工具 SIZER 来选择具体的电动机型号，这为产品数字化设计提供了方便。

习题

1. 叙述例 5-1 中使用运行时参数和运行时表达式来实现运动圈数计数的原理，请考虑并列举出其他实现计数的方法。

2. 与其他运动副相比，虚拟轴运动副的主要特点是什么？如何使用虚拟轴运动副来驱动机电对象运动？

3. 信号与信号适配器的主要特征和区别是什么？如何建立信号适配器？

4. 简述建立运行时行为的主要操作步骤。

5. 运行时行为包含哪些主要的子函数？它们的作用分别是什么？

6. 什么是仿真序列，仿真序列有哪些分类？建立仿真序列的关键要素是什么？仿真序列有哪些用途？

7. 代理对象的主要作用是什么？包含哪些要素，他们的作用分别是什么？

8. 简述通过 SIZER 选择电动机的操作步骤。

第6章
CHAPTER 6

简单生产线的仿真制作

6.1 生产线模型简介

本章介绍一个简单生产线的仿真制作过程。生产线整体模型如图 6-1 所示，它包含一个物料源、三个传输面、一个机械臂（分为短臂和长臂）、五个传感器、一个冲头、一个物料收集箱，以及加工前工件和加工后的成品工件。

生产线工作流程可以描述如下：

1）传输面 1 上的物料源产生工件（加工前工件），同时安装在大底盘上的机械臂进入准备状态。

2）工件（加工前工件）沿着传输面 1 向前运动，当到达末端触发碰撞传感器 1 时，机械手进入待抓取状态。

3）工件（加工前工件）从传输面 1 上掉落到传输面 2 上。

4）传输面 2 带动工件（加工前工件）向前运行，直到碰触传输面 2 上的传感器 2。

5）传输面 2 停止运行，机械臂下移，手爪夹紧工件（加工前工件）。

6）机械臂抓取工件（加工前工件）后转移到传输面 3 右端上方放下。

7）传输面 3 带动工件（加工前工件）向前运动，直到碰到碰撞传感器 3 后停止。

8）固定 1 和固定 2 开始固定工件（加工前工件），使其以正确姿态进入冲击加工。

9）固定 1 与固定 2 松开，传输面 3 继续运行，直到碰到碰撞传感器 4。

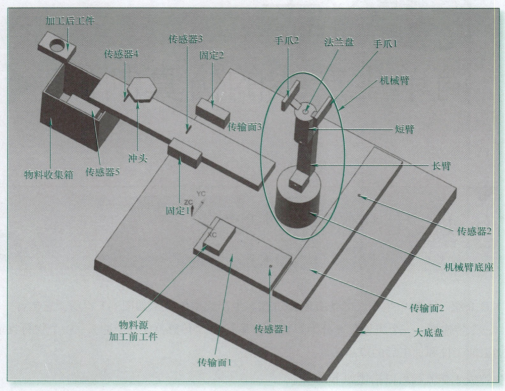

图6-1　生产线整体模型

10）传输面 3 停止运行，冲头迅速下移冲压工件，随后传输面 3 继续运行，将工件送入物料收集箱内。

11）工件下落到物料收集箱内，当碰到箱底传感器 5 后消失。

6.2　部件模型的制作

1. 创建各部件的三维模型

生产线中各个部件的模型尺寸如图 6-2~ 图 6-15 所示。

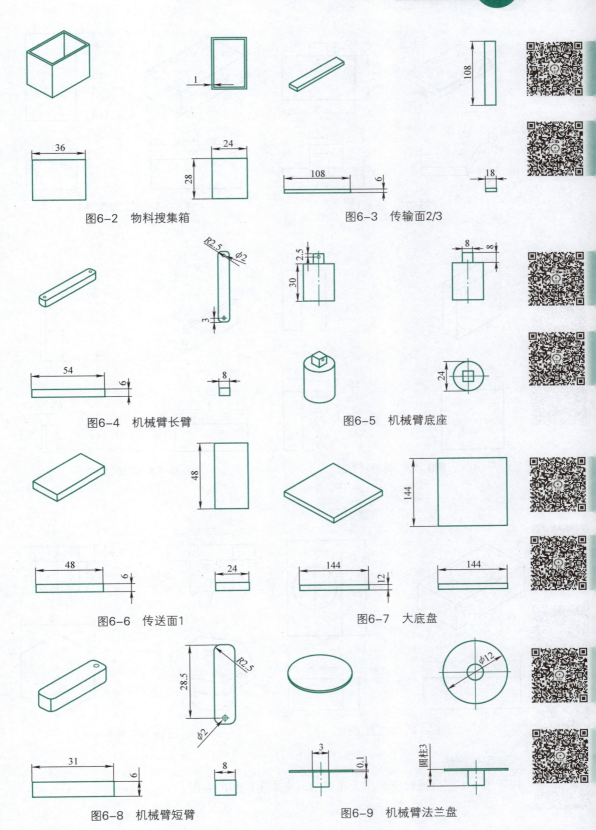

图6-2　物料搜集箱

图6-3　传输面2/3

图6-4　机械臂长臂

图6-5　机械臂底座

图6-6　传送面1

图6-7　大底盘

图6-8　机械臂短臂

图6-9　机械臂法兰盘

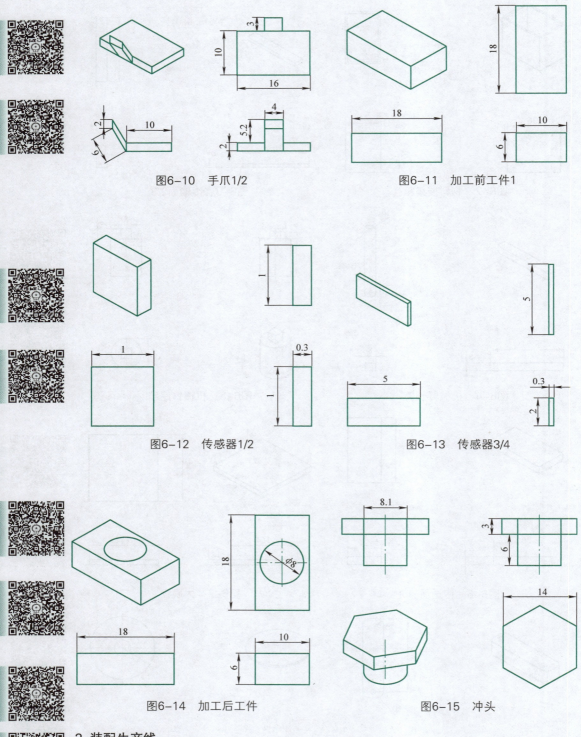

图6-10　手爪1/2　　　　　　　图6-11　加工前工件1

图6-12　传感器1/2　　　　　　图6-13　传感器3/4

图6-14　加工后工件　　　　　　图6-15　冲头

2. 装配生产线

按照图 6-1 把机械臂安装在大底盘上，完成生产线的装配。

6.3　机电概念设计

1. 设置基本机电对象

（1）设置刚体　将图6-16中选中的部件设置成刚体。

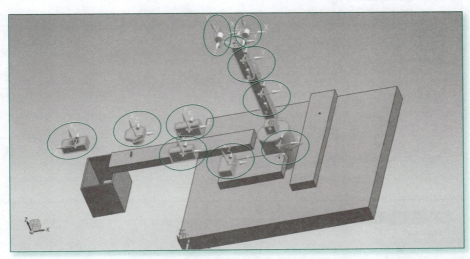

图6-16　设置刚体

（2）设置碰撞体　将图6-17中选中的部件（即加工前工件、加工后工件、传输面1、传输面2、传输面3、固定1与固定2、手爪1、手爪2以及物料收集箱内壁等）设置成碰撞体。

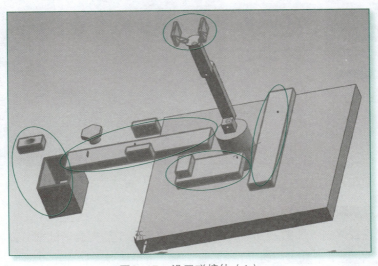

图6-17　设置碰撞体（1）

图 6-17 中的手爪以及物料收集箱上端的碰撞体要设置成网格面，效果如图 6-18 和图 6-19 所示。

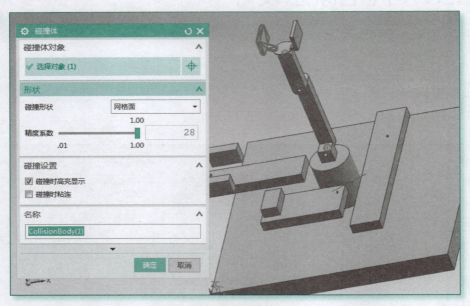

图6-18　设置碰撞体（2）

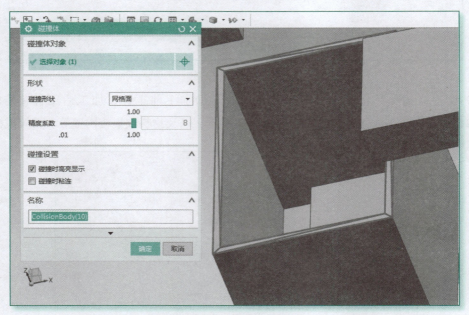

图6-19　设置碰撞体（3）

2. 设置运动副

（1）设置铰链副　如图 6-20 所示，将机械臂中各个需要旋转的部分设置成铰链副。共 4 个铰链副，包括 1 个基座旋转、1 个长臂旋转、1 个短臂旋转和 1 个手爪法兰旋转。

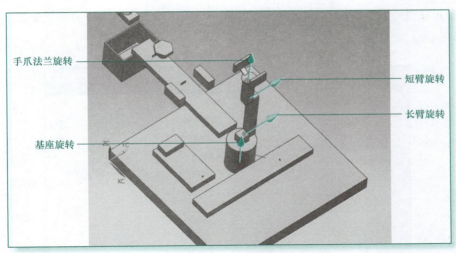

图6-20　设置铰链副

具体设置步骤如下：

1）基座旋转。如图 6-21 所示，机械臂底座设置为铰链副，连接件为基座，不设置基本件，指定矢量轴为 ZC，指定锚点为基座底部圆心。

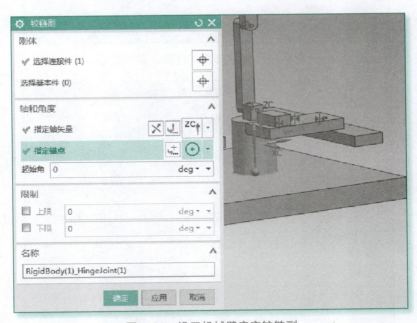

图6-21　设置机械臂底座铰链副

2）长臂旋转。如图 6-22 所示，连接件为长臂，基本件为机械臂底座，指定锚点为机械臂底座孔的圆边。

3）短臂旋转。如图 6-23 所示，连接件为短臂，基本件为机械长臂，指定锚点为短臂与长臂连接孔的中心。

4）手爪法兰旋转。如图 6-24 所示，连接件为手爪法兰盘，基本件为机械短臂，指定锚点为法兰盘圆心。

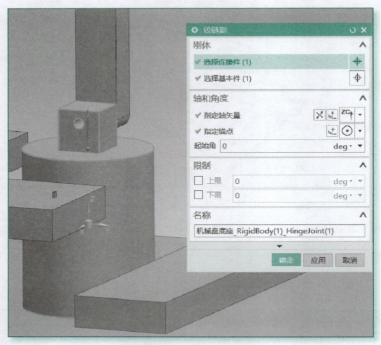

图6-22　设置长臂铰链副

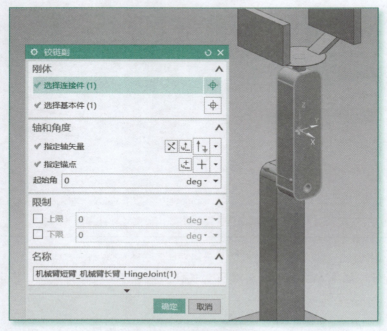

图6-23　设置短臂铰链副

（2）设置滑动副 滑动副共 5 个：1 对（2 个）手爪夹紧、2 个固定夹紧，1 个冲头下降。设置之后的效果如图 6-25 所示。

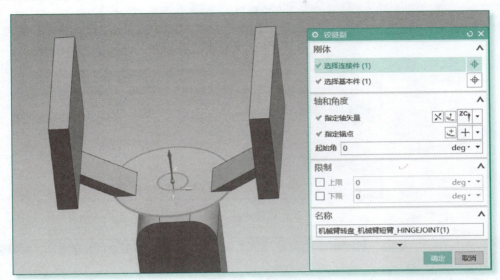

图6-24 设置铰链副

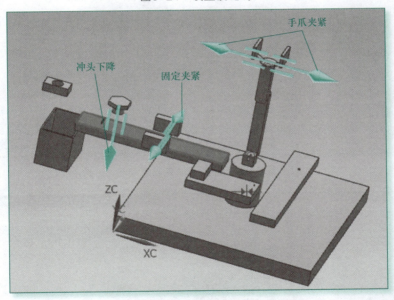

图6-25 设置滑动副

1）冲头下降滑动副。如图 6-26 所示，选择连接件为冲头，指定轴矢量为 -ZC。

2）固定夹紧滑动副。分别建立两个滑动副，如图 6-27 所示，选择连接件为固定夹紧，两个滑动副的指定轴矢量分别为 XC 和 -XC 方向。

3）手爪夹紧滑动副。如图 6-28 所示，两个手爪滑动副的基本件为机械臂法兰盘，连接件为手爪。

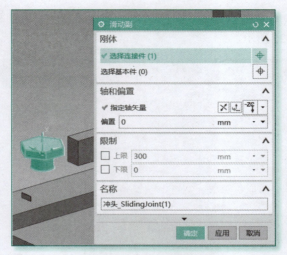

图6-26　设置冲头下降滑动副

图6-27　设置工件夹紧滑动副

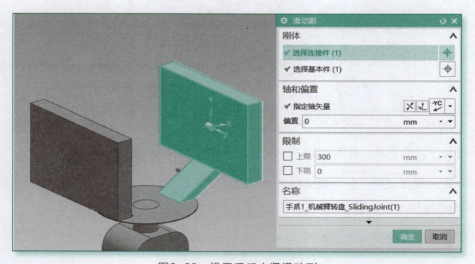

图6-28　设置手爪夹紧滑动副

3. 设置传感器

传感器的设置如图 6-29 所示，共设置了 5 个传感器（碰撞传感器）。其中，传感器 5 配合物料收集器实现收集功能，即当物料落入箱底与传感器 5 发生碰撞时，令物料消失。

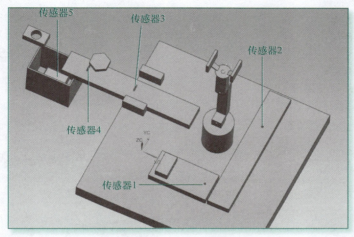

图6-29　设置传感器

4. 设置传输面

如图 6-30 所示，设置传输面，共有 3 个传输面，分别是传输面 1、传输面 2 和传输面 3。

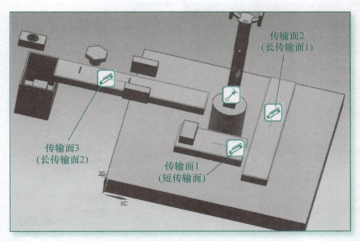

图6-30　设置传输面

各个传输面的设置为：将传输面 1 的速度设为"10mm/sec"，传输面 2 与传输面 3 的速度都设为"20mm/sec"，如图 6-31 与图 6-32 所示。

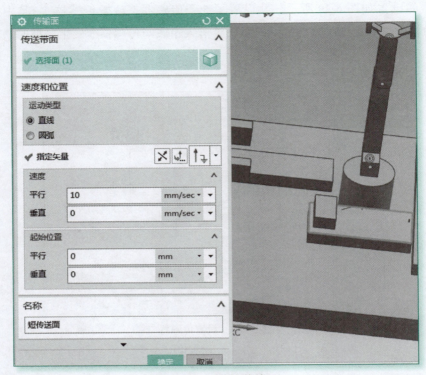

图6-31 设置短传输面

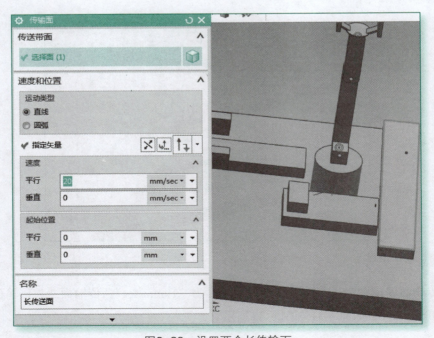

图6-32 设置两个长传输面

5. 设置位置控制

1）设定角路径以及相应扭矩，各个位置控制中的速度与距离的初始值都设为 0，运行时位置速度在后面的序列编辑器里设置。位置控制设置如图 6-33 所示。

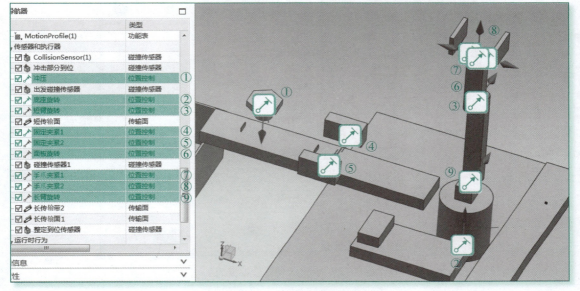

图6-33　设置位置控制

2）旋转底座的位置控制设置如图 6-34 所示。

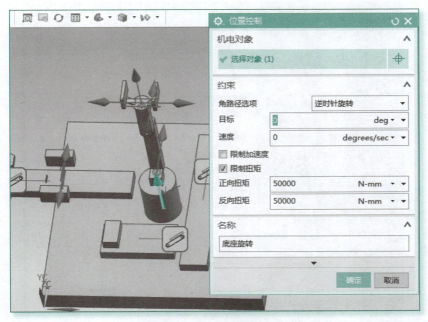

图6-34　设置旋转底座位置控制

3）长臂旋转的位置控制设置如图 6-35 所示。

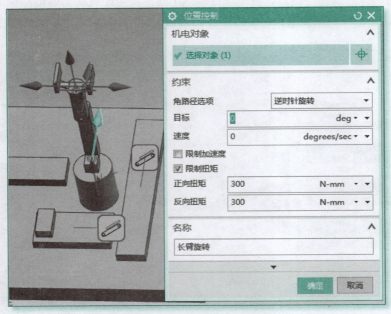

图6-35　设置长臂旋转位置控制

4）短臂旋转的位置控制设置如图 6-36 所示。

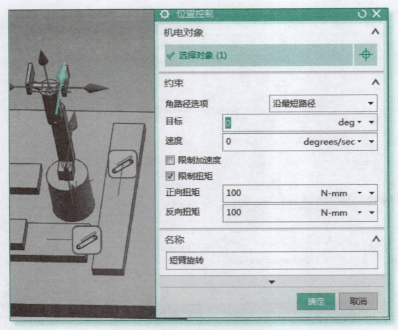

图6-36　设置短臂旋转位置控制

5）工件固定 2 的位置控制设置如图 6-37 所示。

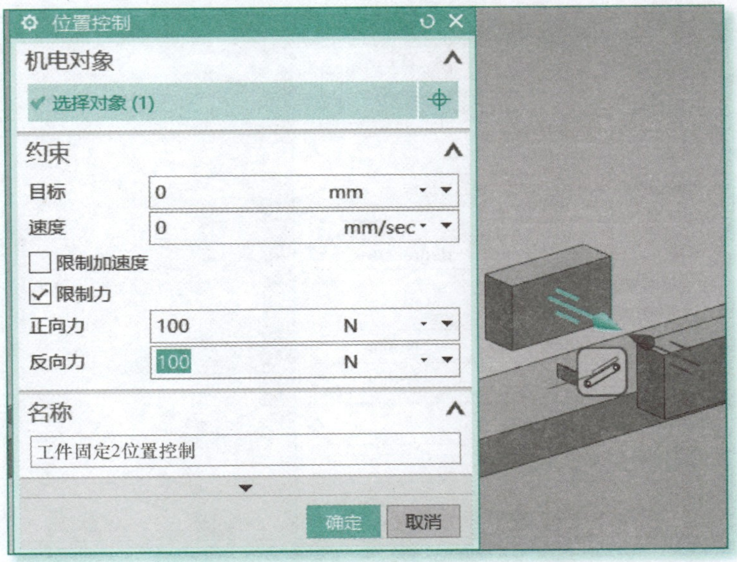

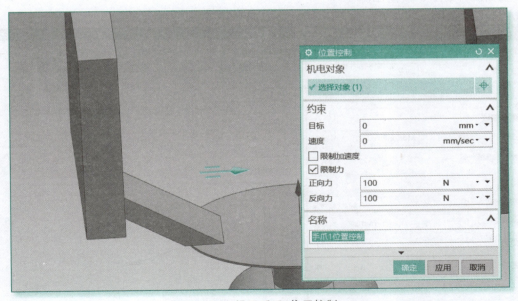

图6-37　设置工件固定2位置控制

同工件固定 2 位置控制设置，将工件固定 1 按图 6-37 所示进行参数设置。

6）手爪 1 位置控制的设置如图 6-38 所示。

图6-38　设置手爪1位置控制

同手爪 1 的位置控制设置，将手爪 2 也按图 6-38 所示进行参数设置。

7）手爪法兰盘旋转位置控制设置如图 6-39 所示。

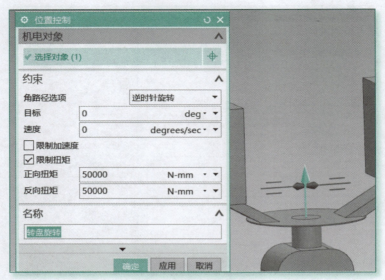

图6-39　设置手爪法兰盘旋转位置控制

6. 设置电子凸轮

打开"电子凸轮"对话框，选择从轴控制为冲压滑动副，如图 6-40 所示。随后设置运动曲线，如图 6-41 所示。

图6-40　设置电子凸轮

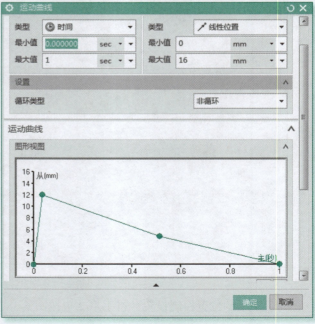

图6-41　设置运动曲线

7. 设置运行时参数

这里的运行时参数主要用于设置工件的加工计数。具体操作步骤如下：

1）先创建一个运行时参数（工件计数），如图 6-42 所示。

2）添加一个整型变量，初始值为 0；再添加一个布尔型变量，默认值为 false。如图 6-43 所示。

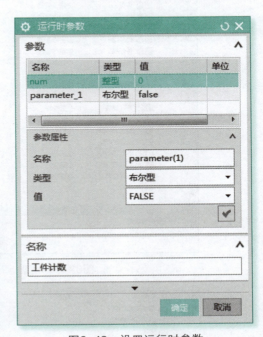

图6-42　创建运行时参数

图6-43　设置运行时参数

8. 设置运行时表达式

1）如图 6-44 所示，创建运行时表达式 1。在运行时表达式组内右击，在弹出的菜单中单击"添加"命令。

2）如图 6-45 所示，在弹出的对话框中，为该运行时表达式选择赋值对象，这里选择定义好的运行时参数，属性设为 num。

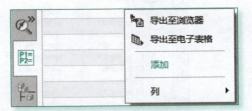

图6-44　创建运行时表达式1

3）在对话框的"输入参数"选项区域中，选择输入参数的"选择对象"，这里选择定义好的参数 num，然后单击"添加参数"按钮，如图 6-46 所示。

4）如图 6-47 所示，继续添加输入参数，添加工件计数传感器，即传感器 5。

5）继续添加运行时参数 parameter，如图 6-48 所示。

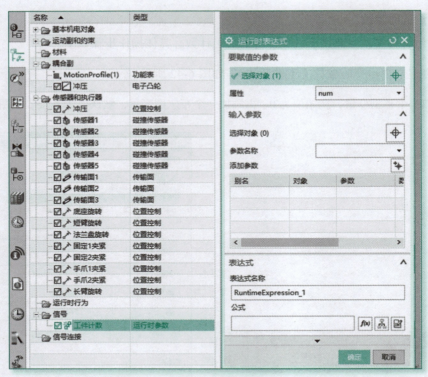

图6-45　设置运行时表达式参数（1）

图6-46　设置运行时表达式参数（2）

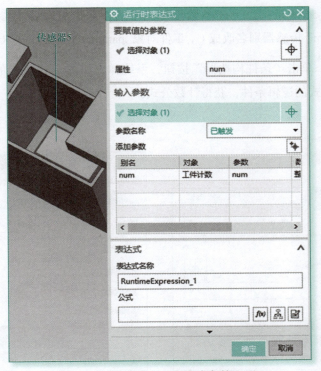

图6-47 设置运行时表达式参数（3）

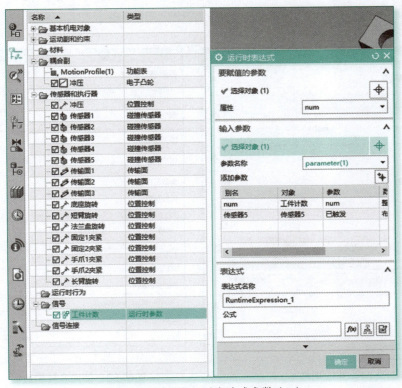

图6-48 设置运行时表达式参数（4）

如图 6-49~ 图 6-51 所示，当上述参数添加完毕后，双击更改各个参数的名称（工件对象 .num 别名改成 num，传感器别名改成 C，工件对象 .parameter 别名改成 R，方便之后的运算）。

如图 6-52 所示，单击"条件构造器"按钮，系统弹出如图 6-53 所示的对话框。在该对话框中按照图示输入公式的逻辑条件，获得计数公式。

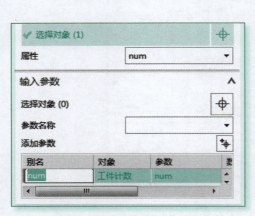

图6-49　更改别名（1）

图6-50　更改别名（2）

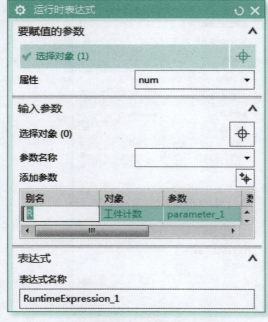

图6-51　更改别名（3）

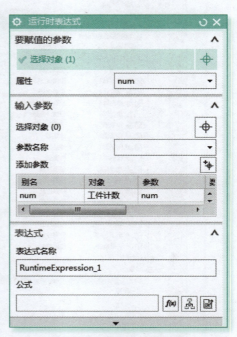

图6-52　使用条件构造器

图6-53 编辑计数条件

6）创建断电计数清零条件：新建一个运行时表达式 2（RuntimeExpression_2），操作过程如图 6-54~图 6-56 所示。设定"要赋值的参数"的选择对象为运行时参数"工件计数"中的 parameter_1，设定"输入参数"的选择对象是"工件计数"中的 num 和 parameter_1。分别更改别名为 NUM 和 R。最终效果如图 6-57 所示。

最后编辑计数条件，如图 6-58 所示。

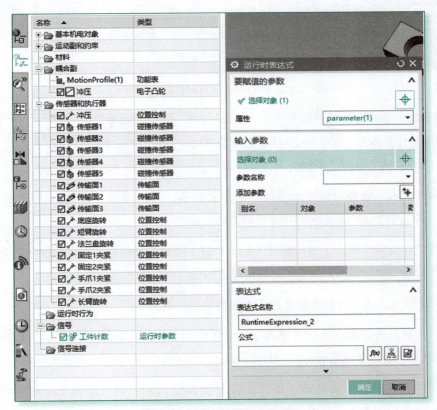

图6-54 创建运行时表达式2

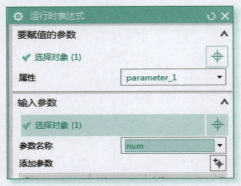

图6-55　添加要赋值的参数

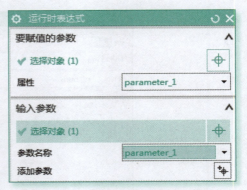

图6-56　添加要使用的条件参数

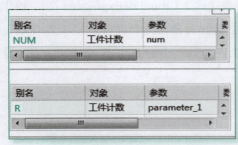

图6-57　更改别名

图6-58　编辑计数条件

9.序列编辑运行

这里将每一个动作都作为一个运行序列，操作步骤如下：

1）运行开始时传输面都是运行的，所以只要使短臂旋转到准备位置即可。如图6-59所示，右击Root选项，在弹出的菜单中单击"添加仿真序列"命令。

图6-59　添加仿真序列

如图6-60所示，选择对象为短臂旋转的位置控制，随后选中speed复选框并将其值改为70"deg/s"，再选中position复选框并将其值改为"140°"。

2）等待工件碰到传输面1的传感器1后，长臂下降到准备抓取状态，选择对象为长臂旋转的位置控制，如图6-61所示，改变其位置与速度的值。

如图6-62所示，选择条件为传输面1上的传感器1值为true。

3）当工件碰到传输面2上的传感器2后，传输面2停止。如图6-63所示，选择条件为传输面2上的碰撞传感器2值为true，选中对象的运行时参数，将active的值改为false。

4）当工件到位时，手爪夹紧。如图6-64和图6-65所示，仿真序列选择对象为手爪1和手爪2，运行时参数为两个手爪滑动副位置控制的速度与位置，条件为传输面2上的传感器2。

图6-60 添加仿真序列（1）

图6-61 添加仿真序列（2）

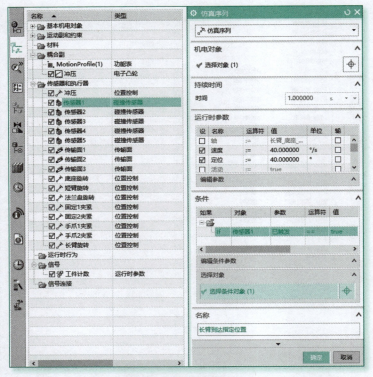

图6-62　添加仿真序列（3）

图6-63　添加仿真序列（4）

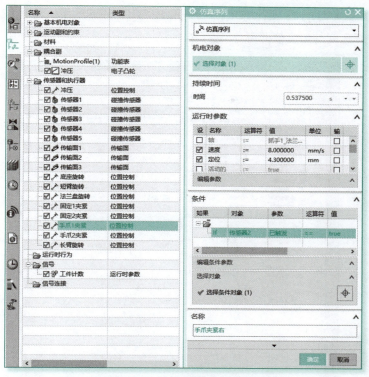

图6-64 添加仿真序列（5）

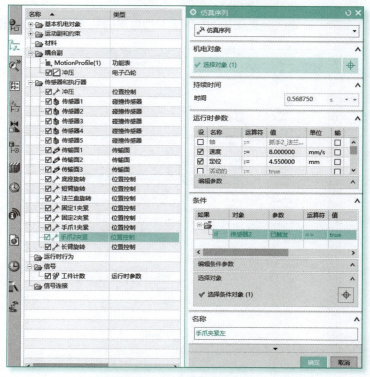

图6-65 添加仿真序列（6）

5）机械手爪夹取工件后旋转 180°到另一边，如图 6-66 所示。这里的条件暂时不需要设置，只要设置好速度与角度值即可。

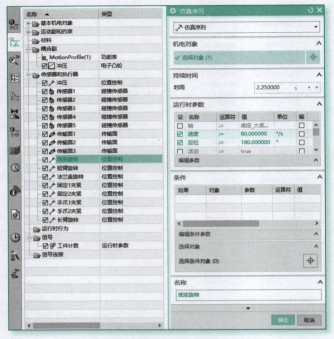

图6-66 添加仿真序列（7）

6）如图 6-67 所示，设置法兰盘旋转 90°，使工件以正确的姿态进入传输面 3。

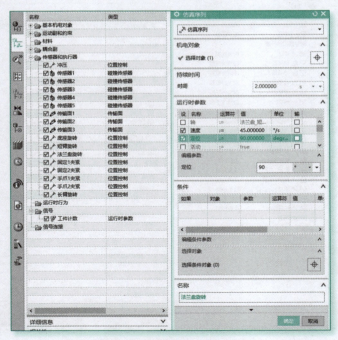

图6-67 添加仿真序列（8）

7）如图 6-68 和图 6-69 所示，设置手爪松开。

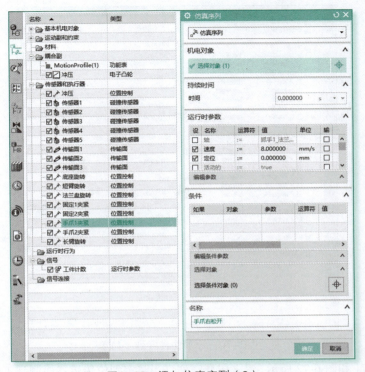

图6-68 添加仿真序列（9）

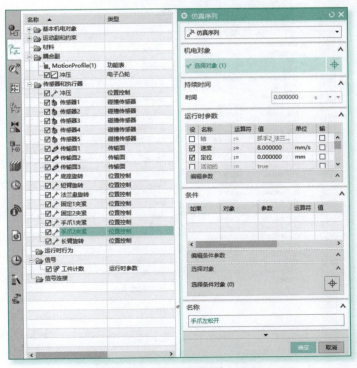

图6-69 添加仿真序列（10）

8）如图 6-70 所示，当传感器 3 检测到工件到达待整定位置后，令传输面 3 停止。

图6-70　添加仿真序列（11）

9）如图 6-71 和图 6-72 所示，建立仿真序列。当整定到位传感器检测到工件后，两边固定夹紧，整定零件。

图6-71　添加仿真序列（12）

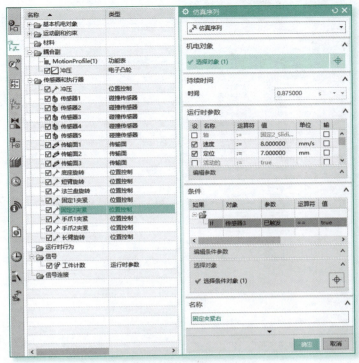

图6-72 添加仿真序列（13）

10）如图 6-73 和图 6-74 所示，建立仿真序列，令固定松开。

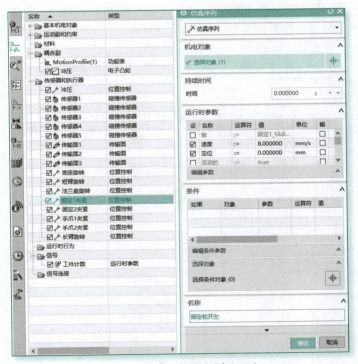

图6-73 添加仿真序列（14）

图6-74　添加仿真序列（15）

11）如图 6-75 所示，为了防止信号干扰，先将整定到位传感器设置为不检测。

图6-75　添加仿真序列（16）

12）如图 6-76 所示，设置仿真序列，令传输面 3 继续运行。

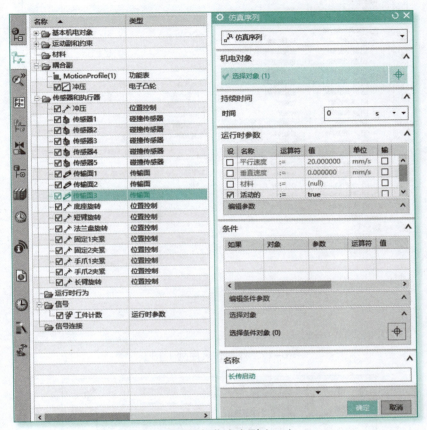

图6-76　添加仿真序列（17）

13）如图 6-77 所示，设置仿真序列，当传感器 4（冲击到位碰撞传感器）检测到碰撞后，传输面 3 停止。

14）设置仿真序列，当传感器 4 检测到物料时，冲头冲击工件。如图 6-78~图 6-80 所示，先添加一个对象变换器，选择刚体为加工好的工件。

如图 6-81 所示，添加仿真序列，选择对象为冲头（类型为电子凸轮）。

15）如图 6-82~图 6-84 所示，传输面 3 继续运行，将工件送入物料收集器内。先添加一个对象收集器，选择碰撞传感器为箱子底部的碰撞传感器 5。

16）如图 6-85 所示，把刚刚失效的传感器 3（整定到位传感器）设定为生效。

17）如图 6-86 所示，当传感器 5 检测到工件时，手爪法兰面板旋转回 0°。

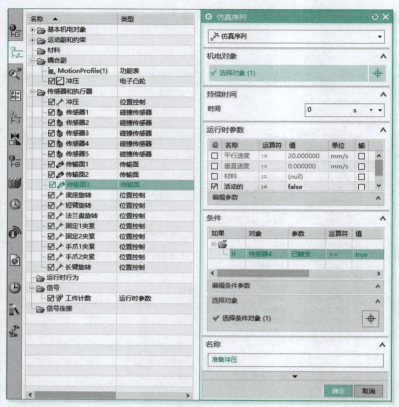

图6-77　添加仿真序列（18）

图6-78　添加仿真序列（19）

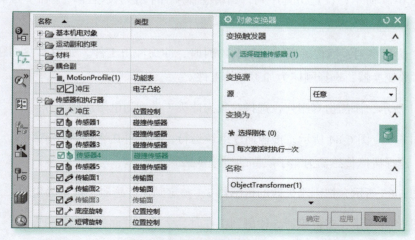

图6-79　添加仿真序列（20）

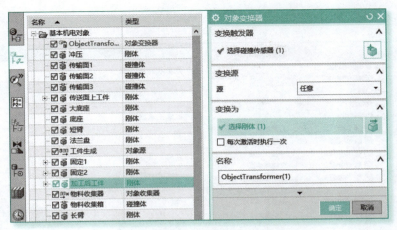

图6-80 添加仿真序列（21）

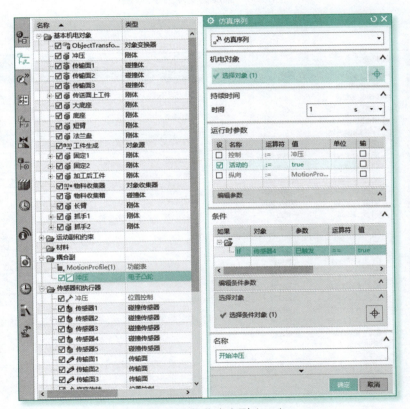

图6-81 添加仿真序列（22）

图6-82 添加仿真序列（23）

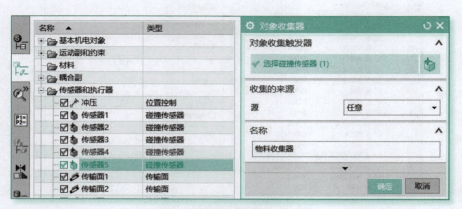

图6-83 添加仿真序列（24）

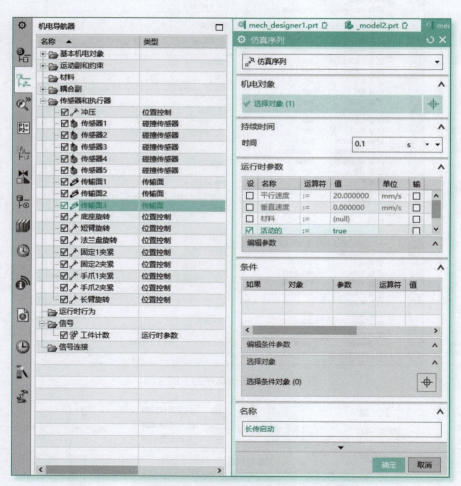

图6-84 添加仿真序列（25）

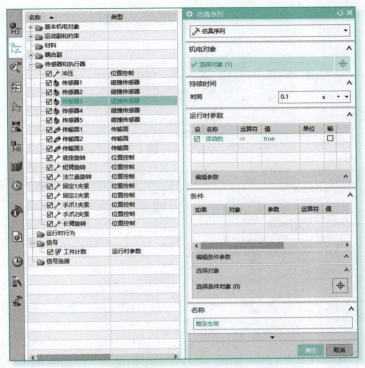

图6-85 添加仿真序列（26）

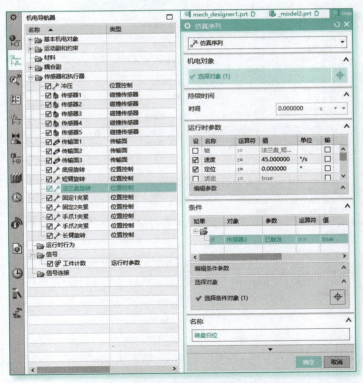

图6-86 添加仿真序列（27）

18）设置工件自动生成。如图 6-87 和图 6-88 所示，先添加一个对象源，设置触发条件为"每次激活时一次"。

图6-87　添加仿真序列（28）

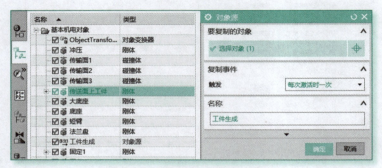

图6-88　添加仿真序列（29）

如图 6-89 所示，选择对象为工件对象源，条件中的对象设为"传感器 4"（冲击到位传感器）。

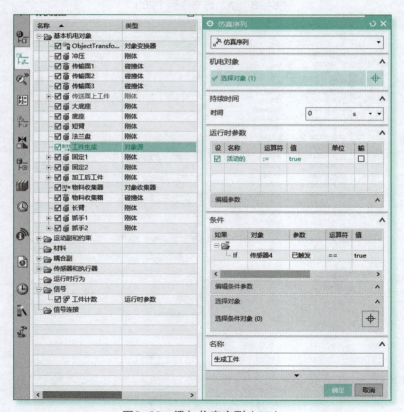

图6-89　添加仿真序列（30）

如图 6-90 所示，单击右键菜单中的 **Add Group** 命令，选择条件对象为工件计数。当冲击到位传感器已触发，且 num 的值小于 3 时，即可生成下一个代加工工件。

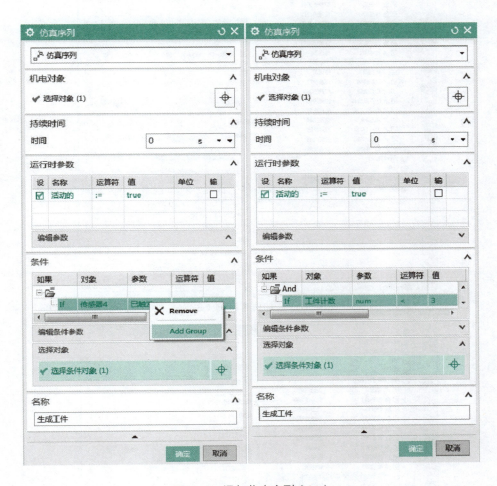

图6-90 添加仿真序列（31）

19）如图 6-91 所示，当产生新的工件时，传输面 2 开始运转。

20）如图 6-92 所示，设置序列令底座旋转回初始位置。

21）建立连接。如图 6-93 所示，按住 [Ctrl] 键的同时，单击选中手爪夹紧右、底座旋转、转盘旋转、手爪左松开、手爪右松开，再右击创建连接器。剩余的操作同上，将相应的位置设置成对应的连接器即可。

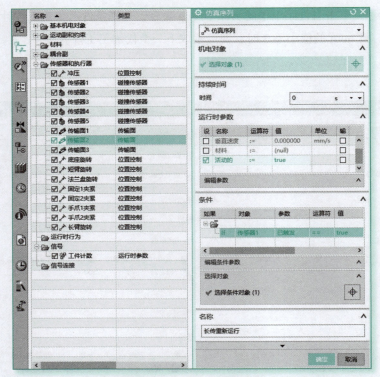

图6-91　添加仿真序列（32）

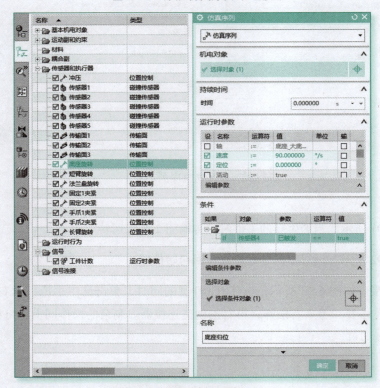

图6-92　添加仿真序列（33）

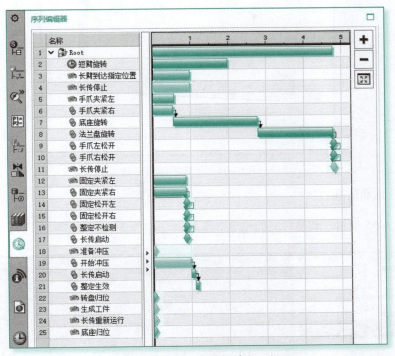

图6-93 添加仿真序列（34）

6.4 知识拓展

在机械臂抓取工件转移的仿真过程中，由于重力作用，常常会发生抓不紧、晃动，甚至掉落的现象，这往往是由于机械手爪运动设置产生不合适的夹紧力所造成的。在调试过程中，夹紧力过大或过小均不能达到理想的效果。为了能够避免发生这一问题，可以使用固定副吸附的方法来解决这个问题，下面举例说明。

【例6-1】如图6-94所示，创建一个传输面（长板）、对象源（方块）、碰撞传感器（细棒）和吸附棒。方块在传输面上由左向右运动，当方块与细棒发生碰撞时，吸附棒吸附捕捉方块，并带动方块向上运动，运动到上方后释放方块。

（1）创建三维几何模型 各几何体的尺寸自定，效果如图6-94所示。

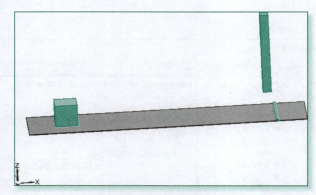

图6-94 固定副吸附示意

（2）创建运动仿真

1）如图 6-95 所示，创建对应的机电对象。

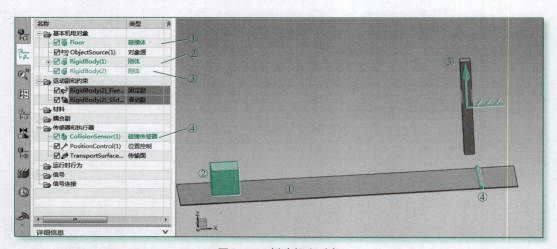

图6-95 创建机电对象

其中，对象源的设置如图 6-96 所示，传输面的设置如图 6-97 所示。

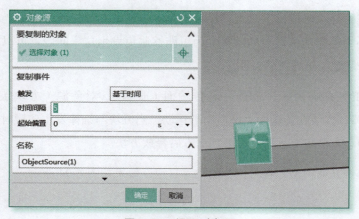

图6-96 设置对象源

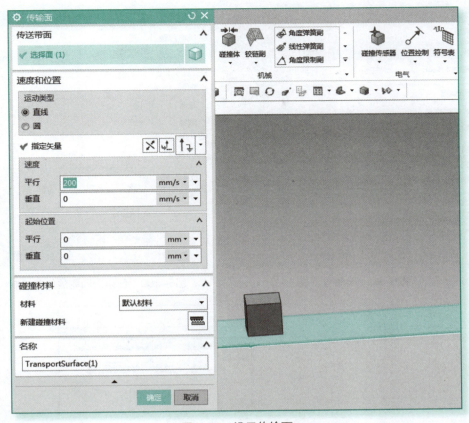

图6-97　设置传输面

固定副的设置如图 6-98 所示。

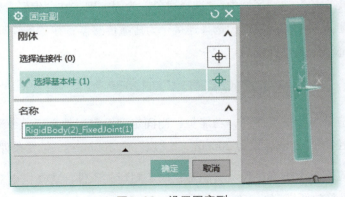

图6-98　设置固定副

滑动副的设置如图 6-99 所示。为滑动副创建位置控制，如图 6-100 所示。

2）创建仿真序列。如图 6-101 所示，在序列编辑器中创建四个仿真序列，各个仿真序列的参数设置如图 6-102～图 6-105 所示。

图6-99　设置滑动副

图6-100　创建滑动副的位置控制

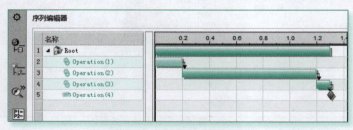

图6-101　创建四个仿真序列

图6-102对应第一个仿真序列，功能是：当工件与碰撞传感器发生碰撞时，让固定副吸附该工件。在"机电对象"选项区域中，"选择对象"为固定副；在"编辑参数"选项区域中，设置"选择"为"触发器中的对象"，"选择连接"为碰撞传感器；在"条件"选项区域中，"选择对象"为碰撞传感器，条件设置为

图6-103对应第二个仿真序列，功能是：当固定副绑定工件之后，令滑杆抬起。这需要设定滑动副的位置控制，"定位"设为200mm，"速度"为200mm/s，触发条件是工件碰撞传感器。

图6-104对应第三个仿真序列，功能是：固定副释放工件。选择机电对象为固定副，连接值为null，意思是释放所绑定的工件。

图6-105对应第四个仿真序列，功能是：滑动副移动到顶端时就开始向0mm位置运动。它的机电对象是滑动副的"位置控制"；位置控制的参数设置为速度200mm/s、定位0mm；条件的选择对象是位置控制本身，编辑条件，如果位置控制的定位大于190mm（即接近200mm）时，令条件成立。

图6-102　固定副连接工件

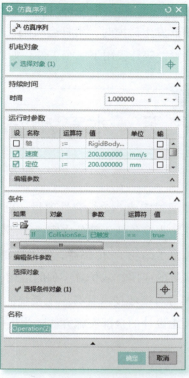

图6-103　滑动副抬起的位置控制

图6-104　固定副释放工件

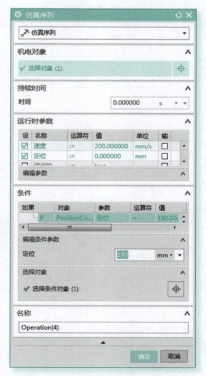

图6-105　滑动副下滑的位置控制

3）仿真运行。上述步骤完成之后，可以进行仿真运行查看最终结果。可以看到，当工件与碰撞传感器发生碰撞时，滑杆会吸附工件并带动工件上行；到达顶端时，释放工件的同时又回到 0 点位置，等待吸附下一个工件，如此循环往复。

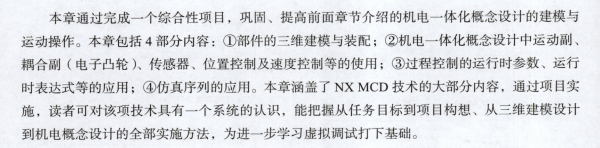

6.5 本章小结

本章通过完成一个综合性项目，巩固、提高前面章节介绍的机电一体化概念设计的建模与运动操作。本章包括 4 部分内容：①部件的三维建模与装配；②机电一体化概念设计中运动副、耦合副（电子凸轮）、传感器、位置控制及速度控制等的使用；③过程控制的运行时参数、运行时表达式等的应用；④仿真序列的应用。本章涵盖了 NX MCD 技术的大部分内容，通过项目实施，读者可对该项技术具有一个系统的认识，能把握从任务目标到项目构想、从三维建模设计到机电概念设计的全部实施方法，为进一步学习虚拟调试打下基础。

习题

简述用固定副来完成物料抓取的操作步骤。

第7章
CHAPTER 7

虚拟调试技术

7.1 虚拟调试概述

1. 机电一体化概念设计的虚拟调试

（1）虚拟调试概述 虚拟调试支持并行设计和数字化样机调试，使相关控制软、硬件在产品设计早期就能够与机构模型联调，从而降低创新的风险，管理好产品设计过程信息和各个阶段的需求驱动设计。机电一体化概念设计（NX MCD）中的虚拟调试（Visual Commissioning，VC）框架如图 7-1 所示，包含硬件在环虚拟调试与软件在环虚拟调试两类。

1）硬件在环虚拟调试是指控制部分用可编程逻辑控制器（PLC），机械部分使用虚拟三维模型，在"虚—实"结合的闭环反馈回路中进行程序编辑与验证的调试。

2）软件在环虚拟调试是指控制部分与机械部分均采用虚拟部件，在虚拟PLC 及其程序控制下组成的"虚—虚"结合的闭环反馈回路中进行程序编辑与

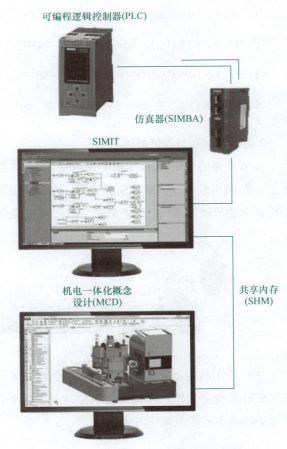

可编程逻辑控制器(PLC)

仿真器(SIMBA)

SIMIT

机电一体化概念
设计(MCD)

共享内存
(SHM)

图7-1 NX MCD中的虚拟调试框架

验证的调试。

（2）虚拟调试系统　一般而言，虚拟调试系统的整体框架可参考图7-1，它包含PLC（可编程逻辑控制器）、博途（TIA Portal，简称博途TIA）、运动驱动以及NX MCD下的虚拟部件，这些软、硬件构成了虚拟调试环境。本章介绍的NX MCD虚拟调试用到的主要工具包括NX MCD、博途TIA、PLCSim Advanced、KEPServerEX 6、SIMATIC NET、PLCSIM、NetToPLCsim等，PLC有S7-1500、S7-1200等。虚拟调试的方式包含基于硬件在环虚拟调试和基于软件在环调试两类，两类虚拟调试所需的软、硬件资源如下：

1）硬件在环虚拟调试

① TIA + PLC+ KEPServerEX（OPC DA）。

② TIA + PLC+ SIMATIC NET。

③ TIA + PLC1500 硬件（OPC UA）。

2）软件在环虚拟调试

① TIA + S7-PLCSIM Advanced 软件（SOFTBUS）。

② TIA + S7-PLCSIM Advanced 软件（OPCUA）。

③ TIA + S7-PLCSIM+NetToPLCsim+KEPServerEX（OPCDA）。

本书使用的PLC主要为S7-1500，CPU为1513-1PN 1p6ES7 513-1AL01-0AB0。

2.虚拟调试项目功能概述

本章介绍的NX MCD虚拟调试是基于例5-3系统模型基础上的项目调试。系统模型如图7-2所示。在第5章中介绍其控制方式是：依照"按下"和"抬起"两种不同的按钮操作，通过给出滑板上的滑动副不同位置数据值的方式来实现方块在滑板上的左右运动控制。

图7-2　虚拟调试NX MCD模型

本章采用的控制方式是：通过在环调试系统，把位置数据与外部参数相连接，直接修改所连接的外部变量数据，以此来实现控制方块在滑动副上左右运动的目的。下面分别介绍该系统模型的两类不同虚拟调试方式。

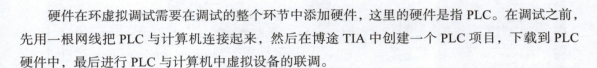

7.2 硬件在环虚拟调试

硬件在环虚拟调试需要在调试的整个环节中添加硬件，这里的硬件是指 PLC。在调试之前，先用一根网线把 PLC 与计算机连接起来，然后在博途 TIA 中创建一个 PLC 项目，下载到 PLC 硬件中，最后进行 PLC 与计算机中虚拟设备的联调。

7.2.1 项目一：TIA + PLC+ KEPServerEX硬件在环虚拟调试

1. 项目描述

本项目的目标是实现 TIA + PLC+ KEPServerEX 的硬件在环虚拟调试。具体操作过程如下：

1）使用博途 TIA 软件来组态 PLC 硬件，并设置一实型变量 y1000。

2）配置 KEPServerEX OPC 服务器，并设置一变量 MCD_y1000，使之与 PLC 的变量 y1000 相连接。

3）在 NX MCD 中设置一个位置变量 position，并建立 position 与 MCD_y1000 之间变量的信号映射。在这个案例中，位置变量 position 代表了图 7-2 模型中方块在滑动副上的位置，当改变该数据时，就会看到 NX MCD 中方块位置的改变。

最终的测试方法是：当在 TIA 中在线改变 y1000 的数值，或者在 KEPServerEX 中在线改变 MCD_y1000 的数值，就能观察到 NX MCD 中方块的相应运动与位置的变化，以及变量 position 的数值变化。

2. 项目实施

（1）PLC 硬件组态

1）如图 7-3 所示，使用博途 TIA 软件组态 PLC，选用的硬件为 S7-1500，CPU 为 1513-1 PN，订货号为 6ES7 513-1AL01-0AB0，设置 PLC 的 IP（本例中 IP 设为 192.168.1.10）。

2）如图 7-4 所示，在设备组态的属性中选中"常规"选项卡的"防护与安全"选项，在右侧选项区域选中"允许来自远程对象的 PUT/GET 通信访问"复选框。

3）设置 PLC 变量。如图 7-5 所示，添加实型变量 y1000。如图 7-6 所示，检测该变量，将来用于项目后期观察 PLC 与 KEPServerEX、NX MCD 三者关联变量的互动关系。

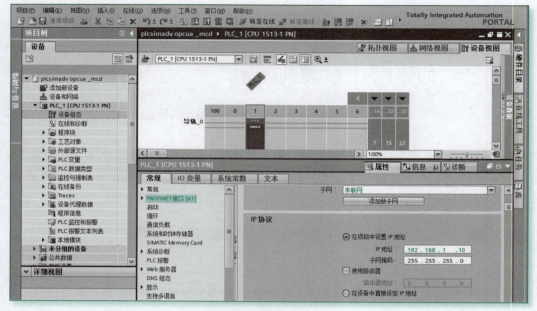

图7-3　硬件组态（1）

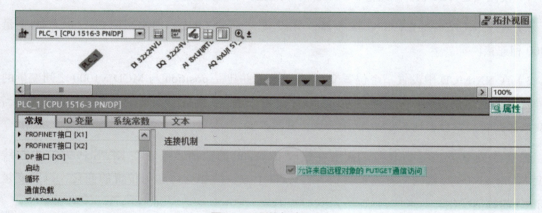

图7-4　硬件组态（2）

图7-5　添加变量

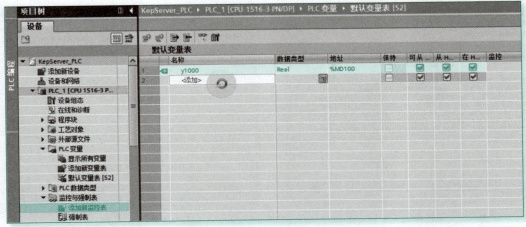

图7-6 添加变量到观测表

设置完之后，把组态下载到 PLC 硬件中即可。

（2）安装 KEPServerEX 软件 KEPServerEX 软件的安装步骤如下：

1）如图 7-7 所示，右击安装文件，在弹出的菜单中单击"以管理员身份运行"命令。

名称	类型	大小
KEPServerEX-6.5.829.0	应用程序	422,724 KB

图7-7 选择安装

2）KEPServerEX 6 的安装步骤如图 7-8~ 图 7-23 所示。其中，在安装步骤（11）中不用输入任何信息，直接单击"下一步"按钮即可；在安装步骤（12）中，要选中"Skip setting a password at this time"复选框，再单击"下一步"按钮；其他步骤均采用默认设置。

图7-8 安装步骤（1）

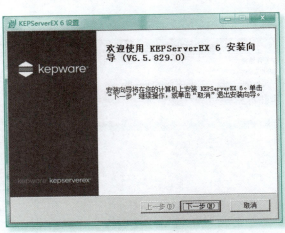

图7-9 安装步骤（2）

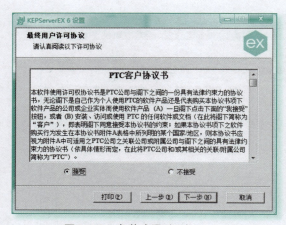

图7-10　安装步骤（3）

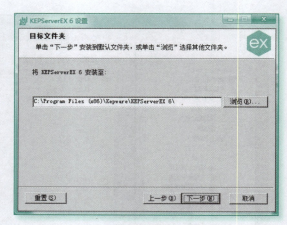

图7-11　安装步骤（4）

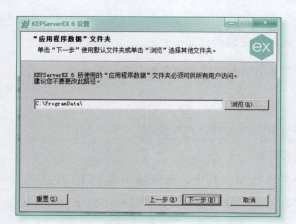

图7-12　安装步骤（5）

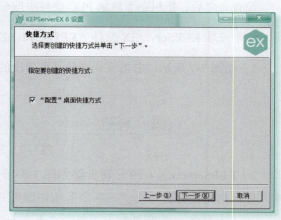

图7-13　安装步骤（6）

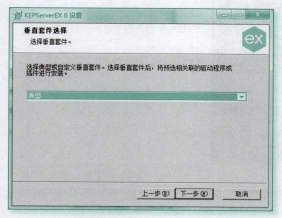

图7-14　安装步骤（7）

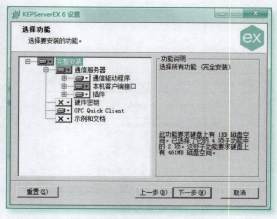

图7-15　安装步骤（8）

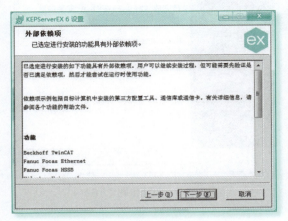

图7-16　安装步骤（9）

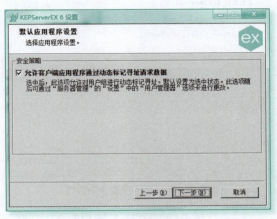

图7-17　安装步骤（10）

图7-18　安装步骤（11）

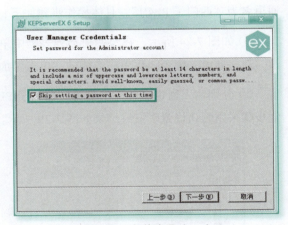

图7-19　安装步骤（12）

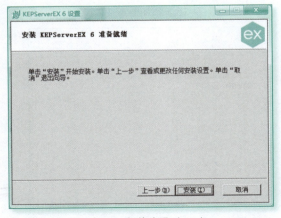

图7-20　安装步骤（13）

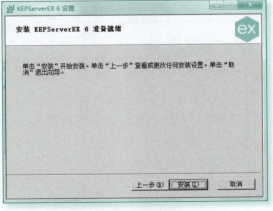

图7-21　安装步骤（14）

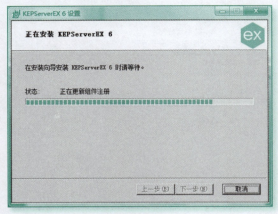

图7-22　安装步骤（15）

图7-23　安装步骤（16）

（3）连接 KepServerEX 与 PLC S7-1500

1）添加通道。重启计算机之后，启动 KepServerEX。按图 7-24~图 7-29 所示进行操作，通道名为"西门子 PLC1"。具体操作步骤如下：

① 如图 7-24 所示，在左侧树形列表框中单击"单击添加通道"选项。如图 7-25 所示，单击"新建通道"命令，再单击右侧的"单击添加通道"选项。

② 分别输入通道名称（本例为"西门子 PLC1"）和网络适配器名称（本例为默认值），其他步骤采用默认设置。最终结果如图 7-29 所示。

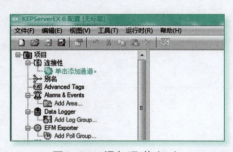

图7-24　添加通道（1）

图7-25　添加通道（2）

图7-26　添加通道（3）

图7-27　添加通道（4）

图7-28 添加通道（5）

图7-29 添加通道（6）

2）添加设备。操作步骤如图7-30~图7-41所示。选择设备型号，本例为S7-1500；输入设备名称，本例为S7-1500；输入PLC的IP地址，本例为192.168.1.10；在添加设备（11）中不输入任何内容，直接单击"下一步"按钮即可；其余步骤均使用默认设置。

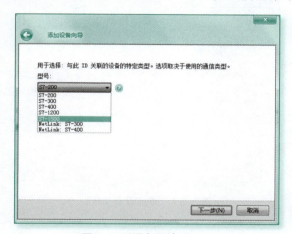

图7-30 添加设备（1）

图7-31 添加设备（2）

图7-32 添加设备（3）

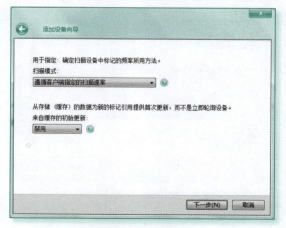

图7-33 添加设备（4）

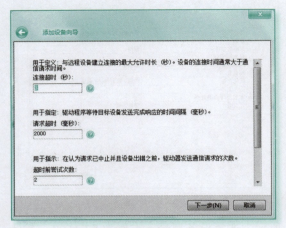

图7-34　添加设备（5）

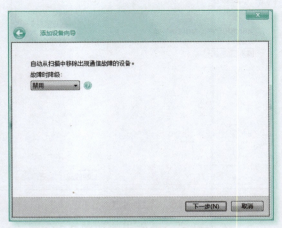

图7-35　添加设备（6）

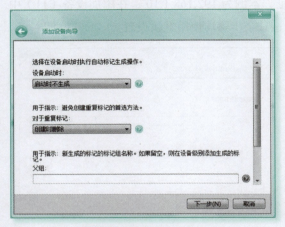

图7-36　添加设备（7）

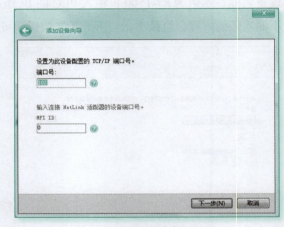

图7-37　添加设备（8）

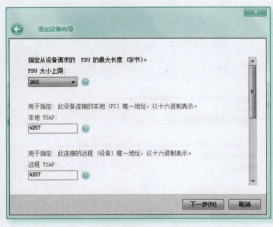

图7-38　添加设备（9）

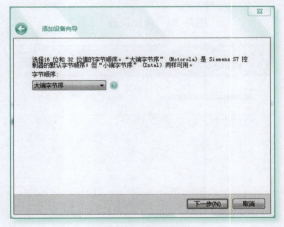

图7-39　添加设备（10）

图7-40 添加设备（11）

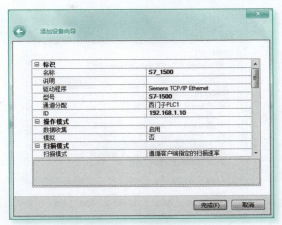

图7-41 添加设备（12）

3）添加标记

① 如图 7-42 所示，右击 S7-1500，在弹出的菜单中单击"新建标记"命令。

② 如图 7-43 所示，设置标记名称为 MCD_y1000、地址为 MD100、数据类型为浮点型。

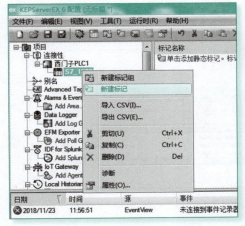

图7-42 添加标记（1）

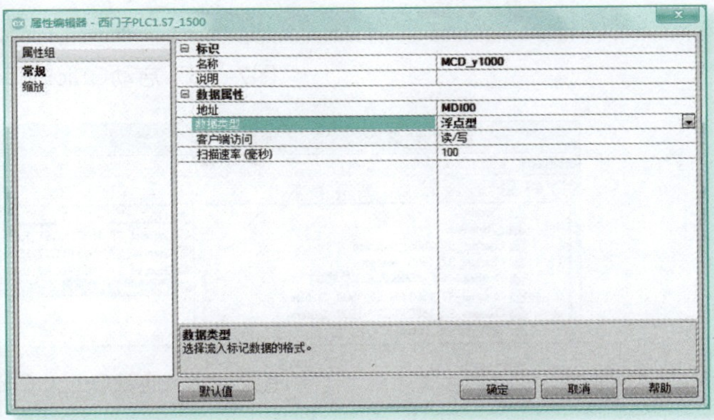

图7-43 添加标记（2）

4）配置计算机网络。如图 7-44 和图 7-45 所示，配置计算机 IP 与 PLC 应该同属一个网段。打开计算机的网络设置，配置计算机 IP，本例为 192.168.1.55。

5）启动 Quick Client。

① 如图 7-46 所示，再次打开 KepServerEX 6。单击工具栏中的 Quick Client 按钮，在此环境中启动 Quick Client。启动之后的效果如图 7-47 所示。

② 如果图 7-46 中 Quick Client 按钮为灰色，为不可用，此时可做如下处理：以管理员身份运行 OPC Core Components Redistributable (x64) 3.0.107.24，可参照图 7-48~ 图 7-53 进行操作。

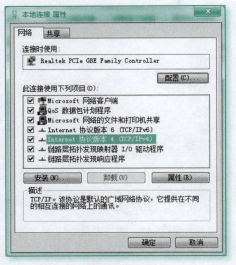

图7-44 设置计算机网络（1）　　图7-45 设置计算机网络（2）

图7-46 启动Quick Client（1）

图7-47 启动Quick Client（2）

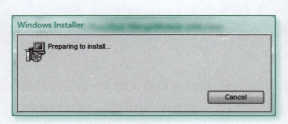

图7-48 故障处理（1）

图7-49 故障处理（2）

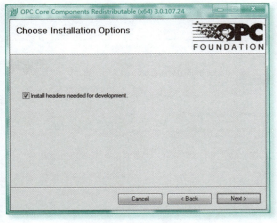

图7-50 故障处理（3）

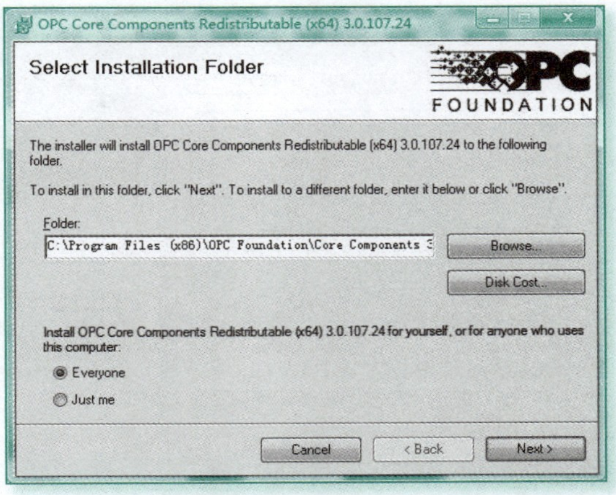

图7-51 故障处理（4）

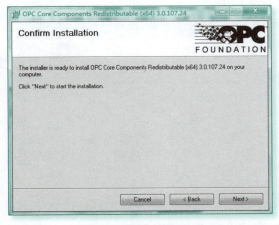

图7-52 故障处理（5）

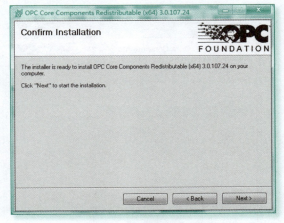

图7-53 故障处理（6）

③ 在安装过程中，如果出现如图 7-54 所示的提示框，可以打开任务管理器。在任务管理器中按照图 7-54 所示停止 KEPServerEX 的相关项，然后再单击"TRyAgain"按钮。其后如图 7-55 所示，按提示操作，直到最后单击"Close"按钮。

（4）配置 NX MCD 与仿真运行

1）建立信号映射。具体操作步骤如下：

① 如图 7-56 所示，执行"外部信号配置"菜单命令后，系统弹出如图 7-57 所示的对话框。

② 如图 7-58 所示，选中 Keoware.KEPServerEX 选项，单击"确定"按钮，系统弹出如图 7-59 所示的对话框，并打开 PLCS7_1500，选中变量 MCDy_1000 前的复选框。

③ 如图 7-60 所示，执行"信号映射"菜单命令后，系统弹出如图 7-61 所示的对话框。

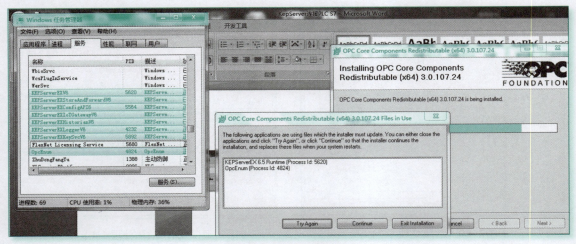

图7-54　安装故障（1）

图7-55　安装故障（2）

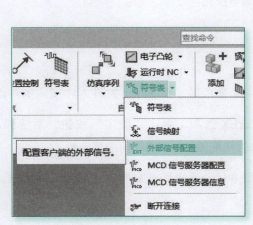

图7-56　外部信号配置（1）

图7-57　外部信号配置（2）

图7-58 外部信号配置（3）

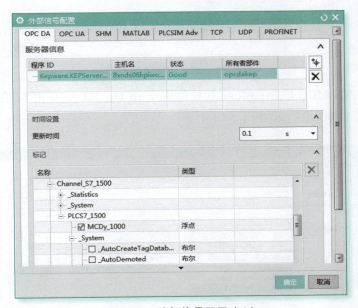

图7-59 外部信号配置（4）

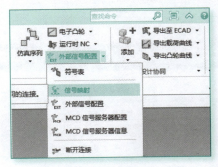

图7-60 建立信号映射（1）

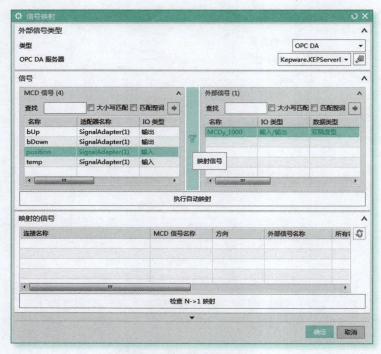

图7-61　建立信号映射（2）

④ 分别选中 NX MCD 信号 position 和外部信号 MCDy_1000，单击中间按钮，建立二者之间的映射关系。结果如图 7-62 所示。

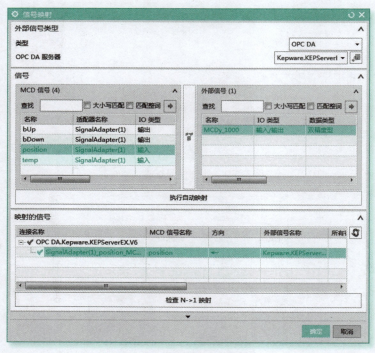

图7-62　建立信号映射（3）

2）仿真测试。

① 如图 7-63 所示，运行 NX MCD 项目，查看 KEPServer 中的变量 MCDy_1000，值为 0，Quality 显示"良好"。此时，NX MCD 的方块停留在滑动副的 0mm 处。此外，如果通过博途 TIA 在线检测 PLC 中的变量 y1000，也可以看到变量值已经变为 0。

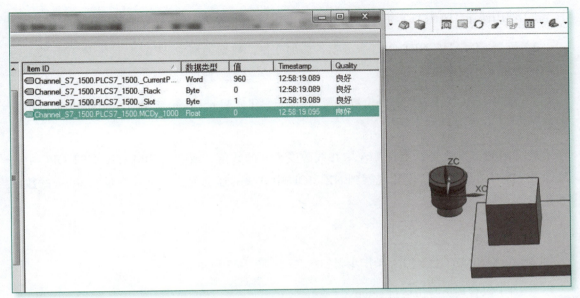

图7-63　仿真测试（1）

② 如图 7-64 所示，更改变量 MCDy_1000 的值为 500，单击"确定"按钮后，就会看到 NX MCD 中的方块开始向滑动副的 500mm 处运动，仿真有效。

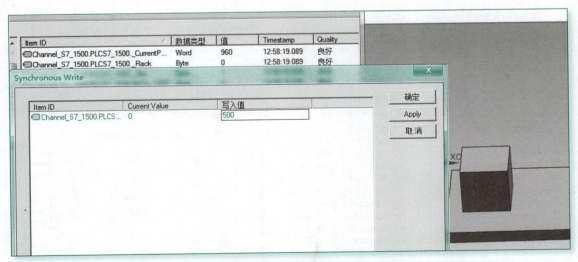

图7-64　仿真测试（2）

③ 联调中，如果通过博途 TIA 在线检测变量 y1000，也可以看到该变量的值变为 500。

7.2.2 项目二：TIA + PLC+ SIMATIC NET 硬件在环虚拟调试

1. 项目描述

本项目的目标是实现 TIA + PLC+ SIMATIC NET 的硬件在环虚拟调试。具体操作步骤如下：

1）使用博途 TIA 软件来组态 PLC 硬件，并设置一个实型变量 y10，地址设为 %MD10。

2）配置 SIMATIC NET OPC 服务器，添加变量，数据类型为 REAL，地址为 10，使之与 PLC 的变量 y10 相连接。

3）在 NX MCD 中设置一个位置变量 position，建立起 position 与 MCDy_1000 之间的信号映射。

最终的测试方法是：当在 TIA 中在线改变 y10 的数值，或者在 SIMATIC NET OPC 中在线改变 %MD10 的数值，就能观察到 NX MCD 中方块的运动变化，以及变量 position 的数值变化。

2. 项目实施

（1）安装 SIMATIC NET　操作步骤如图 7-65~ 图 7-73 所示。

1）以管理员身份运行 setup。

2）安装步骤（3）~（5）中，单击"Install Software"按钮。

3）在安装步骤（6）中，选中"I accept……"复选框，再单击"Next"按钮。

4）在安装步骤（10）中，单击"Next"按钮。

5）其他步骤按默认设置。

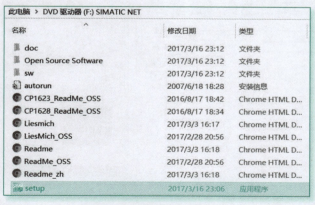

图7-65　安装步骤（1）

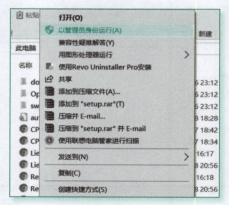

图7-66　安装步骤（2）

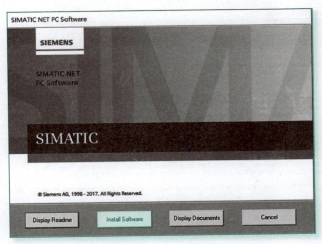

图7-67　安装步骤（3）

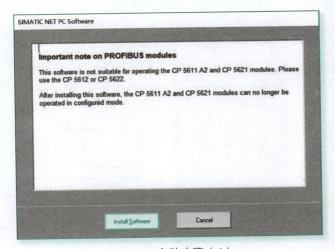

图7-68　安装步骤（4）

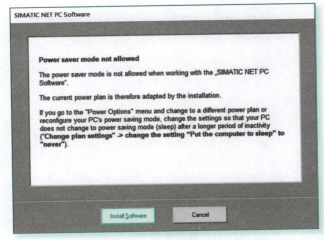

图7-69　安装步骤（5）

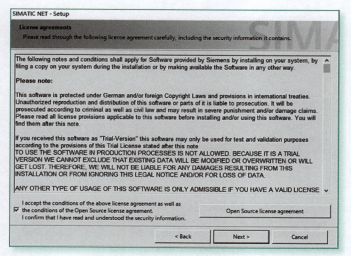

图7-70　安装步骤（6）

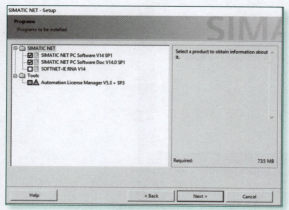

安装步骤（7）

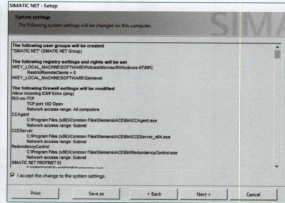

安装步骤（8）

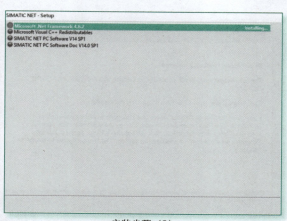

安装步骤（9）

图7-71　安装步骤（7）~（9）

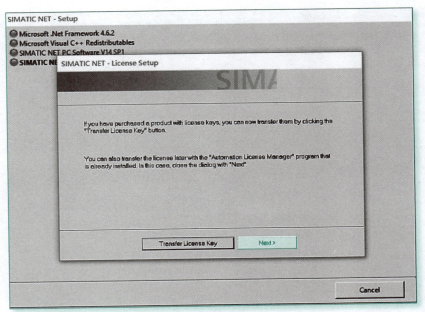

图7-72　安装步骤（10）

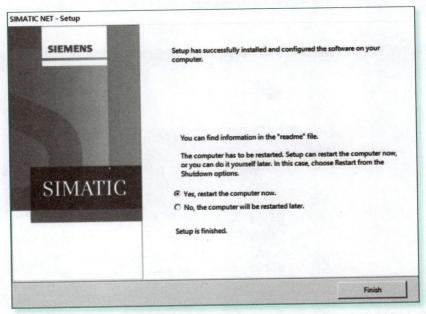

图7-73　安装步骤（11）

（2）建立 PC Station

1）设备组态。打开 TIA，新建一个项目，设备组态过程如图 7-74 所示。

硬件属性安全设置如图 7-75 所示，选中"允许来自远程对象的 PUT/GET 通信访问"复选框。

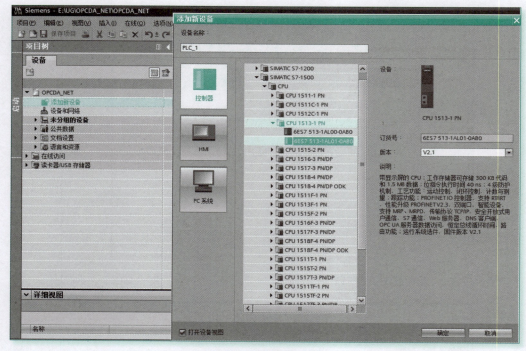

图7-74　设备组态（1）

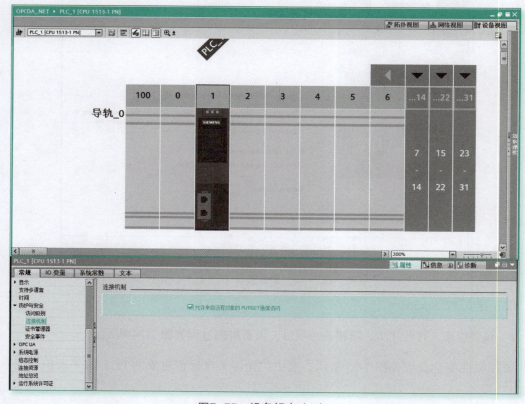

图7-75　设备组态（2）

2）创建 PC station。具体操作如下：

① 如图 7-76 所示，在目录树中双击"添加新设备"选项。系统弹出"添加新设备"对话框，在左侧选中"PC 系统"选项卡，然后在右侧展开"常规"选项，单击其下的"PC station"选项，最后单击"确定"按钮，完成创建 PC station。

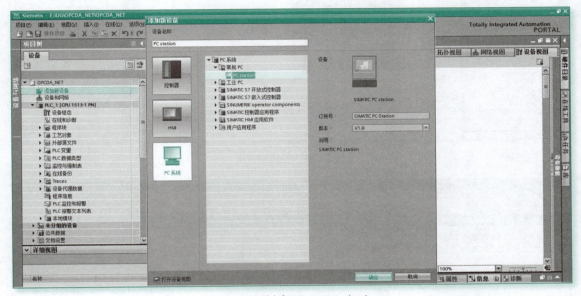

图7-76　创建PC station（1）

② 如图 7-77 所示，单击选中最右侧的"硬件目录"选项卡。

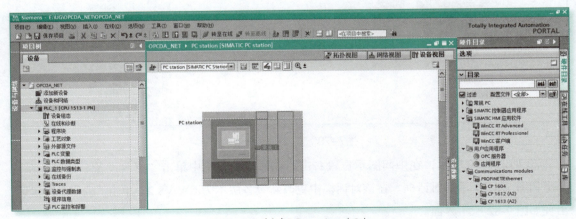

图7-77　创建PC station（2）

如图 7-78 所示，拖动"常规 IE"选项到中间界面中，产生 IE general_1。

如图 7-79 所示，拖动"OPC 服务器"选项到中间位置，产生 OPC Server_1。

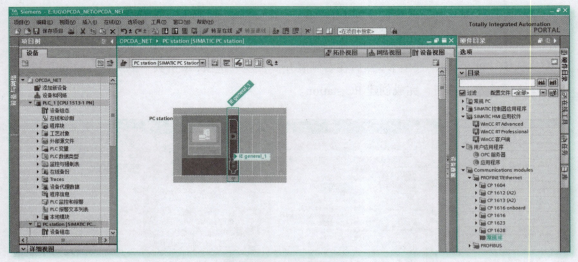

图7-78　创建常规IE

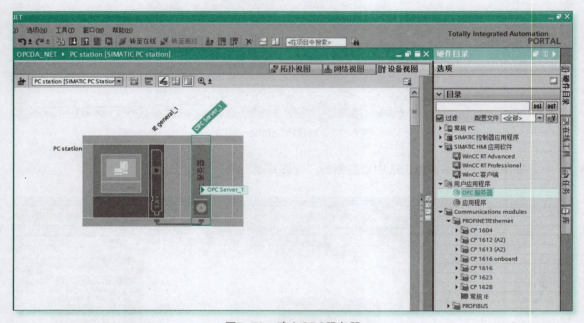

图7-79　建立OPC服务器

③ 如图 7-80 所示，在中间图示位置右击，在弹出的菜单中单击"更改设备"命令，系统弹出如图 7-81 所示的对话框。在该对话框中更改新设备版本为 SW V8.2。单击"确定"按钮后，出现如图 7-82 所示界面。

④ 在图 7-82 中，单击选中 IE General_1 的网口，然后单击选中"属性"选项卡，如图 7-83 所示，在"常规"中单击"以太网地址"选项，再单击"添加新子网"按钮。

如图 7-84 所示，输入子网 IP 地址，本例输入与本计算机相同的 IP 192.168.1.100。

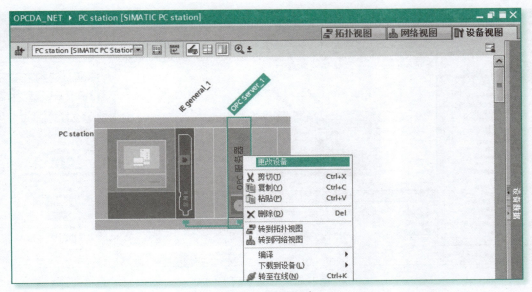

图7-80　更改设备

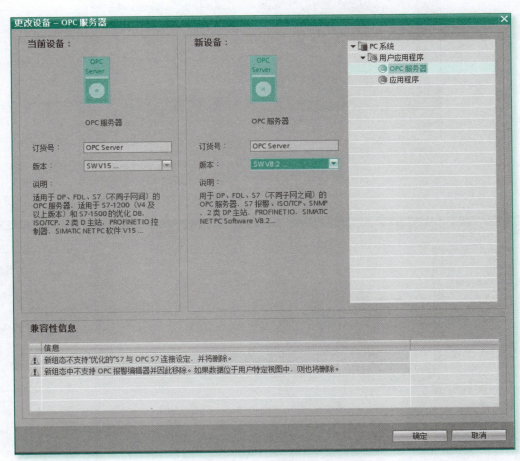

图7-81　更改新设备版本

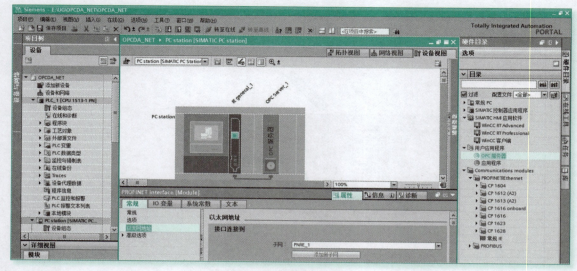

图7-82 设置子网（1）

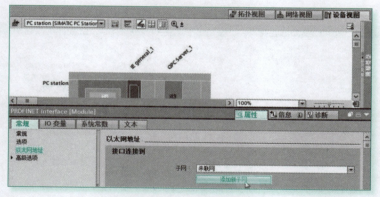

图7-83 添加新子网

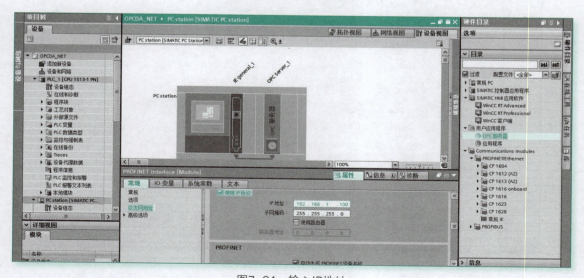

图7-84 输入IP地址

⑤ 编辑网络连接。如图 7-85 所示，单击选中"网络视图"选项卡，在中间的画面中选中左侧 PLC_1 的网络端口（本例的默认地址为 192.168.1.1，可根据 PLC 实际进行修改），从该网口处按住鼠标左键并拖动到右侧的 CP IE 网口处，在两点之间拉出一条直线，从而创建两个端口之间的连接，结果如图 7-86 所示。

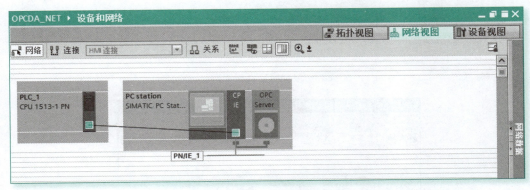

图7-85　连接网络

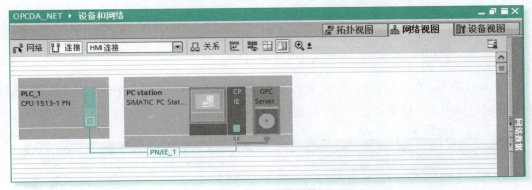

图7-86　连接网络

如图 7-87 所示，单击"连接"按钮，并在其后的下拉列表框中选择"S7 连接"选项，结果如图 7-88 所示。

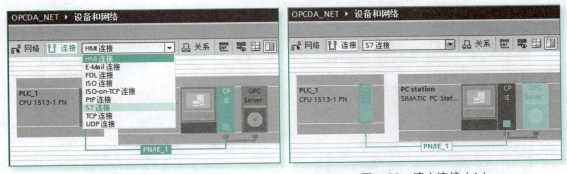

图7-87　选择S7连接　　　　　　　　图7-88　建立连接（1）

如图 7-89 所示，在两个端口之间按住鼠标左键拖动建立连接，效果如图 7-90 所示。

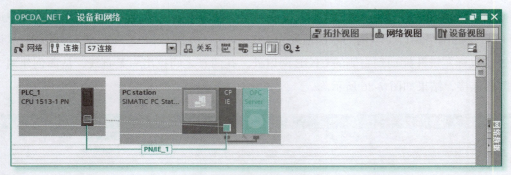

图7-89　建立连接（2）

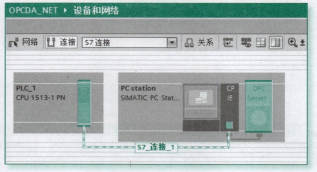

图7-90　连接效果

如图 7-91 所示，单击中间图示 OPC Server 后，再单击"常规"选项卡中的"OPC 符号"选项，在右侧选项区域中单击选中"全部"单选按钮。

图7-91　OPC符号选择

单击"S7_连接_1"，查看连接结果，如图7-92所示。

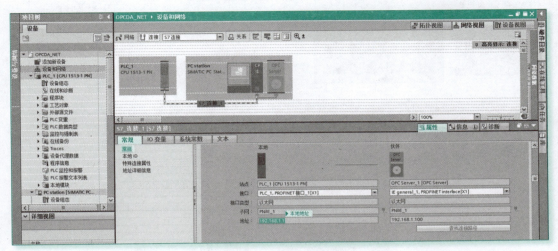

图7-92　查看连接结果

如图7-93所示，修改PLC的IP为实际IP（本例中原来的是192.168.1.1，这里修改为192.168.1.10）。

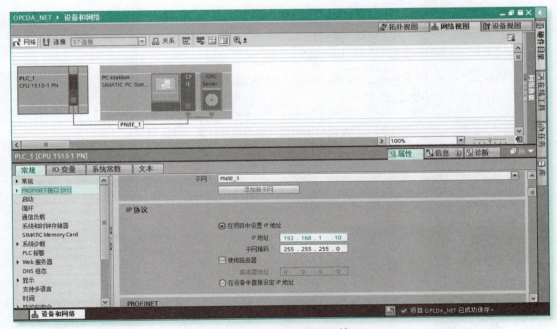

图7-93　设置PROFENET接口

⑥ 如图7-94所示，单击选中"拓扑视图"选项卡，单击"PC station"；再在"常规"选项卡中选中"XDB组态"选项，然后选中"生成XDB文件"复选框；最后单击"XDB文件路径"后的"浏览"按钮，系统弹出如图7-95所示的"指定XDB组态文件的存储位置"对话框，给出存放路径和文件名后，单击"保存"按钮。

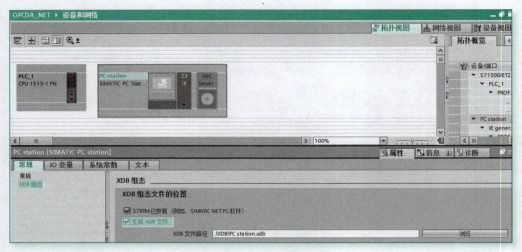

图7-94 文件XDB存放路径选择

图7-95 "指定XDB组态文件的存储位置"对话框

最终的设置结果如图7-96所示。

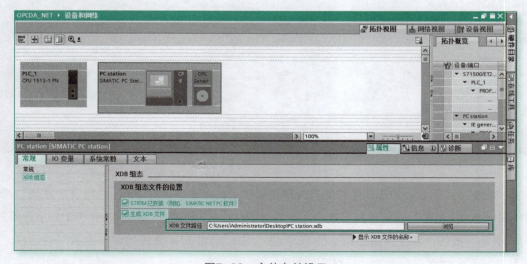

图7-96 文件存放设置

3）建立变量。如图 7-97 所示，在"默认变量表"中创建变量 y10，数据类型为 Real，地址为 %MD10。

图7-97 建立变量

然后把该变量选入到监控表中，如图 7-98 所示。

图7-98 设置监控表

4）生成 station 构造文件。如图 7-99 所示，单击工具栏中的"编译"按钮。

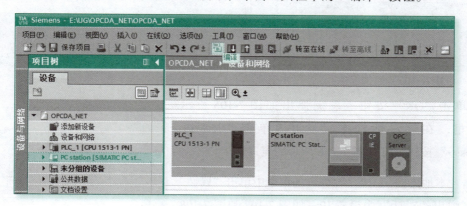

图7-99 编译

编译之后，就在指定位置生成了 Station 构造文件，如图 7-100 所示。

5）配置 PC station。

① 以管理员身份运行该文件，系统弹出如图 7-101 所示的对话框。

图7-100　生成Station
构造文件

② 在该对话框中，单击"Station Name"按钮，在弹出的对话框中输入名称，如图 7-102 所示，单击"OK"按钮。然后再单击"Add"按钮，系统弹出如图 7-103 所示的对话框，参数按图示进行设置，单击"OK"按钮，系统弹出如图 7-104 所示的警告对话框。

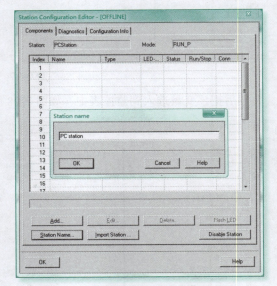

图7-101　运行站编辑器　　　　　　　　图7-102　输入站名称

图7-103　添加组件

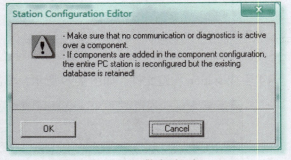

图7-104　警告对话框

③ 单击"OK"按钮，系统弹出如图 7-105 所示的对话框，在该对话框中设置 IP。单击"Network Properties…"按钮，打开图 7-106 所示的窗口。

右击"本地连接"图标，在弹出的菜单中单击"属性"命令，在弹出的对话框中设置 IP，如图 7-107 和图 7-108 所示。

图7-105　设置组件属性

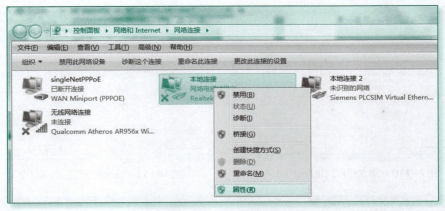

图7-106 设置网络属性

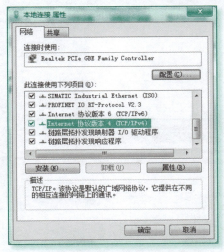

图7-107 设置网络IP（1）

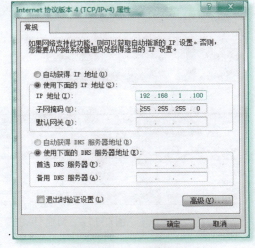

图7-108 设置网络IP（2）

④ 设置完毕后，返回图 7-105 所示对话框，再单击"OK"按钮，就完成了 IE General 组件的添加，如图 7-109 所示。

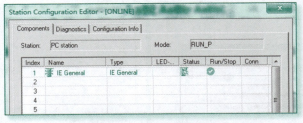

图7-109 添加效果

⑤ 再次执行 Add 命令，添加一个 OPC Server，设置如图 7-110 所示。

如图 7-111 所示，输入 Index 为 3（使它与图 7-112 所示的 OPC Server_1 插槽号保持一致）后单击"OK"按钮，系统弹出如图 7-113 所示的提示框，再单击"OK"按钮后，结果如图 7-114 所示。

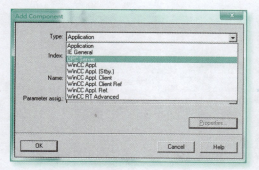

图7-110　添加OPC Server（1）

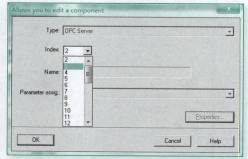

图7-111　添加OPC Server（2）

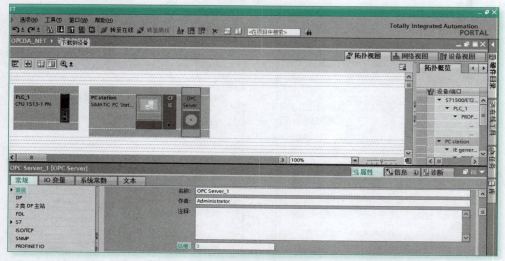

图7-112　博途TIA中查看OPC Server_1插槽号

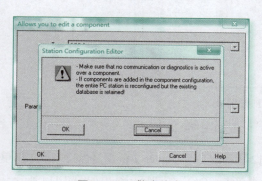

图7-113　警告信息

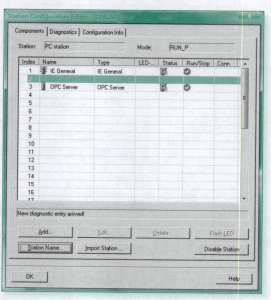

图7-114　最终结果

⑥ 如图 7-115~ 图 7-118 所示，编译、搜索下载 PC station。

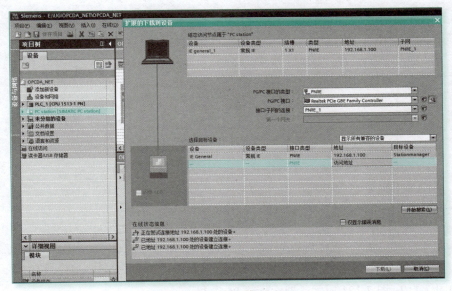

图7-115 搜索下载PC station

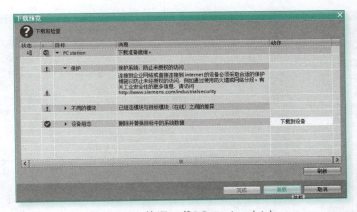

图7-116 编译下载PC station（1）

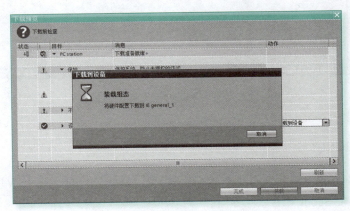

图7-117 编译下载PC station（2）

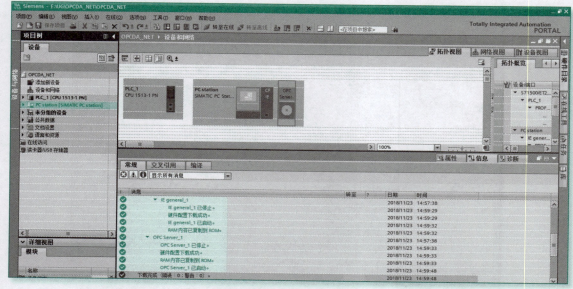

图7-118 编译下载PC station（3）

⑦ 如图 7-119~ 图 7-121 所示，搜索下载 PLC_1。

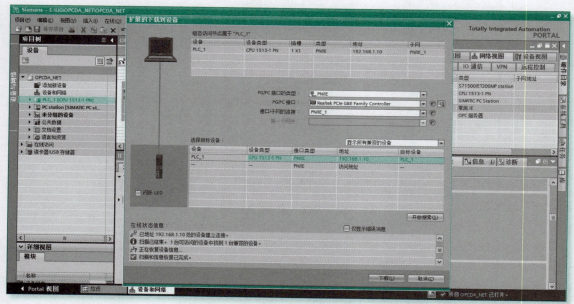

图7-119 搜索下载PLC_1（1）

（3）加载与配置 SimaticNET

1）加载 SimaticNET。

① 如图 7-122 所示，单击桌面左下方"开始→所有程序→ OPC Scout V10"命令，进入如图 7-123 所示的 OPC Scout V10 软件界面。

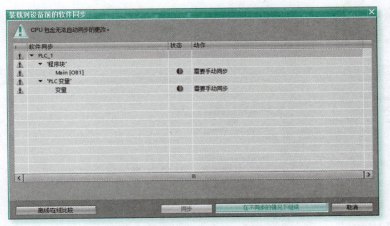

图7-120　搜索下载PLC_1（2）

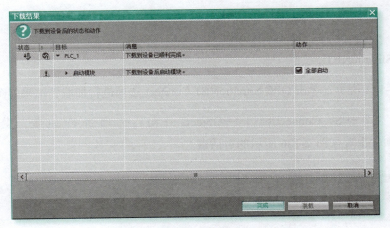

图7-121　搜索下载PLC_1（3）

图7-122　运行程序

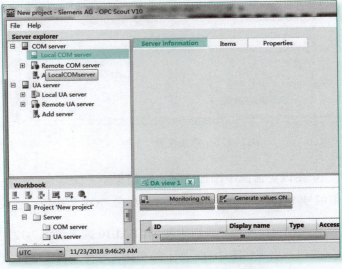

图7-123　OPC Scout V10软件界面

② 单击窗口左侧 Server Explore 目录树中的 Local COM Server 选项进行加载，加载结果如图 7-124 所示。

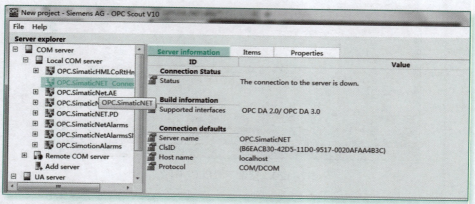

图7-124　加载结果

2）配置 SimaticNET。

① 如图 7-124 所示，单击 OPC.SimaticNET Connect 选项进行加载，结果如图 7-125 所示。

② 单击"S7 → S7_Connection_1 → Objects → M"选项进行加载，最后双击 [New Definition] 选项，出现如图 7-126 所示的对话框。

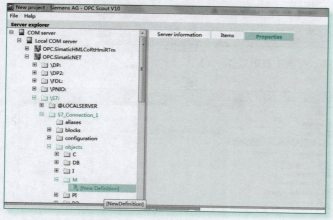

图7-125　添加变量（1）

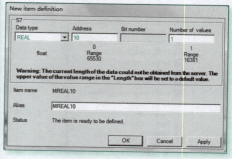

图7-126　添加变量（2）

③ 在该对话框中添加变量：数据类型（Data type）为 REAL，地址（Bit number）为 10，数值编号（Number of values）为 1。单击"OK"按钮，进入如图 7-127 所示的界面。

④ 拖动窗口左侧目录树中的 MREAL10 选项到图 7-127 所示的位置，然后单击"Monitoring ON"按钮，出现如图 7-128 所示的变化，等待监视该变量的 Quality 由 bad 变为 good。

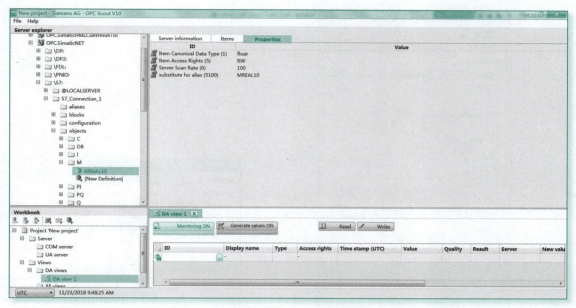

图7-127　建立并监视

图7-128　监视该变量

（4）信号配置

1）如图 7-129 所示，在 NX MCD 环境中创建外部信号配置。

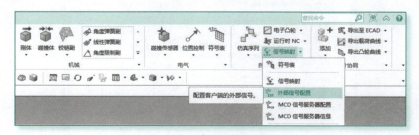

图7-129　创建外部信号配置

2）如图 7-130 所示，在弹出的对话框中选中 OPC DA 选项卡，并单击"添加"按钮，系统弹出如图 7-131 所示的对话框，选中列表中的 OPC.SimaticNET.1 选项，单击"确定"按钮，"外部信号配置"对话框出现如图 7-132 所示的变化。

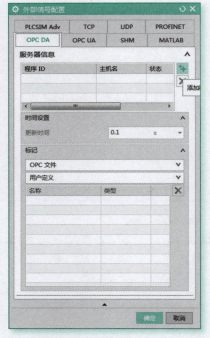

图7-130 信号连接（1）

图7-131 信号连接（2）

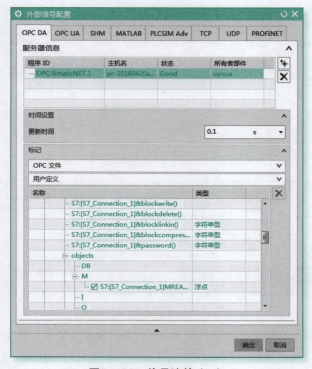

图7-132 信号连接（3）

3）建立信号映射，如图 7-133 所示。

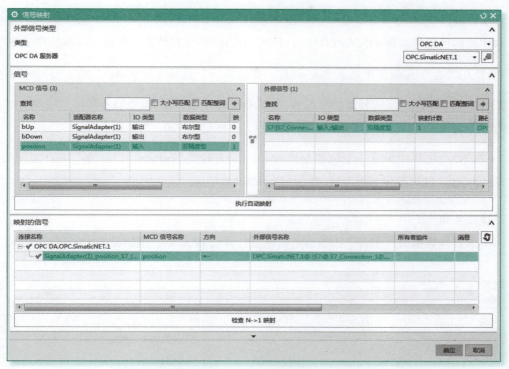

图7-133 建立信号映射

（5）仿真运行 在博途 TIA 的监控表中，在线改变 MD10 的数据为 500，如图 7-134 所示，NX MCD 中的方块沿着滑动副正方向向 500mm 处运动；若 MD10 改为 0，方块就会向 0mm 处运动。

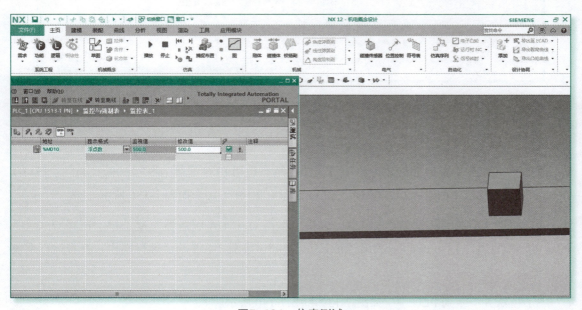

图7-134 仿真测试

7.2.3 项目三：TIA + PLC1500（OPC UA）硬件在环虚拟调试

1. 项目描述

本项目的目标是实现 TIA + PLC1500（OPC UA）的硬件在环虚拟调试。具体操作步骤如下：

1）使用博途 TIA 软件来组态 PLC 硬件，并设置一个实型变量 y1000，地址为 %MD100。

2）在 NX MCD 中完成外部信号配置：配置 OPC UA 服务器，设置服务器信息端点 URL（本例 URL 为 opc.tcp://192.168.1.10:4840），刷新后选中标记 y1000。

3）在 NX MCD 中设置一个位置变量 position，并建立 position 与 MCDy_1000 之间的信号映射，从而完成 PLC 变量与 NX MCD 信号 position 的连接。

2. 项目实施

（1）设置计算机 IP　如图 7-135 所示，设置计算机 IP 地址，本例设为 192.168.1.100。

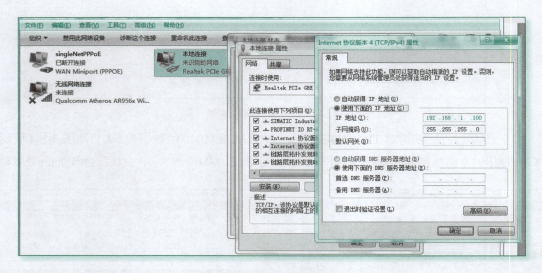

图7-135　设置计算机IP地址

（2）创建一个 PLC 项目

1）使用博途 TIA 软件创建一个项目，硬件组态选用 PLC 型号为 S7-1500，CPU 为 1513-1 PN，订货号为 6ES7 513-1AL01-0AB0，IP 设置为 192.168.1.10，如图 7-136 所示。

2）按图 7-137 所示设置 OPC UA，选中"激活 OPC UA 服务器"复选框。记录 OPC UA 的服务器地址（本例为 opc.tcp://192.168.1.10:4840）。按图 7-138 所示进行操作，查看运行系统许可证。

3）搜索并下载到 PLC 中，如图 7-139 和图 7-140 所示。

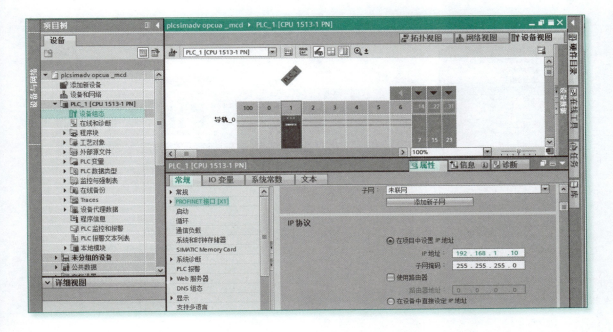

图7-136　创建PLC项目

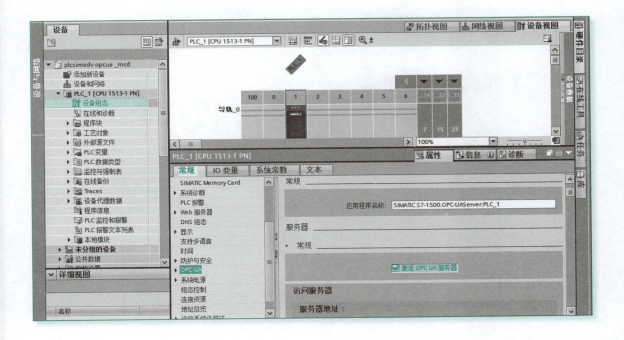

图7-137　设置"OPC UA"

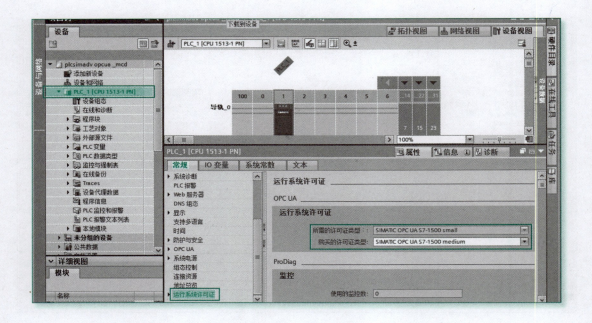

图7-138　运行系统许可证

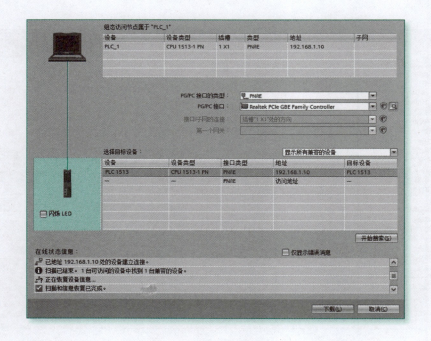

图7-139　下载到PLC中

图7-140　下载并运行

4）在监控表中设置一个浮点数变量 y1000，地址为 %MD100，如图 7-141 所示。

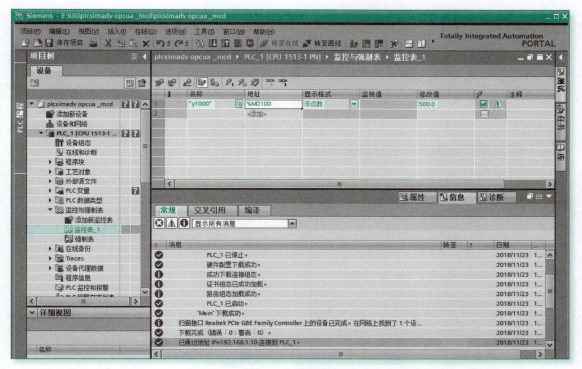

图7-141　设置变量

（3）在 NX MCD 中建立信号连接

1）如图 7-142 所示，创建外部信号配置，系统弹出如图 7-143 所示的"外部信号配置"对话框。

如图 7-143 所示，单击选中 OPC UA 选项卡，单击"添加"按钮，系统弹出如图 7-144 所示的对话框。在该对话框中输入服务器信息端点 URL：opc.tcp://192.168.1.10:4840，单击"确定"按钮，出现如图 7-145 所示的对话框，再单击"确定"按钮，返回图 7-143 所示的对话框。在 OPC UA 选项卡的"标记"选项区域中选中 y1000 选项后，单击"确定"按钮。

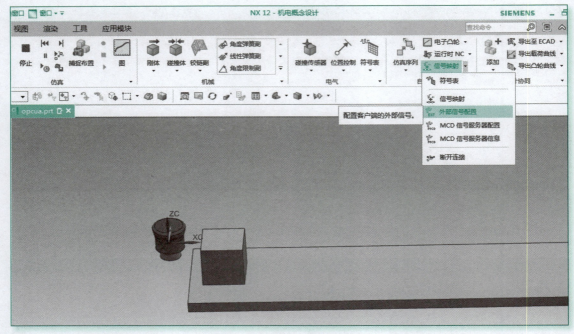

图7-142　建立外部信号配置

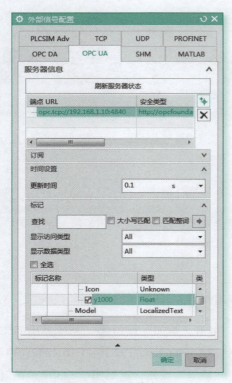

图7-143　连接变量

图7-144　服务器信息（1）

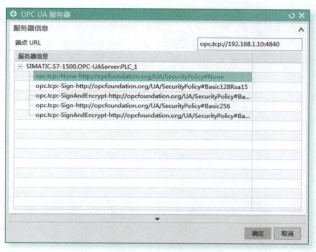

图7-145 服务器信息（2）

2）在 NX MCD 中建立 NX MCD 的内部信号与 PLC 外部信号之间的连接关系。如图 7-146 和图 7-147 所示，建立信号映射。

图7-146 建立信号映射（1）

图7-147 建立信号映射（2）

（4）仿真运行

如图 7-148 所示，在博途 TIA 中，在线改变变量 y1000 的数值为 500，可以看到 NX MCD 环境中的方块沿着滑动副正方向运动，直到 500mm 处停下来，如图 7-149 所示；当变量 y1000 的数值为 0 的时候，方块就会向相反方向运动，直到 0mm 处停下来。

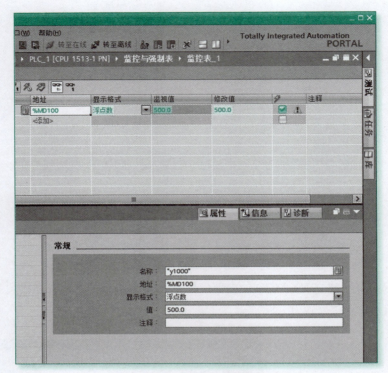

图7-148　设置PLC变量的数值

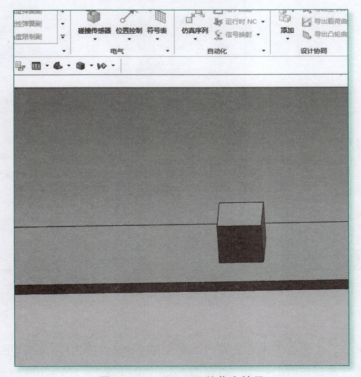

图7-149　NX MCD的仿真效果

7.3 软件在环虚拟调试

7.3.1 项目四：TIA + PLCSIM Advanced（SOFTBUS）软件在环虚拟调试

1. 项目描述

本项目的目标是实现 TIA + PLCSIM Advanced（SOFTBUS）软件在环虚拟调试。具体操作步骤如下：

1）使用博途 TIA 软件来组态 PLC，并设置实型变量 y1000，地址为 %MD100。

2）启动 S7-PLCSIM Advanced，创建实例 abc，启动并激活该实例；把博途 TIA 中的 PLC组态下载到该实例中。

3）在 NX MCD 中完成外部信号配置。

① 配置 PLCSIM adv，刷新后选中标记 y1000。

② 在 NX MCD 中设置一个位置变量 position，建立 position 与 y1000 之间的信号映射，从而完成 PLC 变量与 NX MCD 信号 position 的连接。

③ 进行仿真测试。

2. 项目实施

（1）创建 PLC 项目

1）使用博途 TIA 创建一个 PLC 项目，如图 7-150 所示。项目命名为 plcsimadv_mcd；并注意图中的版本选择，本例为 V14 SP1。

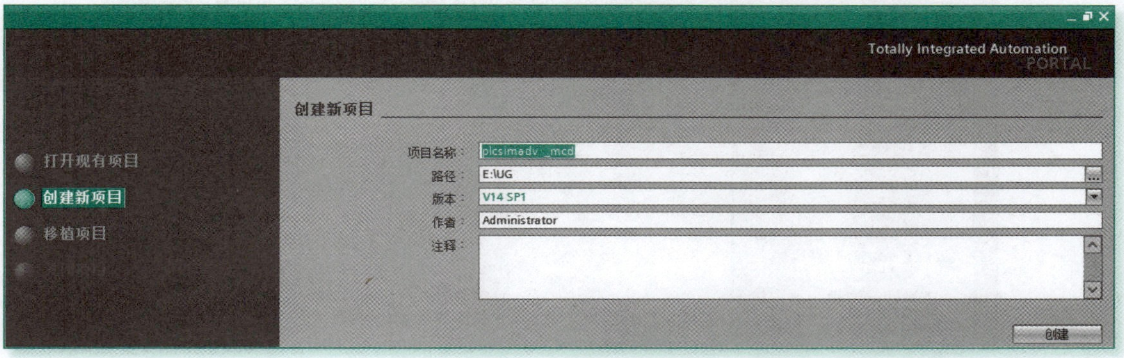

图7-150 创建PLC项目

2）如图 7-151 所示，双击左侧"项目树"中的"添加新设备"选项，在右侧选中 PLC 型号：这里选用 CPU 为 1513-1 PN，订货号为 6ES7 513-1AL01-0AB0，版本为 V2.1。单击"确定"按钮。

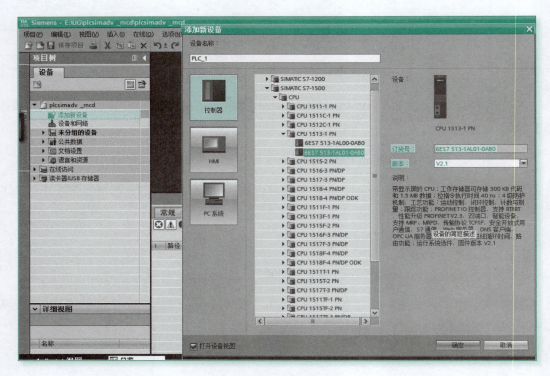

图7-151　选择PLC型号

设备组态结果如图 7-152 所示。

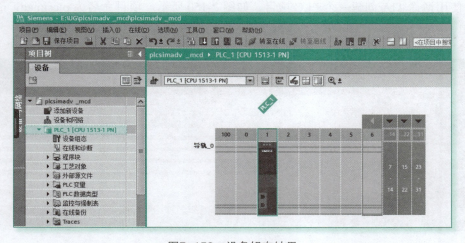

图7-152　设备组态结果

3）如图 7-153 所示，右击左侧"项目树"中的 plcsimadv_mcd 选项，在弹出的菜单中单击"属性"命令，系统弹出如图 7-154 所示的对话框。在该对话框中选中"块编译时支持仿真。"复选框，然后单击"确定"按钮。

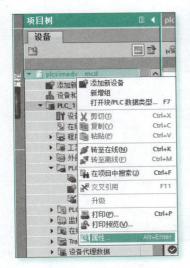

图7-153　选择项目属性

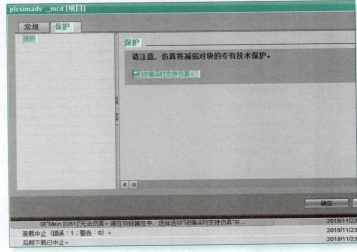

图7-154　选中"块编译时支持仿真"复选框

4）如图 7-155 所示，添加默认变量表，变量名称为 y1000，数据类型为 Real，地址为 %MD100。

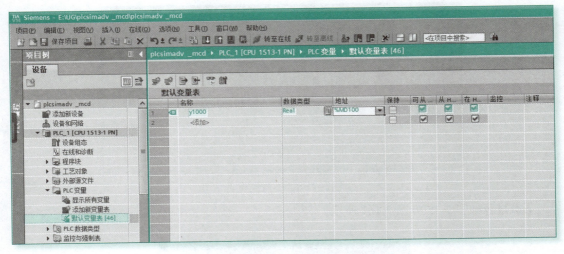

图7-155　添加变量表

（2）创建 S7-PLCSIM Advanced 实例并下载 PLC 项目组态到实例中

1）按图 7-156 所示进行操作，以管理员身份运行 S7-PLCSIM Advanced V2.0。如图 7-157 所示，在弹出的界面中输入实例名称（Instance name）abc，并单击按钮"Start"按钮启动该实例。

图7-156　以管理员身份运行

图7-157　启动运行实例

2）如图 7-158 所示，单击工具栏中的"下载到设备"命令按钮。

图7-158　下载到设备

下载过程如图 7-159~ 图 7-161 所示。

图7-159　编译下载（1）

图7-160　编译下载（2）

图7-161　编译下载（3）

3）如图 7-162 所示，单击工具栏中的"转至在线"命令按钮，并监视变量 y1000，如图 7-163 所示。

图7-162　转至在线

（3）在 NX MCD 中连接信号

1）如图 7-164 所示，在 NX MCD 中进行外部信号配置。

如图 7-165 和图 7-166 所示，单击选中 PLCSIM Adv 选项卡，单击"刷新注册实例"按钮，选中实例 abc，在"显示"下拉列表框中选择 M 选项，选中变量名称 y1000 后，单击"确定"按钮。

图7-163　监视变量

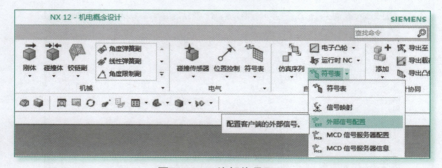

图7-164　外部信号配置

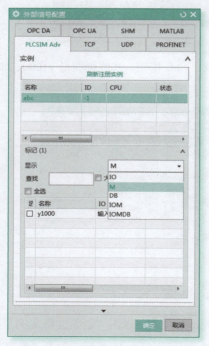

图7-165　选择设置实例（1）

图7-166　选择设置实例（2）

2）如图 7-167 所示，创建信号映射。

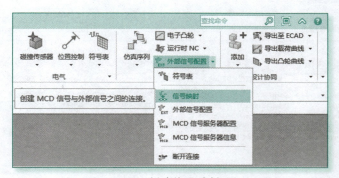

图7-167　创建信号映射（1）

如图 7-168 所示，在弹出的"信号映射"对话框中，选择 PLCSIMAdv 实例为 abc；并在"MCD 信号（4）"选项区域中选中名称为 position 的信号；在"外部信号（1）"选项区域中，选中名称为 y1000 的信号；然后单击中间的"映射信号"按钮，即可把 NX MCD 中的 position 信号与外部 PLCSIM Adv 信号 y1000 连接在一起。连接之后的结果如图 7-169 所示。此时，这两个信号的数值任意一个发生了变化，另外一个也会跟着发生变化，二值始终相等。

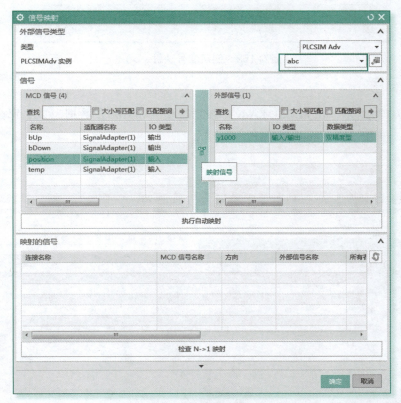

图7-168　创建信号映射（2）

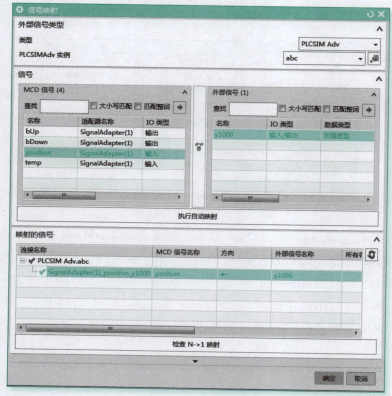

图7-169　创建信号映射（3）

（4）仿真运行

1）如图7-170所示，在PLCSIM Adv中强制修改%MD100的数据为20，那么在NX MCD中方块就会运动到滑动副20mm位置处。

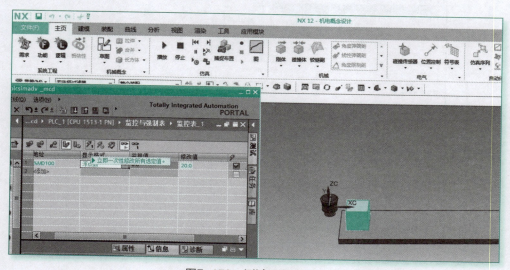

图7-170　测试运行（1）

2）如图 7-171 所示，强制修改 PLCSIM Adv 中 %MD100 的数据为 500，那么在 NX MCD 中方块就会运动到滑动副 500mm 位置处。

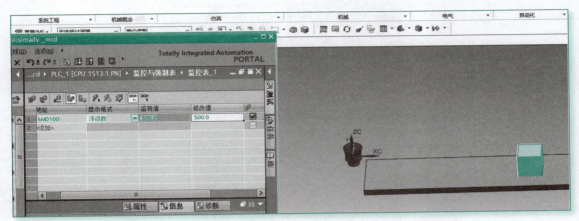

图7-171　测试运行（2）

7.3.2　项目五：TIA + PLCSIM Advanced（OPCUA）软件在环虚拟调试

1. 项目描述

本项目的目标是实现 TIA + PLCSIM Advanced（OPCUA）软件在环虚拟调试。具体操作步骤如下：

1）使用博途 TIA 软件组态 PLC，设置一个实型变量 y1000，地址为 %MD100。

2）在计算机上设置本地连接 IP。

3）设置虚拟网络适配器 Siemens PLCSIM Virtual Ethernet Adaptor；然后启动 S7-PLCSIM Advanced，建立实例 abc，启动并激活该实例；再把博途 TIA 中的 PLC 组态下载到该实例中。

4）在 NX MCD 中完成外部信号配置。配置 OPC UA 服务，并建立 y1000 与 NX MCD 中一个位置变量 position 之间的信号映射，从而完成 PLC 变量与 NX MCD 信号 position 的连接。

5）更改数据进行仿真测试。

2. 项目实施

（1）创建 PLC 项目

1）如图 7-172 所示，使用博途 TIA 创建一个项目，项目命名为 plcsimadv opcua_mcd。如图 7-173 所示，PLC 型号选择与 7.3.1 项目四相同，注意版本信息。

2）如图 7-174 所示，右击左侧"项目树"中的 plcsimadv opcua _mcd 选项，在弹出的菜单中单击"属性"命令。

图7-172　创建项目

图7-173　选择PLC型号

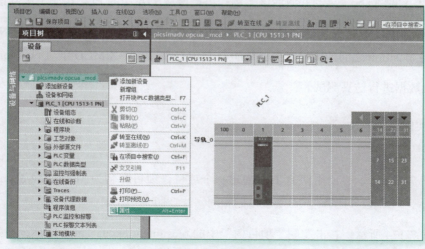

图7-174　修改项目属性

弹出的对话框如图 7-175 所示，选中"保护"选项卡，选中"块编译时支持仿真。"复选框。

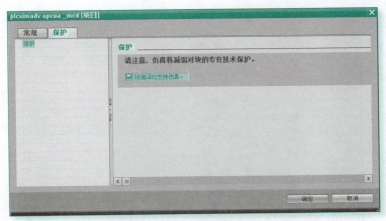

图7-175　选中"块编译时支持仿真"复选框

3）如图 7-176 所示，在设备组态的"常规"属性中，选择"防护与安全"选项，在右侧的"连接机制"选项区域中选中"允许来自远程对象的 PUT/GET 通信访问"复选框。

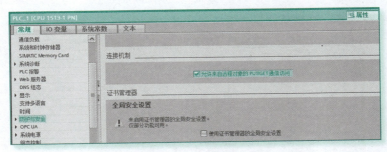

图7-176　设置防护与安全

4）如图 7-177 所示，在设备组态的"常规"属性中，选择 OPC UA 选项，在右侧的"常规"选项区域中选中"激活 OPC UA 服务器"复选框，系统弹出提示框，单击"确定"按钮。

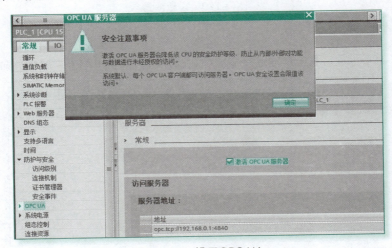

图7-177　设置OPC UA

5）如图 7-178 所示，在运行系统许可证中选择许可证类型为 SIMATIC OPC UA S7-1500 medium。

图7-178　设置运行系统许可证

6）如图 7-179 所示，在默认变量表里新增变量 y1000。

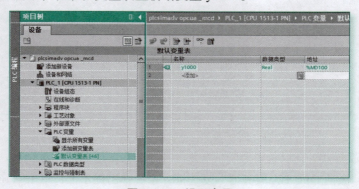

图7-179　设置变量

（2）设置本地连接

1）如图 7-180 所示，右击本地连接 2 图标，在弹出的菜单中单击"属性"命令。

图7-180　设置本地连接（1）

2）系统弹出如图 7-181 所示的对话框。选中"Internet 协议版本 6(TCP/IPv6)"复选框，并在弹出的对话框中按照图示设置 IP（本例 IP 为 192.168.0.2），最后单击"确定"按钮。

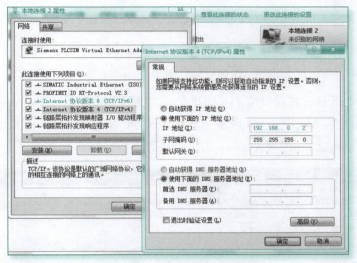

图7-181　设置本地连接（2）

（3）设置 Siemens PLCSIM Virtual Ethernet Adaptor 虚拟网络适配器

1）以管理员身份打开 S7-PLCSIM Advanced V2.0，系统弹出程序窗口，如图 7-182 所示，按图示完成如下设置：

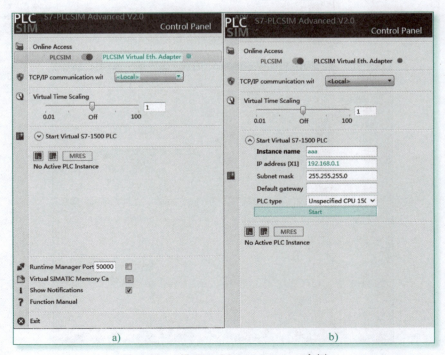

图7-182　设置PLCSIM Advanced实例

① 在线访问（Online Access）选择 PLCSIM Virtual Eth.Adapter 选项。

② 通信地址 TCP/IP communication with…选择 Local（本地 IP 为 192.168.0.2）。

③ 设置实例名称（Instance name）为 aaa。

④ 实例 IP 地址（IP address）设置为 192.168.0.1，子网掩码（Subnet mask）为 255.255.255.0。最后，单击"Start"按钮启动并激活该实例。

2）如图 7-183 所示，将在博途 TIA 中建立好的项目下载到 PLCSIM Advanced 中。下载设置及下载过程如图 7-184~ 图 7-188 所示。其中，PG/PC 接口的类型为 PN/IE，PG/PC 接口为 Siemens PLCSIM Virtual Ethernet Adapter。

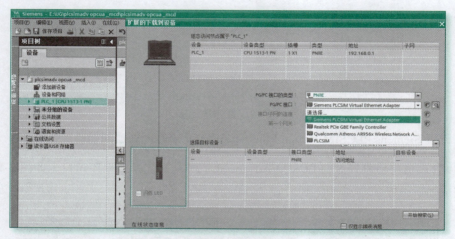

图7-183　下载到PLCSIM Advanced中

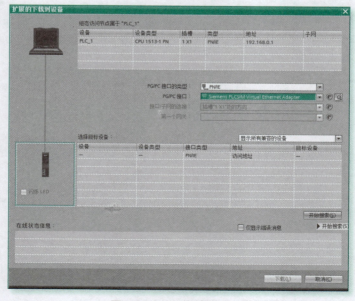

图7-184　下载过程（1）

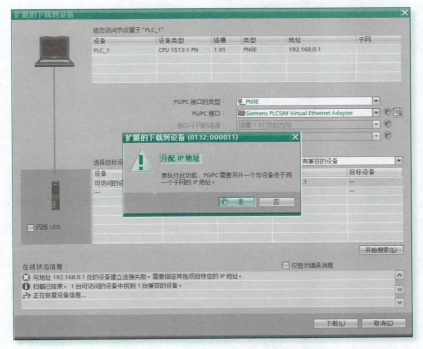

图7-185　下载过程（2）

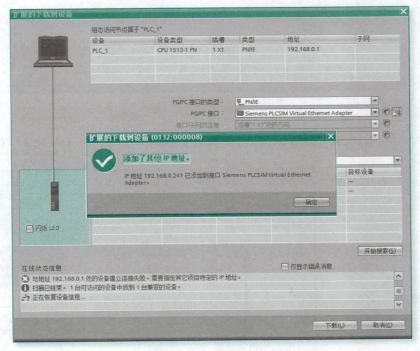

图7-186　下载过程（3）

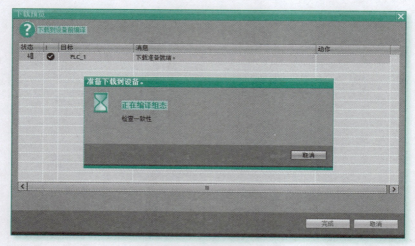

图7-187 下载过程（4）

图7-188 下载过程（5）

如图 7-189 所示，复制此处的访问服务器地址（opc.tcp://192.168.0.1:4840）以备用。

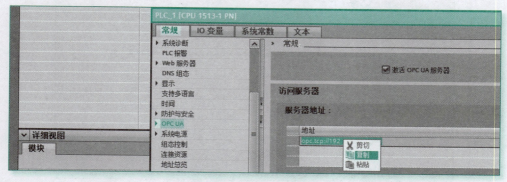

图7-189 复制访问服务器地址

3）如图 7-190 所示，修改变量 y1000 的值为 500。

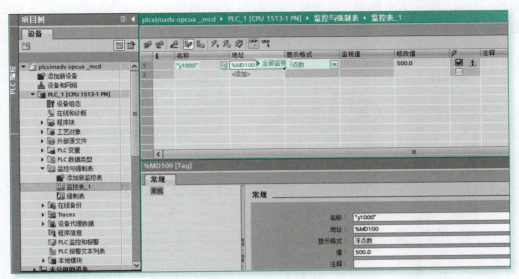

图7-190　修改变量值

（4）在 NX MCD 中连接信号

1）如图 7-191 所示，在 NX MCD 中进行外部信号配置。

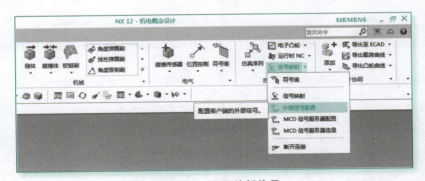

图7-191　配置外部信号

2）如图 7-192 所示，在弹出的"外部信号配置"对话框中选中 OPC UA 选项卡，单击"添加"按钮 。

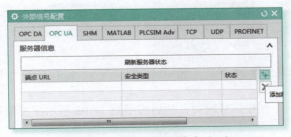

图7-192　添加服务器信息（1）

3）如图 7-193 所示，在弹出的对话框中，把前面复制的地址（opc.tcp://192.168.0.1:4840）粘贴到"端点 URL"文本框中，添加服务器地址，对话框变化为如图 7-194 所示。选中地址，单击"确定"按钮。

图7-193　添加服务器信息（2）

图7-194　添加服务器信息（3）

4）如图 7-195 和图 7-196 所示，在 PLC_1 下的 Memory 中，选中 y1000 选项，单击"确定"按钮。

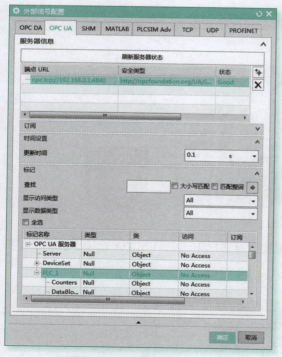

图7-195　选择变量（1）

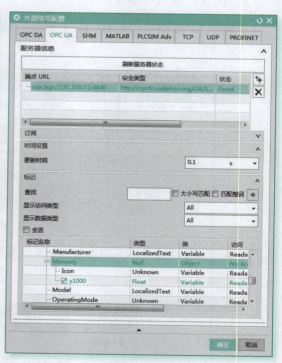

图7-196　选择变量（2）

5）如图 7-197 所示，创建信号映射，然后按照图 7-198 所示配置信号映射。

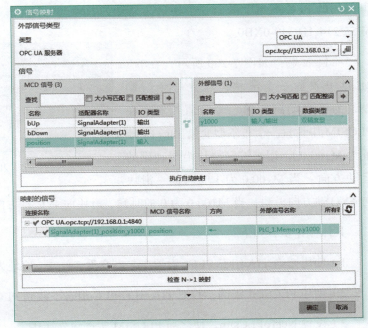

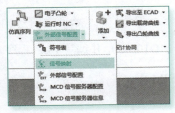

图7-197　建立信号映射

图7-198　配置信号映射

（5）仿真测试　如图7-199所示，在 NX MCD 中单击"播放"按钮，在 PLC 监控表中修改 %MD100 为 500，单击"写入"按钮，就可以看到 NX MCD 中物块开始向 500mm 处移动。

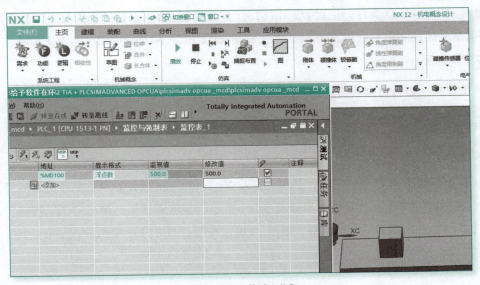

图7-199　仿真测试

7.3.3　项目六：TIA + PLCSIM+Net ToPLCsim+KEPServerEX软件在环虚拟调试

1. 项目描述

本项目的目标是实现 TIA + PLCSIM+Net ToPLCsim+KEPServerEX 软件在环虚拟调试。这

里使用的 PLC 不同于以上各个项目，型号为 S7-1200、CPU 为 1214C DC/DC/Rly、订货号为 6ES7 214-1HG40-0XB0。

项目效果：如图 7-200 所示，在 NX MCD 中放置一个滑块，建立一个滑动副，为该滑动副创建一个位置控制。在 PLCSIM 中设置一个布尔型变量 Tag_1（地址为 M100.0），用来控制滑块沿滑动副的运动方向：当 M100.0 为 1 的时候，滑块

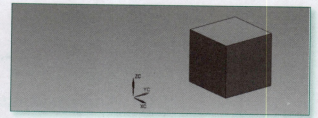

图7-200　项目效果示意图

向 +YC 轴方向滑动；当 M100.0 为 0 的时候，滑块向 -YC 轴方向滑动。

具体操作步骤如下：

1）使用博途 TIA 组态 PLC，设置布尔型变量 Tag_1（地址为 MD100.0），并编写 PLC 程序。

2）创建 PLCSIM 实例，并把 TIA 中的 PLC 组态下载到 PLCSIM 中。

3）设置 NetToPLCsim，使之与 PLCSIM 实例建立连接。

4）设置 KEPServerEX，创建名称为 BOOL 的标记，使之通过 NetToPLCsim 与 PLCSIM 实例中的变量 MD100.0 建立连接。

5）创建 NX MCD 项目，建立滑块、滑动副、位置控制、布尔型信号 Sg1 及运行时表达式后，建立外部信号连接和信号映射，使 Sg1 通过 KEPServerEX、NetToPLCsim 与 PLCSIM 实例中的 MD100.0 相连接。

6）更改数据进行仿真测试。

2. 项目实施

（1）创建 PLC 项目

1）在创建 PLC 项目之前，必须先打开 NetToPLCsim 软件。具体操作是：以管理员身份打开 NetToPLCsim，系统弹出如图 7-201 所示的警告对话框，单击"是"按钮，系统弹出如图 7-202 所示的进度对话框，单击"OK"按钮，即可打开 NetToPLCsim 软件。

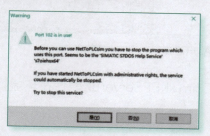

图7-201　打开NetToPLCsim（1）

图7-202　打开NetToPLCsim（2）

打开 NetToPLCsim 之后，才可以开始创建 PLC 项目。

2）打开博途 TIA，如图 7-203 所示，创建新项目，项目名称为"项目 3"。

PLC 参数设置如图 7-204 所示，型号为 S7-1200、CPU 为 1214C DC/DC/Rly、6ES7 214-1HG40-0XB0。

图7-203　创建PLC项目（1）

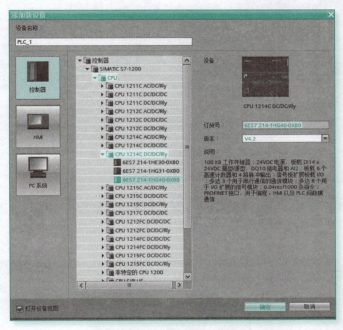

图7-204　创建PLC项目（2）

3）如图 7-205 所示，右击左侧"项目树"中的"项目 3"选项，在弹出的菜单中单击"属性"命令，系统弹出"项目 3[项目]"对话框，选中"块编译时支持仿真。"复选框。

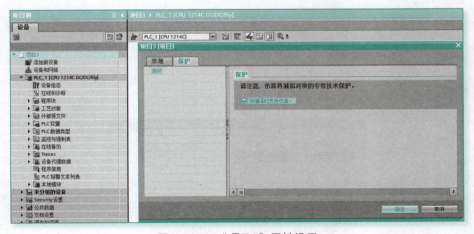

图7-205　"项目3"属性设置

4）单击"常规"属性下的"防护与安全→连接机制"选项，如图 7-206 所示，选中"允许来自远程对象的 PUT/GET 通信访问"复选框。

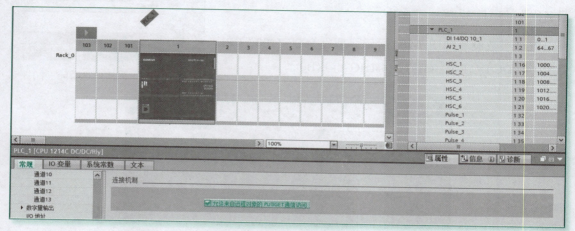

图7-206　防护与安全连接设置

5）为 PLC 添加 IP 地址为 192.168.0.1。

6）添加布尔型变量 %M100.0（该变量将用于测试与 KEPServerEX 6 的连接），并编写程序，如图 7-207 所示。

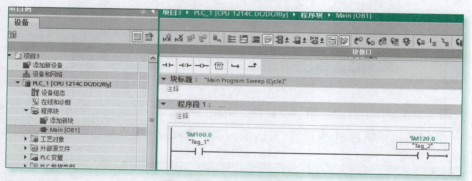

图7-207　添加变量和程序

（2）创建 PLCSIM 实例

1）打开 S7-PLCSIM V14，按照图 7-208~ 图 7-210 进行操作。

图7-208　打开S7-PLCSIM V14（1）

图7-209 打开S7-PLCSIM V14（2）

图7-210 打开S7-PLCSIM V14（3）

2）在博途 TIA 中编辑 PLC 程序，并下载到 S7-PLCSIM 中。

（3）设置 NetToPLCsim

1）切换到已经打开的 NetToPLCsim 界面，如图 7-211 所示，单击 Add 按钮。

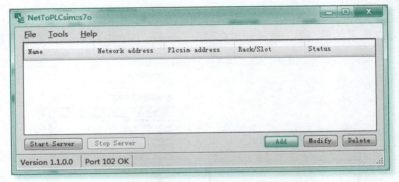

图7-211 设置NetToPLCsim（1）

2）如图 7-212 所示，在弹出的对话框中设置 Network IP Address。这里选用的是该计算机上的无线网卡网络适配器 192.168.164.3，也可使用自行添加的网络虚拟适配器。

然后添加 Plcsim IP Address，如图 7-213 所示，这里输入 IP（192.168.0.1）。

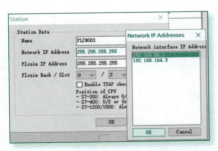

图7-212 设置NetToPLCsim（2）

图7-213 设置NetToPLCsim（3）

3）如图 7-214 所示，在 NetToPLCsim 界面中，单击左下角的 Start Server 按钮。

4）如图 7-215 所示，Network address 变为已设置的 IP，即 192.168.164.3。

图7-214　设置NetToPLCsim（4）

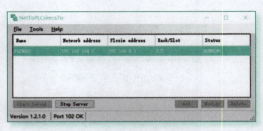

图7-215　设置NetToPLCsim（5）

（4）设置 KEPServerEX 6

1）新建通道。

① 以管理员身份运行 KEPServerEX 6，如图 7-216 所示，在窗口左侧的目录树中右击"连接性"选项，在弹出的菜单中单击"新建通道"命令，系统弹出如图 7-217 所示的"添加通道向导"对话框。

② 在图 7-217 所示的界面中，选择通道类型为 Siemens TCP/IP Ethernet，单击"下一步"按钮。

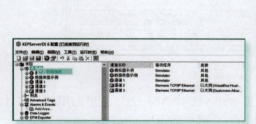

图7-216　新建通道（1）

图7-217　新建通道（2）

③ 在图 7-218 所示的界面中，输入通道的名称为"通道 4"，然后单击"下一步"按钮。

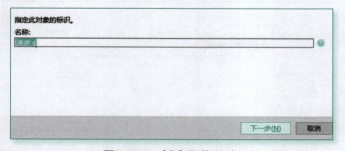

图7-218　新建通道（3）

④ 如图 7-219 所示，选用无线网卡 192.168.164.3（这里的选择取决于网络适配器），单击"确定"按钮后，再单击"下一步"按钮。

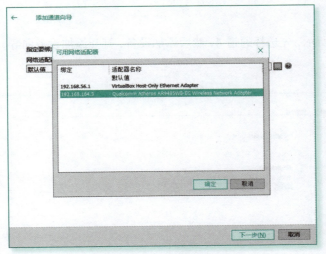

图7-219 新建通道（4）

⑤ 如图 7-220 和图 7-221 所示，均选用默认值，单击"下一步"按钮。

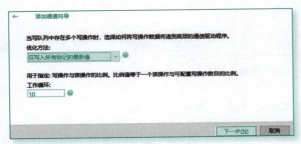

图7-220 新建通道（5）

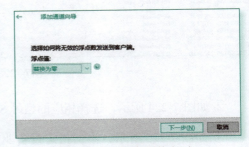

图7-221 新建通道（6）

⑥ 最终的设置如图 7-222 所示，单击"完成"按钮即可。

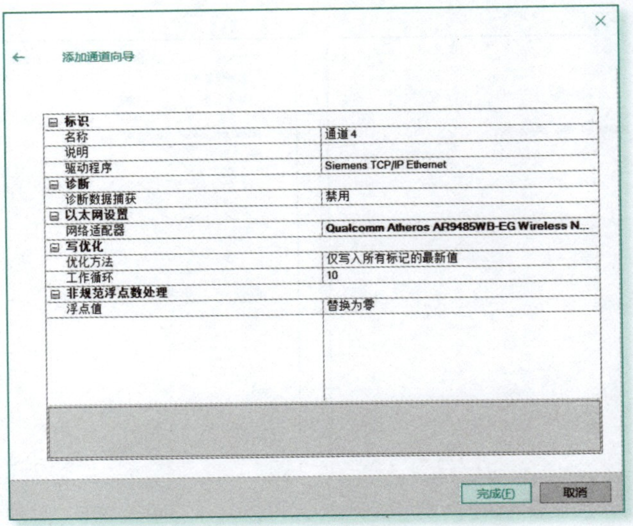

图7-222 新建通道（7）

2）添加设备。

① 如图 7-223 所示，先选择通道 4，然后添加设备，打开添加设备向导，输入名称，单击"下一步"按钮。

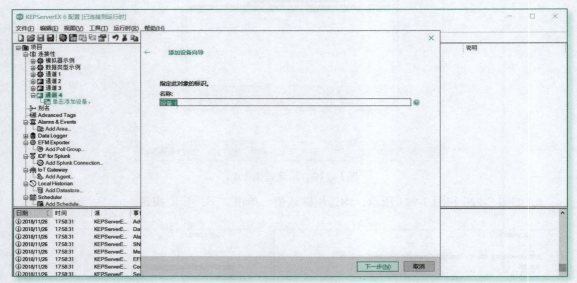

图7-223　添加设备（1）

② 如图 7-224 所示，选择相应的型号 S7-1200，单击"下一步"按钮。

③ 如图 7-225 所示，添加指定设备驱动器节点 ID（本例为所选用的网络适配器 IP 地址 192.168.164.3）。

④ 其他设置采用默认值，如图 7-226~ 图 7-234 所示。

图7-224　添加设备（2）

图7-225　添加设备（3）

图7-226 添加设备（4）

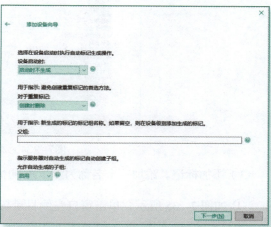

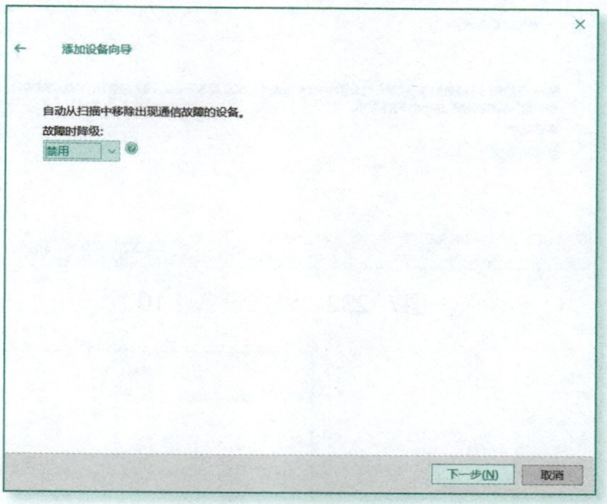

图7-227 添加设备（5）

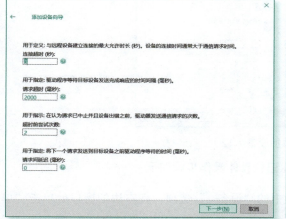

图7-228 添加设备（6）

图7-229 添加设备（7）

图7-230 添加设备（8）

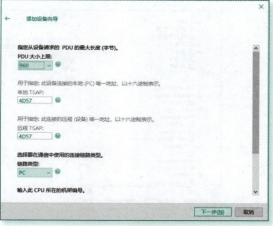

图7-231 添加设备（9）

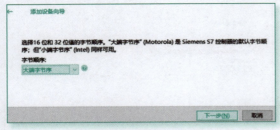

图7-232　添加设备（10）

图7-233　添加设备（11）

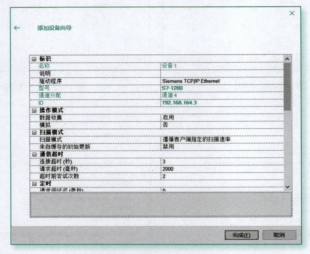

图7-234　添加设备（12）

3）添加标记。添加一个名称为 BOOL 的标记。具体操作步骤如下：

① 如图 7-235 所示，单击窗口左侧目录树中的"设备 1"选项，在右边的窗口处单击"单击添加静态标记……"选项，或者在右边窗口的空白处右击，再在弹出的菜单中单击"新建标记"命令，打开属性编辑器。

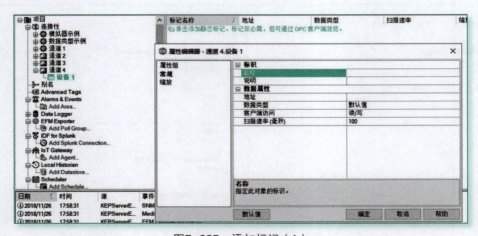

图7-235　添加标记（1）

② 如图 7-236 所示，在属性编辑器中，填写变量属性：名称为 BOOL，地址为 MB100.0，数据类型为"布尔型"。

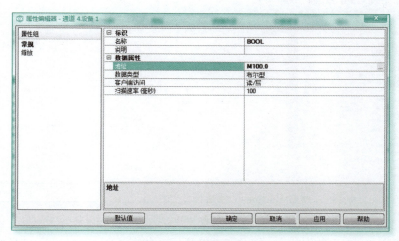

图7-236 添加标记（2）

③ 单击"确定"按钮，完成标记添加，结果如图 7-237 所示。

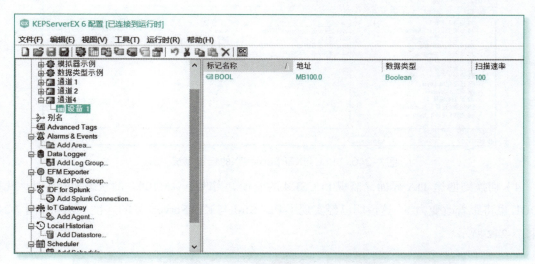

图7-237 添加标识（3）

（5）PLCSim 与 KEPServerEX 的连接测试

1）如图 7-238 所示，在博途 TIA 环境中，单击工具栏中的"转至在线"按钮。

图7-238 PLC与KEPServerEX的连接测试（1）

2）如图 7-239 所示，在 KEPServerEX 中单击工具栏中的"Quick Client"按钮。

图7-239　PLC与KEPServerEX的连接测试（2）

3）选择通道 4，查看数据状态。如图 7-240 所示，状态（Quality）显示"良好"。

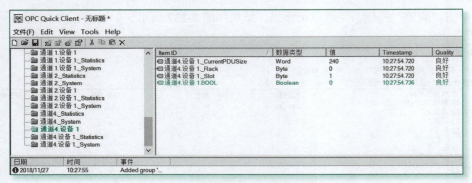

图7-240　PLC与KEPServerEX的连接测试（3）

4）切换到博途 TIA 界面，监视 PLCSIM 的变量。当改变 %M100.0 的状态为 ON 时，变量 BOOL 也将跟着改变为 1。这说明已经实现了 PLCSIM 与 KEPServerEX 的连接。效果如图 7-241 和图 7-242 所示。

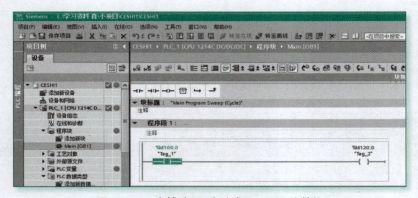

图7-241　在博途TIA中改变PLCSIM的数值

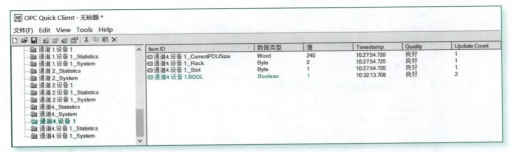

图7-242　连接数据在OPC中的变化

（6）NX MCD 与 KEPServerEX、PLCSIM 的连接测试

1）创建 NX MCD 仿真模型。

① 如图 7-243 所示，在 NX MCD 环境中放置长方体，尺寸为 100mm×100mm×100mm；把长方体设定为刚体；创建滑动副（选择连接件为该长方体刚体、指定轴矢量为 Y 轴方向）。

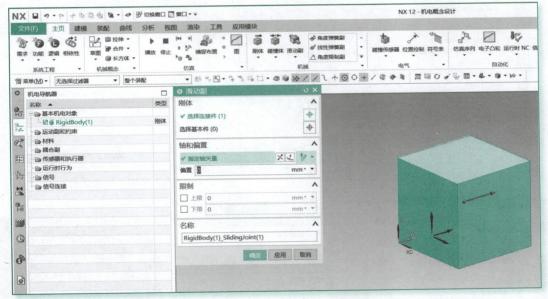

图7-243　创建NX MCD仿真模型

② 如图 7-244 所示，为该滑动副创建速度控制。

③ 如图 7-245 所示，创建信号 Sg1。信号设置如图 7-246 所示，IO 类型为"输入"，数据类型为"布尔型"。

④ 如图 7-247 所示，创建一个运行时表达式。要赋值的参数的选择对象为速度控制；输入参数的选择对象为信号 Sg1；表达式公式为 if (Sg1=true) 100 else −100，其含义是：当信号 Sg1 为 ON 时，令滑动副以 100mm/s 的速度滑行；当 Sg1 为 OFF 时，令滑动副以 −100mm/s 的速度向相反方向滑行。

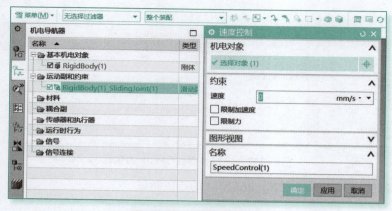

图7-244　创建速度控制

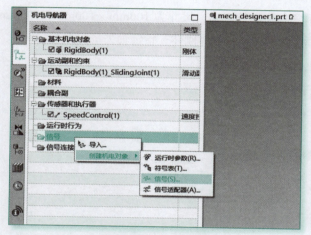

图7-245　创建信号

图7-246　设置信号

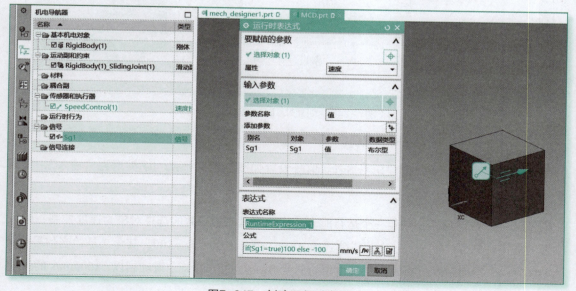

图7-247　创建运行时表达式

2）NX MCD 与 KEPServerEX 外部信号的连接

① 如图 7-248 所示，在 NX MCD 中进行外部信号配置。

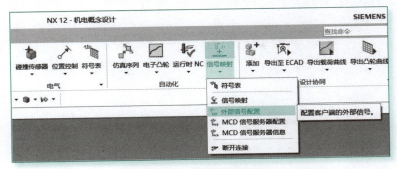

图7-248　外部信号配置

② 添加服务器的过程如图 7-249 所示，单击"添加新服务器"按钮，系统弹出"OPC DA 服务器"对话框，选中 Kepware.KEPServerEX.V6 选项，单击"确定"按钮。此时，在"外部信号配置"对话框的标记列表中可以看到名称为 BOOL 的外部变量（这里是通道 4 → 设备 1 → BOOL）。

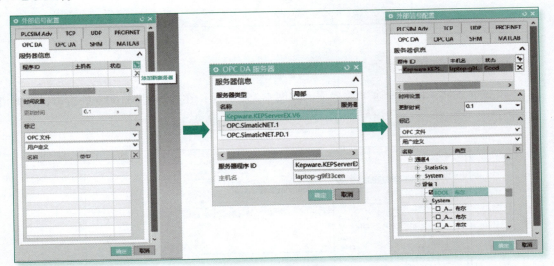

图7-249　添加服务器

③ 创建信号映射。如图 7-250 所示，创建信号映射。

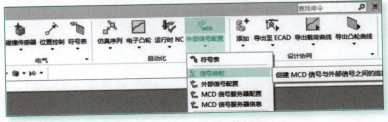

图7-250　创建信号映射

④ 创建 NX MCD 信号 Sg1 与外部信号 BOOL 之间的连接。在图 7-251 中，分别选中 MCD 信号中的 Sg1 和外部信号中的 BOOL，然后单击中间"映射"按钮，则两个信号的映射结果出现在对话框下面的映射信号列表中。

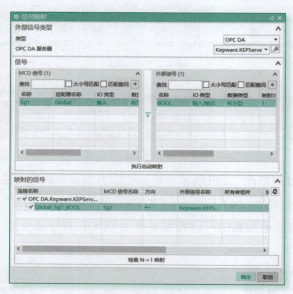

图7-251　创建信号映射

（7）仿真测试

1）配置完成后，回到博途 TIA 界面。如图 7-252 所示，在梯形图 M100.0 处右击，在弹出的菜单中单击"修改→修改为 1"命令，改变 %M100.0 的值为 1。

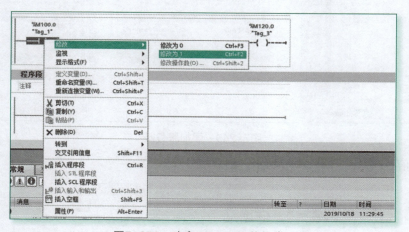

图7-252　改变%M100.0的值为1

2）效果如图 7-253 所示，KEPServerEX 中变量 BOOL 的值也跟着变为 1，与此同时，可以看到，在 NX MCD 中，方块也开始沿 Y 轴正方向运动。

图7-253 仿真效果（1）

3）若改变 %M100.0 的值为 0，如图 7-254 所示，NX MCD 中方块将沿着 Y 轴负方向运动。

图7-254 仿真效果（2）

7.4 本章小结

虚拟调试是机电一体化概念设计的核心内容。本章介绍的虚拟调试更加关注对虚拟调试的环境构建与实现虚拟调试的全过程，即软、硬件调试环境的搭建和简单案例实施的全过程。通过本章项目的实例讲解，读者能够掌握建立虚拟调试闭环系统的核心步骤。

虚拟调试分为两大部分，即"虚—实"调试与"虚—虚"调试。其中，"虚—实"调试是硬件在环虚拟调试，即用真实的 PLC 设备来控制虚拟的机电设备；"虚—虚"调试则是软件在环虚拟调试，即用虚拟的 PLC 来控制虚拟的机电设备。根据所用软、硬件设备的不同，本章关于硬件在环虚拟调试设置了三个项目，用博途 TIA 对 PLC 编程，数据连接分别使用与 KEPServerEX、SIMATIC NET 和 OPC UA 的连接方法。软件在环虚拟调试也设置了三个项目，PLC 部分分别使用了 S-1500 和 S-1200，组态均使用博途 TIA。软件在环虚拟调试的前两个项目均使用了 PLCSIM Advanced，采用建立运行实例并把 PLC 组态下载到该实例中的方式进行调试，数据分别采用与 SOFTBUS 和 OPC UA 连接的方法；最后一个软件在环虚拟调试项目使用了 PLCSIM、NetToPLCsim 和 KEPServerEX 6 的数据连接方法。

习题

1. 什么是虚拟调试？虚拟调试有哪些分类？

2. 试举例说明硬件在环虚拟调试的主要操作步骤。

3. 试举例说明软件在环虚拟调试的主要操作步骤。

第8章
CHAPTER 8

流水灯虚拟调试项目

8.1 流水灯虚拟调试项目概述

本章介绍流水灯虚拟调试项目。该项目分为两个子项目。

1. 流水灯全回路虚拟调试项目

该子项目的学习重点是虚拟调试全闭环综合操作，包含从 NX MCD 三维建模到 PLC 编程、信号连接与虚拟调试等内容，期望能够让读者在虚拟调试全回路的所有技能点上得到一个提升。在该子项目中，PLC 程序是手工编写的。

2. 基于仿真序列的PLC程序生成与调试项目

该子项目的学习重点是利用 NX MCD 仿真序列自动生成 PLC 程序，即从 NX MCD 序列编辑器中导出 PLCopen XML 文件，再把该文件导入到 STEP7 软件中，经过处理生成 S300 的 PLC 顺序功能程序，再经过修改导出到博途 TIA 中，最后移植到 S7-1500 中，转换为 TIA 平台下的 PLC 梯形图程序，从而完成程序的自动生成与转换过程。该部分用 PLCSIM Advanced 进行虚拟调试，通过博途 TIA 对数据的监控与修改来介绍 PLC 程序与 NX MCD 模型之间的信息交换的动作控制关系。

8.2 项目一：流水灯全回路虚拟调试

8.2.1 流水灯项目简介

1. 功能简介

综合应用 PLC 编程与 NX MCD 虚拟调试技术，完成一个流水灯控制项目。项目主要内容包括：NX MCD 三维建模设计、NX MCD 运动模型设计与连接信号、PLC 程序编制与下载等。该项目使用的是 TIA + PLCSIM+NetToPLCsim+KEPServerEX 虚拟调试，主要内容涉及 TIA 中的 PLC 组态与编程、PLCSIM 与 NetToPLCsim 的连接、NetToPLCsim 与 KEPServerEX 的连接以及 KEPServerEX 与 NX MCD 的连接等技术。通过完成本项目，读者能够比较完整地掌握 PLC 编程控制与 NX MCD 虚拟设备运动的调试技术。流水灯项目中 4 个灯泡的编号如图 8-1 所示。

图8-1　流水灯项目灯泡编号

流水灯项目的功能进程描述如图 8-2 所示。

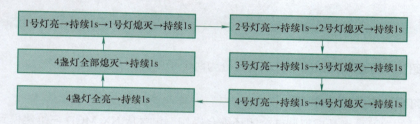

图8-2　流水灯项目功能进程描述

工作过程为：按照时间顺序，首先点亮 1 号灯，持续 1s 后熄灭 1 号灯；点亮 2 号灯，持续 1s 后熄灭 2 号灯；如此下去，直到 4 号灯熄灭，然后同时点亮全部 4 盏灯，持续 1s 后，熄灭所有灯，再持续 1s，从而完成 1 次循环。如此往复，实现流水灯的工作流程。

2.创建过程

1）创建各个部件的三维模型。

2）创建 NX MCD 运动模型。

3）创建仿真。具体操作过程如下：

① 以管理员身份运行启动 NetToPLCsim。

② 运行 TIA 建立 PLC 程序，并下载到 PLCSIM 中。

③ 在 NetToPLCsim 添加一个 PLCSIM 的连接。

④ 设置 KEPServerEX 信号的连接。

⑤ 设置 NX MCD 的信号连接。

⑥ 运行 PLCSIM 中的程序，控制流水灯作业。

8.2.2 创建各个部件的三维模型

1. 各个部件三维模型概述

项目中的三维模型是指灯泡的模型,包括灯泡的"连接基座"(以下简称"基座")和"灯泡体"(以下简称"灯体")两个部分。基座与灯体的模型分别如图 8-3、图 8-4 所示。基座与灯体的三维模型创建完毕之后,需要创建一个装配模型,如图 8-5 所示。机电一体化概念设计是在图 8-5 所示的装配模型上开始的。

图8-3 基座模型

图8-4 灯体模型

图8-5 装配模型

2. 各个部件三维模型的创建步骤

(1)创建基座模型

1)按照图 8-6 所示的尺寸,画出草图;执行旋转操作,生成如图 8-7 所示的几何体。

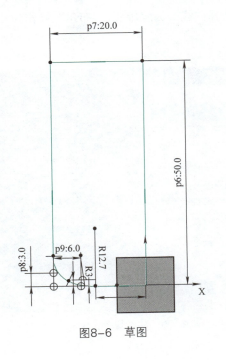

图8-6 草图

图8-7 生成几何体

2）在图 8-7 所示的几何体上创建基准轴，轴心即为圆柱的中心线。然后，以此基准轴为矢量，创建一个螺旋线，参数设置如图 8-8 所示。

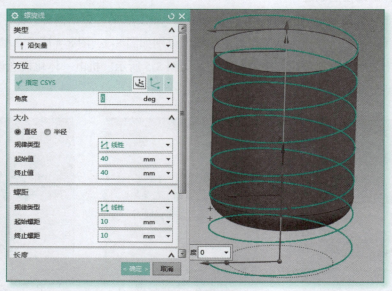

图8-8　创建螺旋线

3）如图 8-9 所示，在螺旋线的端点处创建一个"参考平面"，垂直于端点螺旋线的方向，并在该参考面上，以螺旋线的端点为圆心，画出一个直径为 2.5mm 的圆。

4）如图 8-10 所示，执行"沿引导线扫掠"操作，在"截面"选项区域中，"选择曲线"为直径为 2.5mm 的圆，在"引导"选项区域中，"选择曲线"为螺旋线，"布尔"操作为"减去"，效果如图 8-11 所示。

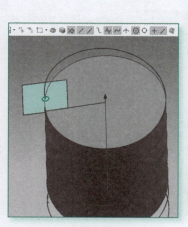

图8-9　参考平面上的圆

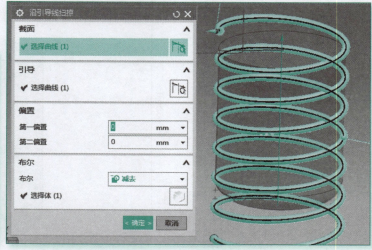

图8-10　扫掠操作

5）在图 8-11 中建立草图，尺寸参考图示：长度为 21.8mm，夹角为 63°。然后执行"旋转"操作，结果如图 8-12 所示。在图 8-12 的上表面，画出一直径为 36mm 的圆的草图，然后拉伸该草图，如图 8-13 所示，执行"减去"布尔操作，"选择体"为上述草图的拉伸体，结果如图 8-14 所示。然后再次拉伸该草图，执行"减去"布尔操作，"选择体"为基座主体部分，结果如图 8-15 所示。

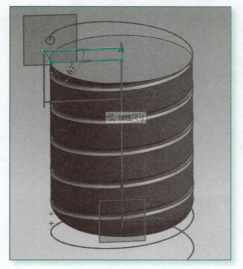

图8-11　建立草图

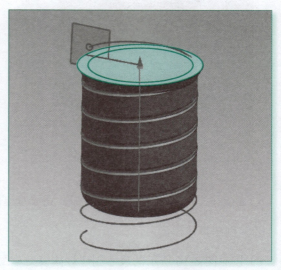

图8-12　执行旋转操作

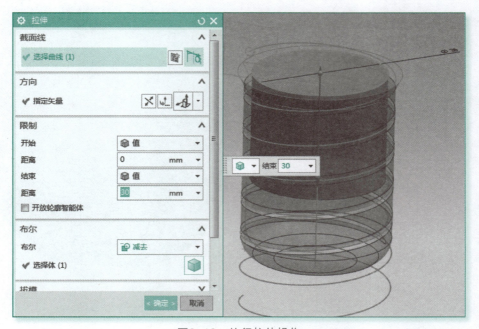

图8-13　执行拉伸操作

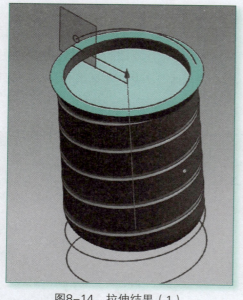

图8-14　拉伸结果（1）　　　　　　　　图8-15　拉伸结果（2）

6）隐藏草图、坐标系等相关特征，完成基座的三维建模。

（2）创建灯体模型

1）按照图 8-16 所示的尺寸创建灯体模型草图。

2）旋转该草图，生成灯体三维模型，如图 8-17 所示。

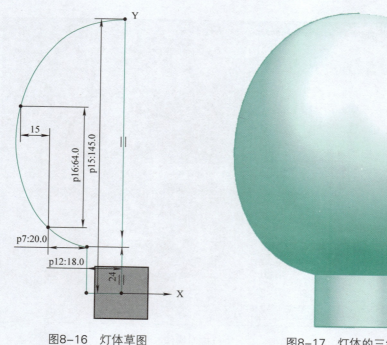

图8-16　灯体草图　　　　　　　　　　图8-17　灯体的三维模型

（3）创建装配模型

1）如图 8-18 所示，新建装配文件。打开文件，选择已创建的基座和灯体三维模型文件，并把它们加入到列表中，如图 8-19 所示。

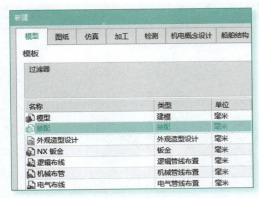

图8-18　新建装配模型文件

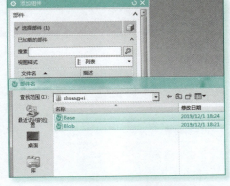

图8-19　选择三维模型文件

2）如图 8-20 所示，在列表中选中这两个文件，单击"确定"按钮，将其加入到装配环境中。此时，两个组件在空间上重叠在一起，需要移开。如图 8-21 所示，移动其中一个组件即可。

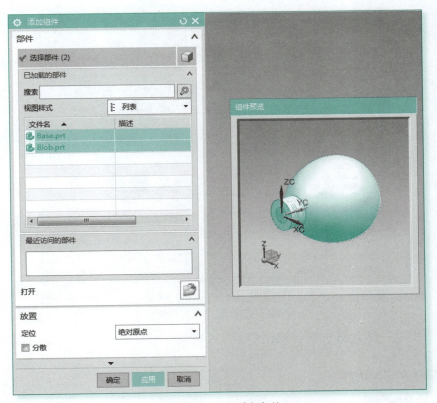

图8-20　选中列表文件

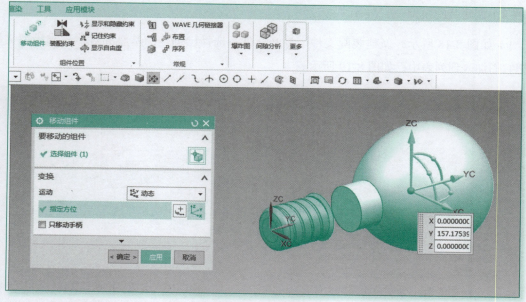

图8-21　移动组件

3）如图 8-22 所示，创建两个组件之间的装配约束，完成装配。

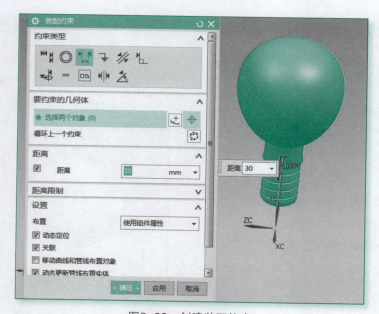

图8-22　创建装配约束

8.2.3　机电一体化概念设计测试模型

1. 创建NX MCD运动模型

（1）创建装配模型

1）打开 NX MCD 软件，新建装配体。

2）如图 8-23 所示，选择已经创建的装配文件 _asm1.prt，单击"确定"按钮，在弹出的对话框中，再次单击"确定"按钮，进入如图 8-24 所示的界面。

图8-23　新建装配

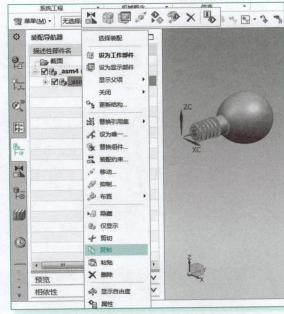

图8-24　载入与复制

3）在装配导航器中，右击 _asm1 选项，在弹出的菜单中单击"复制"命令。然后，如图 8-25 所示，右击上一级菜单 _asm4，在弹出的菜单中单击"粘贴"命令。结果如图 8-26 所示，_asm1 变成了 2 个。

4）按照同样的操作，使 NX MCD 环境中的灯泡个数为 4。

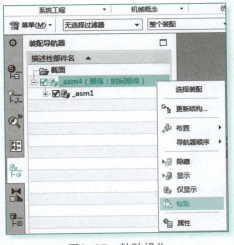

图8-25　粘贴操作

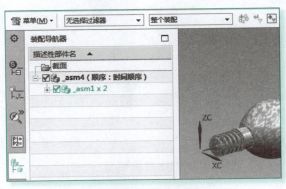

图8-26　复制的结果

5）如图 8-27 所示，切换到"建模"模块，单击"装配"选项卡中的"移动组件"命令按钮。然后，如图 8-28 所示，把灯泡设为"选择组件"，再单击"指定方位"按钮，沿不同坐标轴拖动、旋转，改变组件的位置。最终布局如图 8-29 所示。

图8-27　移动组件

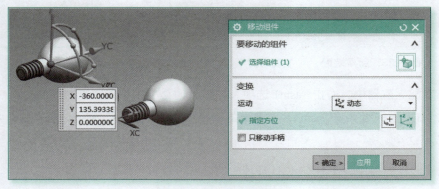

图8-28　选择组件并移动

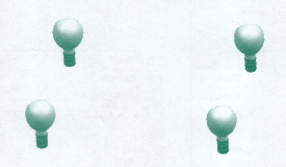

图8-29　组件整体布局

（2）创建 NX MCD 系统模型

1）如图 8-30 所示，在 NX MCD 环境中，分别创建刚体、固定副和显示更改器。

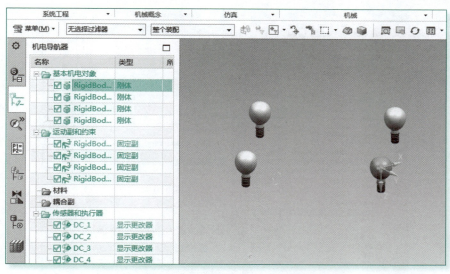

图8-30　创建NX MCD系统模型

2）如图 8-31 所示，在"显示更改器"对话框中设置 DC_1 的颜色为绿色。

3）按照相同操作，依次设置显示更改器 DC_2、DC_3 和 DC_4 的颜色分别为蓝色、黄色和红色。如图 8-32 所示，分别为 4 个显示更改器添加对应的布尔型变量 blue、green、red 和 yellow。

图8-31　设置显示更改器的颜色　　　　　　　图8-32　添加信号

4）在"序列编辑器"中添加 8 个仿真序列。其中，第 1 和第 2 个仿真序列是对显示更改器 DC_1 的操作，其设置如图 8-33 和图 8-34 所示。

图 8-33 中的"选择对象"是 DC_1，"选择条件对象"是信号 green。该仿真序列实现的功能是：当信号 green 为 true 时，让显示更改器 DC_1 的"执行模式"为 Once、颜色设为 36，从而使 1 号灯泡点亮（绿色），持续时间是 1s。

在图 8-34 中，当信号 green 为 false 时，让显示更改器 DC_1 的"执行模式"为 Once、颜色为 70，从而使 1 号灯泡熄灭（灰白色），持续时间是 1s。

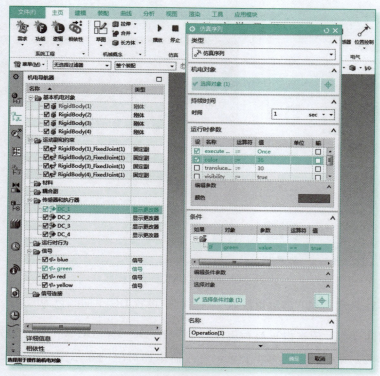

图8-33　仿真序列设置（1）

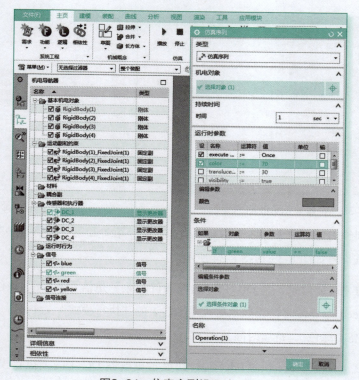

图8-34　仿真序列设置（2）

以此类推：

第 3 和第 4 个仿真序列是对显示更改器 DC_2 的操作，实现的功能是：当 blue 为 true 时，2 号灯变为蓝色（数值为 211）；当 blue 为 false 时，变为灰白色，持续时间均为 1s。

第 5 和第 6 个仿真序列是对显示更改器 DC_3 的操作，实现的功能是：当 yellow 为 true 时，3 号灯变为黄色（数值是 6）；当 yellow 为 false 时，变为灰白色（数值为 72），持续时间均为 1s。

第 7 和第 8 个仿真序列是对显示更改器 DC_4 的操作，实现的功能是：当 red 为 true 时，4 号灯变为红色（数值是 186）；当 red 为 false 时，变为灰白色，持续时间均为 1s。

2. 虚拟调试

参考第 7 章的内容，采用 TIA + PLCSIM+NetToPLCsim+KEPServerEX 调试方式，实现 TIA 组态与编程、PLCSIM 与 NetToPLCsim 的连接、NetToPLCsim 与 KEPServerEX 的连接以及 KEPServerEX 与 NX MCD 的连接等连接设置。

（1）打开 NetToPLCsim 软件　以管理员身份运行 NetToPLCsim，然后再打开 TIA 软件编写 PLC 程序。

（2）编写流水灯 PLC 程序

在 PLC 程序中，点亮红灯、黄灯、蓝灯和绿灯的变量类型均为布尔型，分别对应 PLCSIM 的 Q0.0、Q0.1、Q0.2 和 Q0.3。在程序中，设置一个"启动"信号，对应 M9.0，在仿真过程中，强制把该信号置 1 就开始运行仿真程序。打开 TIA，编写流水灯的 PLC 程序可参考图 8-35。

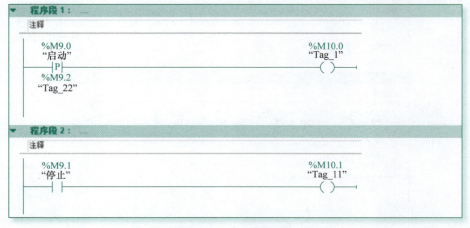

图8-35　编写PLC程序

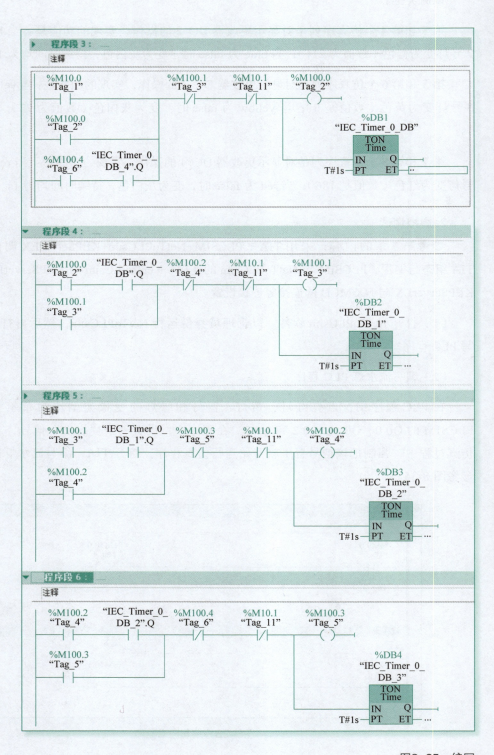

图8-35　编写

程序段 7：

注释

```
%M100.3      "IEC_Timer_0_   %M100.0      %M10.1       %M100.4
"Tag_5"      DB_3".Q         "Tag_2"      "Tag_11"     "Tag_6"
 ┤├          ┤├              ┤/├          ┤/├           ( )

%M100.4
"Tag_6"
 ┤├
```

```
                                              %DB5
                                          "IEC_Timer_0_
                                              DB_4"
                                            ┌─────────┐
                                            │  TON    │
                                            │  Time   │
                                            │IN      Q│
                                   T#1s ────│PT     ET│──── ...
                                            └─────────┘
```

程序段 8：

注释

```
%M100.0                                           %Q0.0
"Tag_2"                                            "Tag_7"
 ┤├                                                 ( )

%M0.5        %M100.4
"Clock_1Hz"  "Tag_6"
 ┤├          ┤├
```

程序段 9：

注释

```
%M100.1                                           %Q0.1
"Tag_3"                                            "Tag_8"
 ┤├                                                 ( )

%M0.5        %M100.4
"Clock_1Hz"  "Tag_6"
 ┤├          ┤├
```

程序段 10：

注释

```
%M100.2                                           %Q0.2
"Tag_4"                                            "Tag_9"
 ┤├                                                 ( )

%M0.5        %M100.4
"Clock_1Hz"  "Tag_6"
 ┤├          ┤├
```

程序段 11：

注释

```
%M100.3                                           %Q0.3
"Tag_5"                                            "Tag_10"
 ┤├                                                 ( )

%M0.5        %M100.4
"Clock_1Hz"  "Tag_6"
 ┤├          ┤├
```

PLC程序（续）

（3）启动 PLCSIM　　如图 8-36 所示，在 TIA 中启动 PLCSIM。然后把 PLC 程序下载到 PLCSIM 中。

图8-36　启动PLCSIM

（4）建立 NetToPLCsim 连接　　在前述步骤中，已经以管理员身份打开且运行了 NetToPLCsim，界面如图 8-37 所示，此时可以开始其配置操作。整个配置操作过程可参照第 7 章相关内容，这里做如下简要说明：

1）在图 8-37 中，单击 Add 按钮，系统弹出如图 8-38 所示的对话框。

图8-37　配置NETtoPLCsim

2）如图 8-38 所示，在 Network IP Address 文本框中配置 IP，单击文本框右边的按钮，系统弹出可用的 IP 地址。这里选择本地计算机的无线网卡地址（192.168.164.3）。

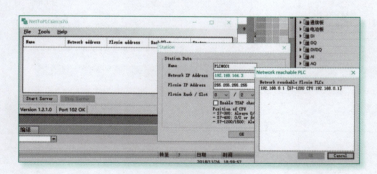

图8-38　配置IP地址

3）配置 PLCSIM 的 IP 地址。这里选用博途 TIA 中对 PLC 的组态地址（192.168.0.1）。配置完成后的界面如图 8-39 所示。

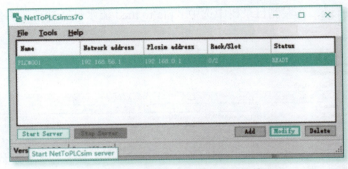

图8-39　配置NetToPLCsim连接

4）在图 8-39 中，单击 Start Server 按钮，即可启动与 PLCSIM 的连接服务。此时，图中 Network address 变为 192.168.164.3，完成 NetToPLCsim 的配置操作。

（5）虚拟调试 KEPServerEX 设置

1）设置 KEPServerEX，详细步骤参考第 7 章相关内容。本项目的具体参数如图 8-40 所示。

2）建立的通道为 plc to mcd，通道设备为"流水灯"，设备下的信号标记分别为"红灯""黄灯""蓝灯"和"绿灯"，数据类型均为布尔型，对应 PLCSIM 的 Q0.0、Q0.1、Q0.2 和 Q0.3，也需要等待与 NX MCD 中的 red、yellow、blue、green 信号的连接。

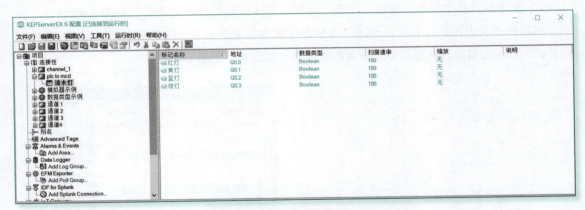

图8-40　设置KEPServerEX

3）如图 8-41 所示，启动 OPC Quick Client。

图8-41　执行OPC Quick Client

4）如图 8-42 所示，在左侧目录树中选中"plc to mcd 流水灯"选项，右侧出现对应的信号以供调试阶段查看。

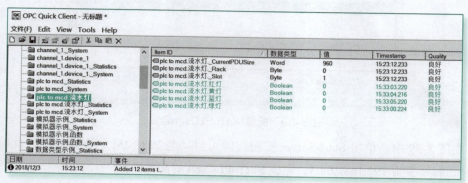

图8-42　信号查看

（6）设置 NX MCD 信号连接

1）如图 8-43 所示，在 NX MCD 中创建外部信号配置。

2）如图 8-44 所示，单击"添加新服务器"按钮，在弹出的对话框中选中 Kepware.KEPServerEX.V6 选项，如图 8-45 所示。

3）在该对话框中单击"确定"按钮，返回"外部信号配置"对话框。如图 8-46 所示，在下方出现的列表中找到在 KEPServerEX 6 软件中所取的通道名字，这里是 plc to mcd；再找到设备名字和标记名字，然后选中其前面的复选框，如图 8-47 所示。

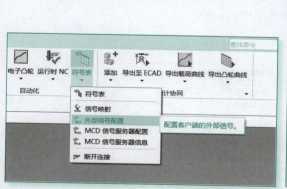

图8-43　创建外部信号配置

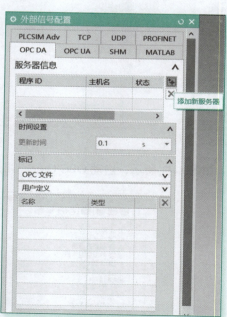

图8-44　添加新服务器

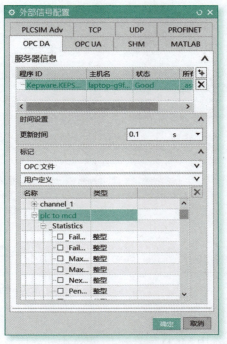

图8-45 选择服务器

图8-46 选择通道

4）如图 8-48 所示，创建信号映射。如图 8-49 所示，在弹出的对话框右上角两个下拉列表框中分别选择 OPC DA 和 Kepware.KEPServerEx.V6。

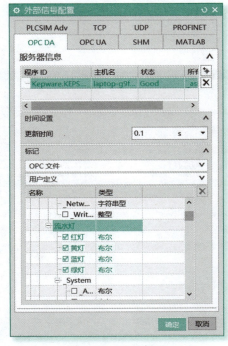

图8-47 选择标记

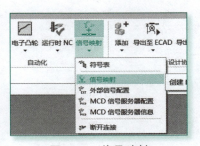

图8-48 信号映射

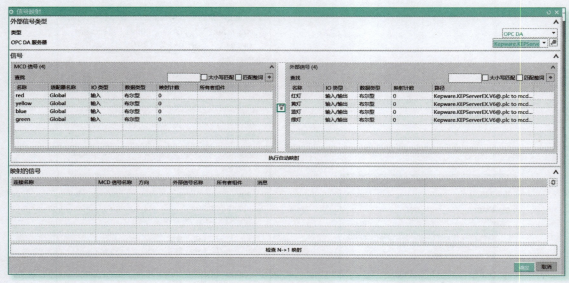

图8-49　创建映射

操作步骤如下：

① 选中 MCD 信号 red，再选中外部信号红灯，单击中间的"映射"按钮。

② 选中 MCD 信号 yellow，再选中外部信号黄灯，单击中间的"映射"按钮。

③ 选中 MCD 信号 blue，再选中外部信号蓝灯，单击中间的"映射"按钮。

④ 选中 MCD 信号 green，再选中外部信号绿灯，单击中间的"映射"按钮。

一共四条信号映射如图 8-50 所示。

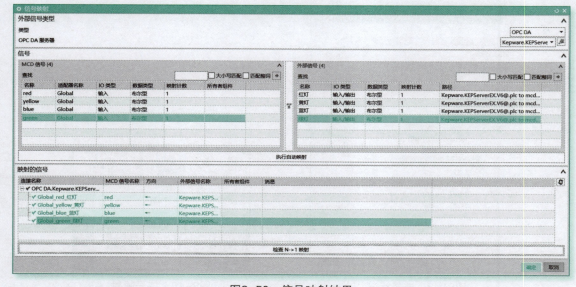

图8-50　信号映射结果

5）如图 8-51 所示，单击"播放"按钮，启动 NX MCD。NX MCD 启动之后，还需要启动 PLCSIM 的 PLC 程序才能看到 NX MCD 中的仿真运行结果。

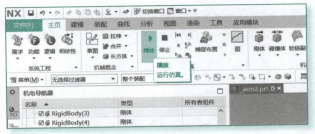

图8-51　启动仿真运行

（7）运行 PLCSIM 中的 PLC 程序　打开 TIA 软件，转至在线，并打开监测，然后将"启动"常开强制置位为 1（注意：置 1 后应马上再置 0），运行结果如图 8-52 所示。可以看到，流水灯依次点亮再熄灭，最后两次全亮再熄灭，完成一次循环。然后就进入下一次循环，如此往复。

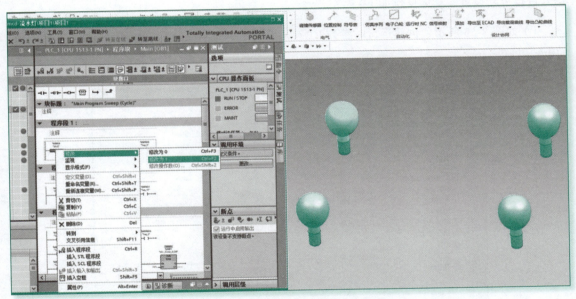

图8-52　NX MCD与PLC的虚拟运行

8.3　项目二：基于仿真序列的 PLC程序生成与调试

1. 项目简介

上述 PLC 程序是依靠编程人员手动编制的。在实践中，也可以在 NX MCD 模型中通过时间序列自动生成基于仿真序列的 PLC 程序。其内容分为如下 4 个部分：

1）NX MCD 模型的信号与基于该信号配置的时间序列编制。

2）时间序列导出 PLCopen XML 文件，然后在 STEP7 中导入该文件，自动生成 PLC 的顺序功能图程序。

3）把该 PLC 程序移植到博途 TIA 中，生成 S7-1500 的 PLC 程序，并下载到 S7-PLCSIM Advanced 中。

4）建立 NX MCD 与 S7-PLCSIM Advanced 的信号连接，仿真运行。

下面介绍具体操作步骤。

2. NX MCD模型配置与仿真序列设置

（1）项目信号设置　为了配合 NX MCD 生成 PLC 顺序功能程序的要求，需要对项目一的信号进行重新设置，具体操作如下：

1）如图 8-53 所示，创建运行时参数 RP_1，设置 5 个布尔型变量：bStart、bRed、bYellow、bBlue 和 bGreen。

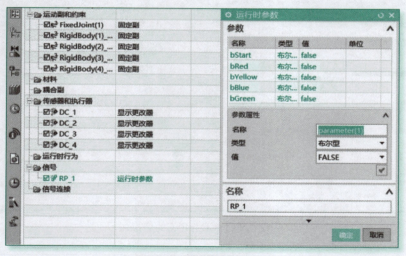

图8-53　设置运行时参数

2）如图 8-54 所示，创建运行时表达式，选择对象为显示更改器 DC_1（红灯）的执行模式，表达式名称为 RedOnce_1，公式为 1 代表启动红灯，让其工作。

3）如图 8-55 所示，创建运行时表达式，设置要赋值参数的"选择对象"为显示更改器 DC_1 的颜色，设置输入参数的"选择对象"为运行时参数 RP_1 的布尔型变量 bRed，设置表达式名称为 RedLight_1，公式为"if bRed then 186 else 72"，其含义是：如果 bRed 为 true，那么更改红灯颜色，让红灯亮；如果 bRed 不为 true，那么更改颜色，让红灯熄灭。

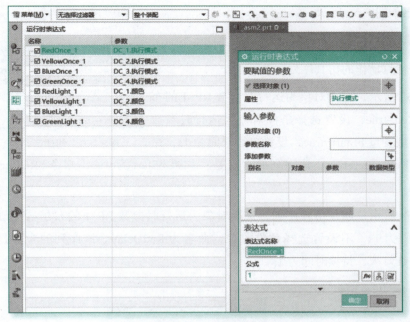

图8-54　红灯亮的运行时表达式（1）

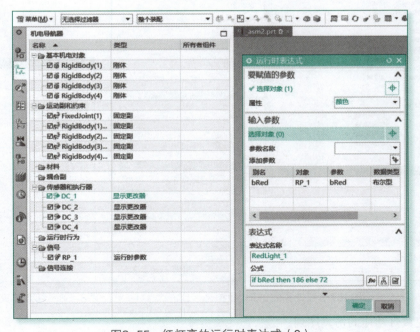

图8-55　红灯亮的运行时表达式（2）

　　4）按照同样的操作，分别创建：黄灯（值为6）显示更改器DC_2的运行时表达式为：YellowOnce_1、YellowLight_1；蓝灯（值为211）蓝灯显示更改器DC_3的运行时表达式为：BlueOnce_1、BlueLight_1；绿灯（值为36），显示更改器DC_4的运行时表达式为：GreenOnce_1、GreenLight_1。

最终结果如图 8-56 所示。

图8-56　创建运行时表达式结果

（2）仿真序列设置

1）创建红灯动作的仿真序列：

如图 8-57 所示，选择对象为运行时参数 RP_1 的布尔型变量 bRed=true，设置选择条件对象为运行时参数 RP_1 的布尔型变量 bStart=true，设置持续时间为 1s，命名该操作为 Red_Operation。该序列的含义是：如果 bStart 为 true，则令 bRed=true，红灯亮，持续时间为 1s。

如图 8-58 所示，创建仿真序列，选择对象为运行时参数 RP_1 的布尔型变量 bRed=false，设置持续时间为 1s，不设置选择条件对象，命名为 RedDelay。该序列的含义是：该序列令 bRed=false，红灯灭，持续时间为 1s。

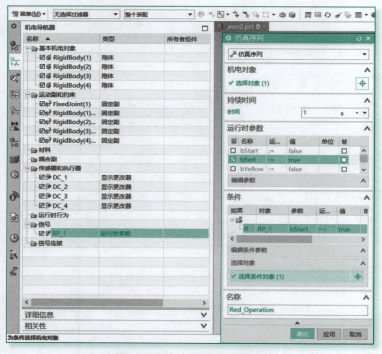

图8-57　红灯亮的仿真序列

图8-58　红灯熄灭的仿真序列

2）创建黄灯动作的仿真序列：

如图 8-59 所示，选择对象为运行时参数 RP_1 的布尔型变量 bYellow=true，不设置选择条件对象，设置持续时间为 1s。该序列的含义是：令 bYellow=true，黄灯亮，持续时间为 1s。

如图 8-60 所示，选择对象为运行时参数 RP_1 的布尔型变量 bYellow=false，设置持续时间为 1s，不设置选择条件对象，命名为 YellowDelay。该序列的含义是：令 bYellow=false，黄灯灭，持续时间为 1s。

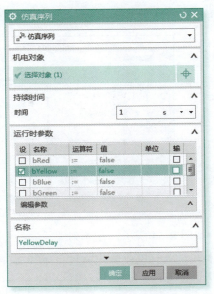

图8-59　黄灯亮的仿真序列　　　　图8-60　黄灯熄灭的仿真序列

3）按照上步操作，分别建立蓝灯的动作仿真序列 BlueOperation 和 BlueDelay、绿灯的动作仿真序列 GreenOperation 和 GreenDelay。

4）创建所有灯都亮和所有灯都熄灭的动作仿真序列 AllLightOperation 和 AllDelay，如图8-61 和图 8-62 所示。

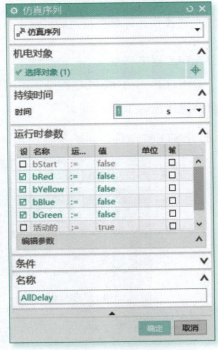

图8-61　所有灯都亮的仿真序列　　　　图8-62　所有灯都熄灭的仿真序列

5）把各个序列首尾相连，创建各个序列执行的时间顺序，如图 8-63 所示。

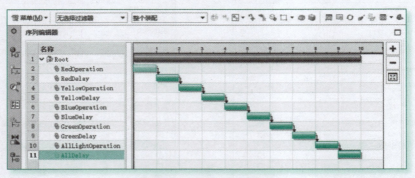

图8-63　创建执行顺序

6）如图 8-64 所示，在序列编辑器处右击，在弹出的菜单中单击"导出 PLCopen XML"命令。在弹出的对话框中给出文件目录和文件名，单击"确定"按钮，如图 8-65 所示。

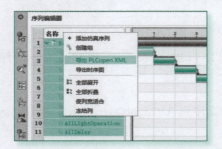

图8-64　导出PLCopen XML文件

图8-65　指定文件名

经过上述操作，即可在指定的目录下生成一个 PLCopen XML 文件。

3. 生成PLC程序

（1）在 STEP7 中生成 PLC 程序　可利用 PLCopen XML 文件自动生成 PLC 的顺序功能图程序，具体操作步骤如下：

1）打开 STEP7 软件，如图 8-66 所示，创建一个工程。

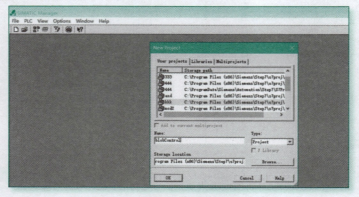

图8-66　创建STEP7的工程文件

按照图 8-67~图 8-69 所示的操作步骤完成 PLC 组态，选择 PLC 为 S300，CPU 为 315，订货号（Order number）为 6ES7 315-1AF01-0AB0，电源为 PS 307 10A。

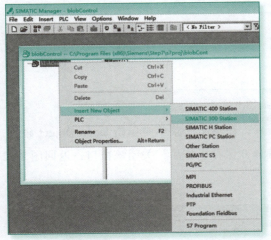

图8-67　组态PLC（1）

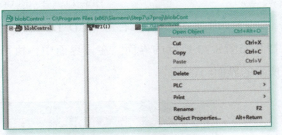

图8-68　组态PLC（2）

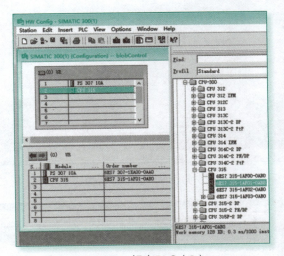

图8-69　组态PLC（3）

2）如图 8-70 所示，导入 PLCopen XML 文件。

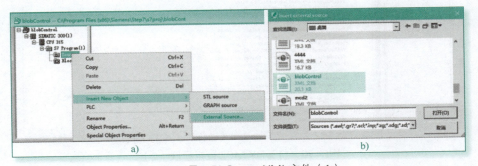

a)　　　　　　　　　　b)

图8-70　导入PLCopen XML文件（1）

导入效果如图 8-71 所示，查看并关闭该文件。

图8-71　导入PLCopen XML文件（2）

3）如图 8-72 所示，右击 MCD_DataBlock 图标，在弹出的菜单中单击 Open Object 命令，打开如图 8-73 所示的界面。在该界面中，执行编译并保存操作后，关闭该窗口，返回图 8-72 所示的界面。

图8-72　打开NX MCD数据模块（1）

图8-73　打开NX MCD数据模块（2）

4）如图 8-74 所示，右击 MCD_SeqFunc 图标，在弹出的菜单中单击 Open Object 命令，即可出现如图 8-75 所示的界面。

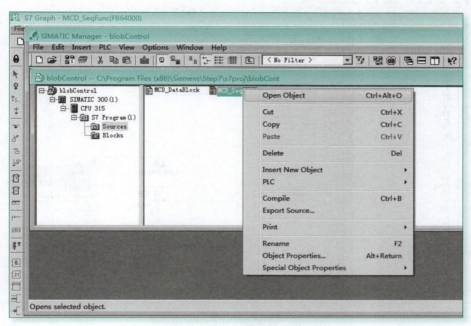

图8-74　打开PLC顺序功能图

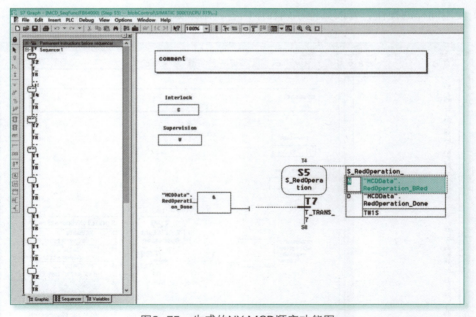

图8-75　生成的NX MCD顺序功能图

5）如图 8-75 和图 8-76 所示，通过单击窗口左侧的 T4 和 T7 项，修改右侧窗口的内容。其中，在图 8-75 中，修改 S_RedOperation_ 的 N 为 S；在图 8-76 中，修改 S_RedDelay_ 的 N 为 R。

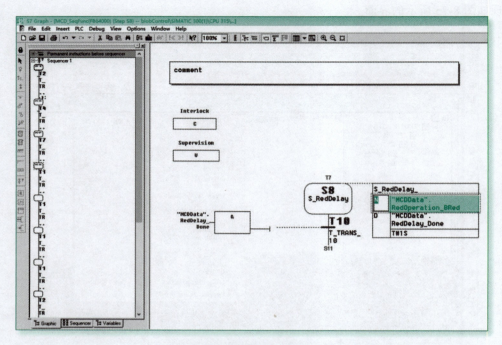

图8-76　修改顺序功能图程序（1）

6）使用同样的操作，修改其他序列程序内容，结果如图 8-77 和图 8-78 所示。

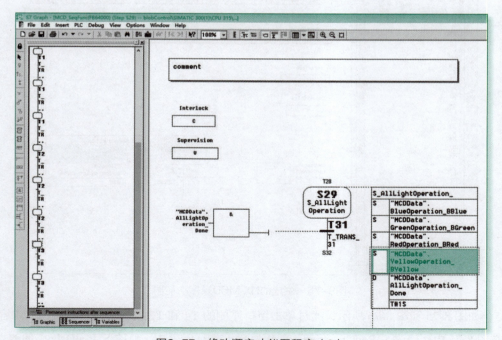

图8-77　修改顺序功能图程序（2）

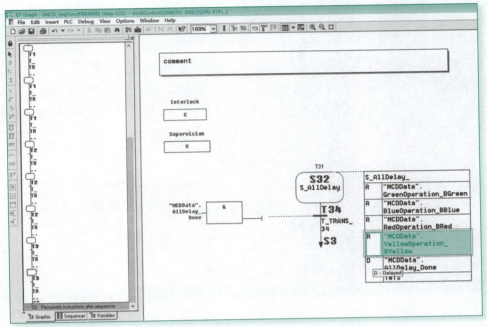

图8-78　修改顺序功能图程序（3）

7）单击编译并保存按钮后，关闭 STEP7 软件。

（2）在博途 TIA 中移植 PLC 程序　在博途 TIA 中，把 STEP7（S300）中的程序移植到 S7-1500 中，具体操作步骤如下：

1）如图 8-79 所示，打开博途 TIA 软件，选中"移植项目"选项卡，在该界面中选择移植文件，本例的移植文件在 STEP7 的系统默认文件夹下，如图 8-80 所示。

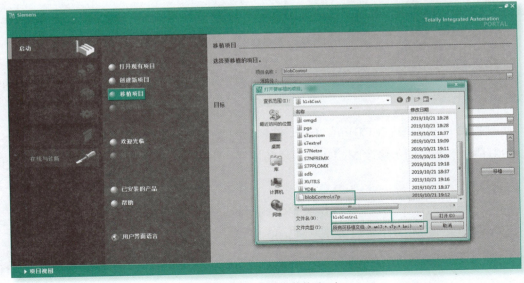

图8-79　选择移植文件（1）

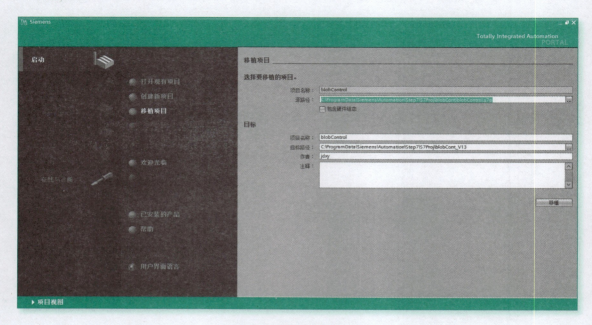

图8-80　选择移植文件（2）

如图 8-81 所示，单击"移植项目"按钮，若在移植的过程中出现警告对话框，单击"确定"按钮即可。

图8-81　选择移植文件（3）

2）移植完成后的界面如图 8-82 所示。需要修改模块 MCDInit、MCDSequence、DB64000和 MCDData 的属性。

如图 8-82 所示，选中 MCDInit，右击，在弹出的菜单中单击"属性"命令，弹出如图 8-83所示的对话框。按照图示修改 MCDInit 模块的属性，将"编号"由 64001 修改为 6401，单击"确定"按钮。

3）采用同样的操作，分别修改模块 MCDSequence 的属性为 FB6400、模块 DB64000 的属性为 DB6400、模块 MCDData 的属性为 DB6403。

4）如图 8-84 所示，在左侧目录树中选中 CPU315[Unspecific CPU S7 300] 选项后，进行编译组态。

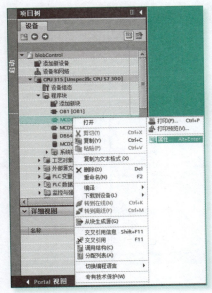

图8-82 修改模块MCDInit的属性（1）

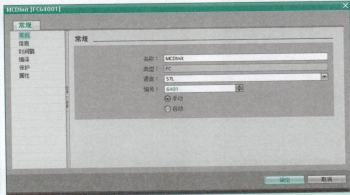

图8-83 修改模块MCDInit的属性（2）

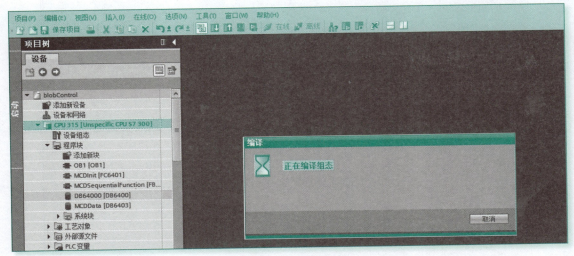

图8-84 编译组态

组态编译之后，如图 8-85 所示，在窗口右侧的图示区选中组态 CPU，右击，在弹出的菜单中单击"移植到 S7-1500"命令，即可弹出如图 8-86 所示的对话框。

如图 8-86 所示，选择 CPU 为 1513-1 PN，订货号为 6ES7 513-1AL01-0AB0，单击"确定"按钮，即可弹出如图 8-87 和图 8-88 所示的过程提示信息，均单击"确定"按钮即可。最后移植结果如图 8-89 所示。

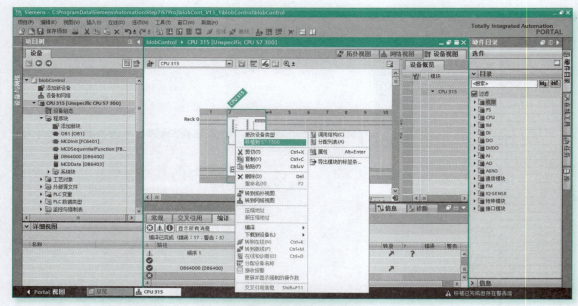

图8-85　移植到S7-1500

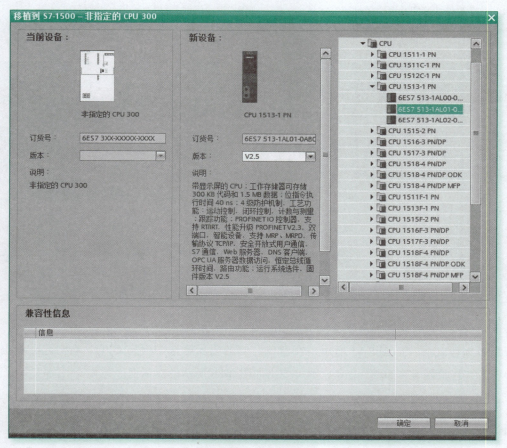

图8-86　选择CPU

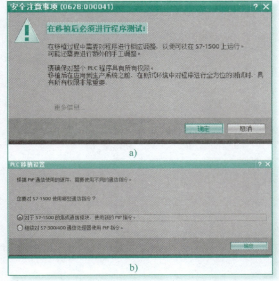

a)

b)

图8-87 提示信息（1）

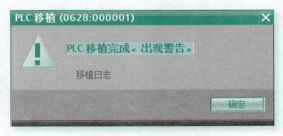

图8-88 提示信息（2）

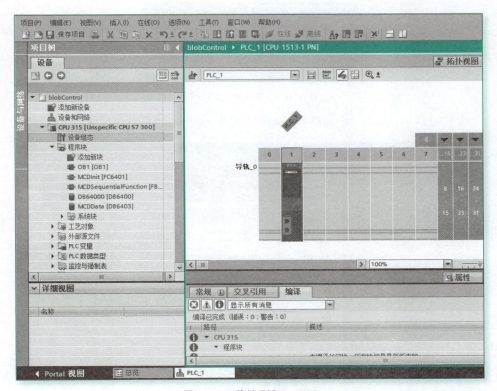

图8-89 移植到S7-1500

5）如图8-90所示，在窗口左侧的"项目树"中，右击OB1[OB1]选项，在弹出的菜单中单击"删除"命令，弹出如图8-91所示的确认删除对话框，单击"是"按钮即可。

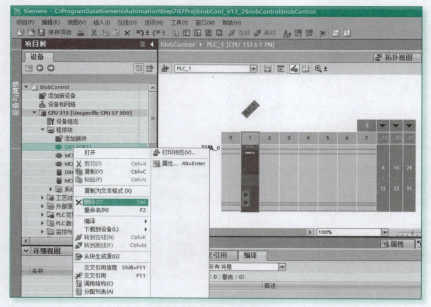

图8-90　删除数据块

图8-91　确认删除对话框

6）如图 8-92 所示，双击"添加模块"选项，添加一个新的 PLC 程序模块，选择语言为 LAD。

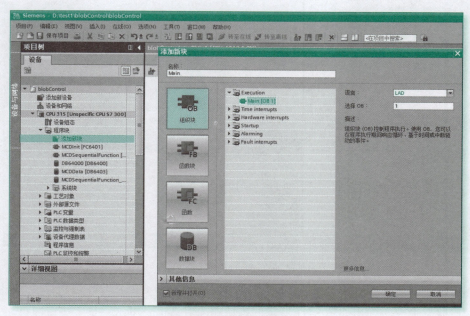

图8-92　添加程序

如图 8-93 所示，拖动 MCDSequentialFunction[FB6400] 程序模块到新建的程序中，并选择该模块的背景数据块为 DB64000[DB6400]。

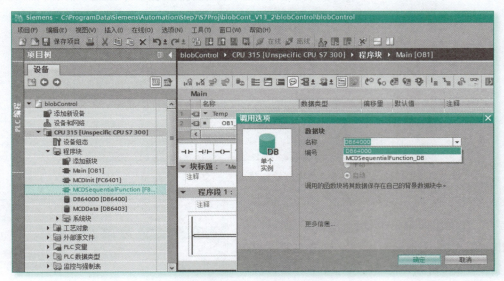

图8-93　添加功能块到程序中

添加之后的效果如图 8-94 所示。

7）如图 8-94 所示，右击 blobControl 选项，在弹出的菜单中单击"属性"命令，系统弹出如图 8-95 所示的对话框。按照图示选中"块编译时支持仿真。"复选框，单击"确定"按钮。

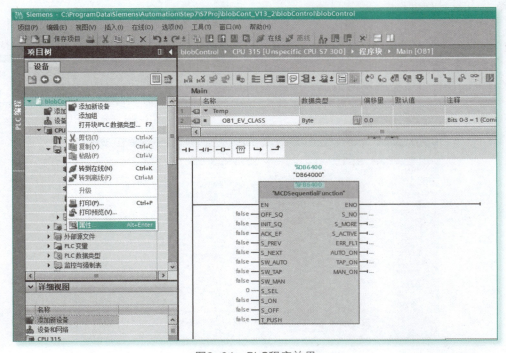

图8-94　PLC程序效果

图8-95　选中"块编译时支持仿真"复选框

8）如图 8-96 所示，右击 PLC_1[CPU 1513_1 PN 选项，在弹出的菜单中单击"属性"命令，系统弹出如图 8-97 所示的对话框。单击"常规→防护与安全→连接机制"选项，选中"允许来自远程对象的 PUT/GET 通信访问"复选框后，单击"确定"按钮。

9）如图 8-98 所示，打开并运行 S7-PLCSIM Advanced 软件，在弹出的界面中创建一个实例 sss 后，单击 Start 按钮进行启动。

10）如图 8-99 所示，在博途 TIA 中编译并下载到 PLCSIM Advanced 中，并转至在线，实时监视 MCDData[DB6403] 程序块的数据，如图 8-100 所示。

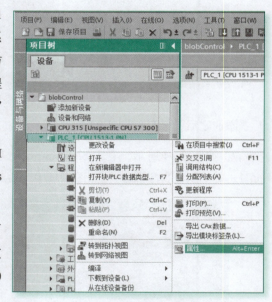

图8-96　选择CPU属性

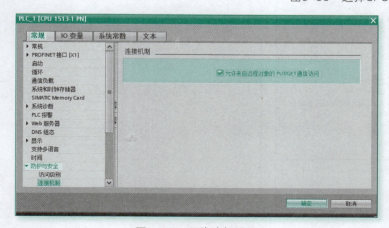

图8-97　通信访问设置

图8-98　启动并创建实例

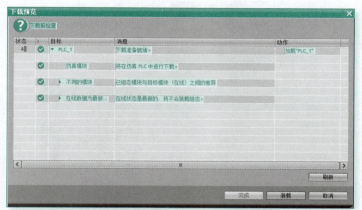

图8-99　编译并下载

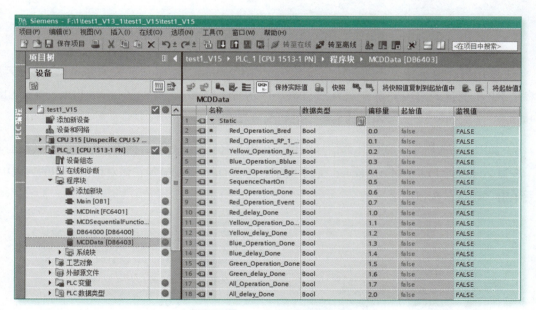

图8-100　在线监视数据

4. NX MCD与S7-PLCSIM Advanced的信号连接

建立 NX MCD 与 S7-PLCSIM Advanced 信号连接，操作步骤如下：

1）在 NX MCD 中添加信号。如图 8-101 所示，选中"连接运行时参数"复选框，设置"选择机电对象"为运行时参数 RP_1 的 bRed，IO 类型为"输入"，信号名称为"S_Red"，然后单击"确定"按钮，系统弹出图 8-102 所示的对话框。单击"取消"按钮后，即可在 NX MCD 中添加一个信号。这里，信号 S_Red 与 RP_1 中参数 bRed 的对应关系标记为 bRedS_Red。

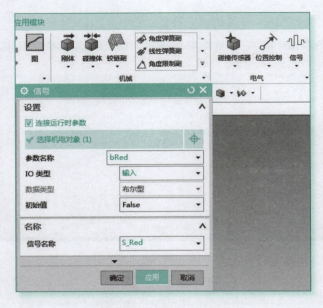

图8-101　添加信号（1）

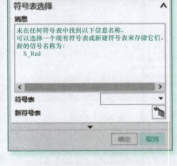

图8-102　添加信号（2）

2）采用同样的操作，分别创建信号 S_Start、S_Yellow、S_Blue 和 S_Green，它们与运行时参数 RP_1 变量的对应关系分别为：bStart → S_Start、bYellow → S_Yellow、bBlue → S_Blue 和 bGreen → S_Green。信号添加的最终结果如图 8-103 所示。

3）如图 8-104 所示，创建外部信号配置。在图 8-105 所示的对话框中，单击"刷新注册实例"按钮，即可把 PLCSIM Advanced 实例中的块 MCDData 变量显示在该对话框下面的列表中。最后单击"确定"按钮退出。

图8-103　添加信号（3）

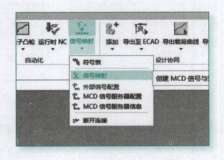

图8-104　建立外部信号配置

4）创建信号映射，系统弹出如图 8-106 所示的对话框。创建起 NX MCD 信号与 PLCSIM Advanced 实例信号之间的连接关系，然后单击"确定"按钮，即可看到如图 8-107 所示的信号映射连接结果。

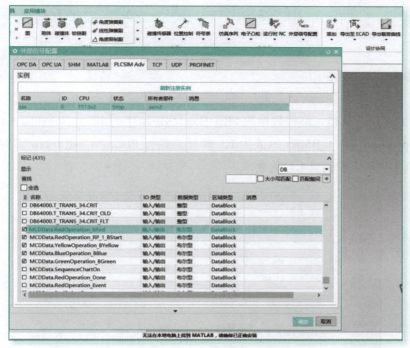

图8-105 建立信号映射（1）

图8-106 建立信号映射（2）

图8-107 创建信号映射

5）单击"播放"按钮，若弹出如图 8-108 所示的提示对话框，单击"关闭"按钮即可。

图8-108　信号提示窗口

6）博途 TIA 连至在线，监控数据块 MCDData[DB6403]。如图 8-109 和图 8-110 所示，修改变量 RedOperation_RP_1_BStart 的值为 1，就开始执行 PLCSIM Advanced 实例的程序，在 NX MCD 仿真中就可以看到流水灯的效果了。

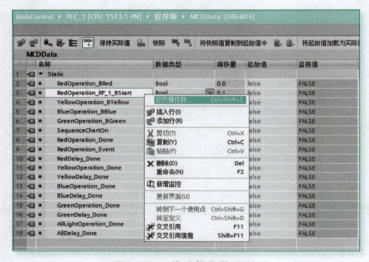

图8-109　修改操作数（1）

图8-110　修改操作数（2）

8.4 本章小结

　　本章通过流水灯项目，全面介绍数字化流程虚拟调试的全过程。其流程从三维建模开始，完成了 NX MCD 机电对象的创建、信号的适配、参数与运动变换的设置、仿真序列的构建、信号连接、PLC 程序开发、通信连接以及仿真运行调试等整个项目的全部开发过程。通过项目流程的完整数字化开发，读者能够全面掌握机电一体化概念设计与虚拟调试的整个过程，为将来从事数字化生产线的调试与开发工作打下良好的基础。

习题

　　试述由 NX MCD 仿真序列生成 S7-1500 系列 PLC 程序的操作步骤。

参考文献

［1］ 肖祖东，柳和生，李标，等 . UG NX 在机电产品概念设计中应用与研究 [J]. 组合机床与自动化加工技术，2014（7）：27-30.

［2］ 邢学快，王直杰，沈亮亮，等 . 采用 PLC 数据匹配的 MCD 风力发电机虚拟仿真监控 [J]. 微型机与应用，2016（9）：3-5.

［3］ 张南轩，周贤德，朱传敏 . 基于 MCD 的开放式数控硬件在环虚拟仿真系统开发 [J]. 内燃机与配件，2018（5）：9-11.

［4］ 王俊杰，戴春祥，秦荣康，等 . 基于 NX MCD 的机电概念设计与虚拟验证协同的研究 [J]. 制造业自动化，2018，40（7）：31-33.

［5］ 马进，刘世勋 . 基于 MCD 机电一体化产品概念设计的可操作性分析 [J]. 电子技术与软件工程，2015（12）：113.